U0176124

现代通信传感技术及发展研究

梁　芳　巩玲仙　丁伟杰／著

吉林科学技术出版社

图书在版编目（CIP）数据

现代通信传感技术及发展研究 / 梁芳, 巩玲仙, 丁
伟杰著. –– 长春 : 吉林科学技术出版社, 2021.11
　　ISBN 978-7-5578-8982-1

　　Ⅰ. ①现… Ⅱ. ①梁… ②巩… ③丁… Ⅲ. ①通信技
术—研究 Ⅳ. ①TN91

　　中国版本图书馆CIP数据核字（2021）第243264号

XIANDAI TONGXIN CHUANGAN JISHU JI FAZHAN YANJIU
现代通信传感技术及发展研究

著　　　　梁　芳　　巩玲仙　　丁伟杰
出 版 人　李　梁
责任编辑　李玉玲
封面设计　马静静
制　　版　北京亚吉飞数码科技有限公司
幅面尺寸　170 mm×240 mm
开　　本　710 mm×1000 mm　　1/16
字　　数　372千字
印　　张　20.75
印　　数　1—5 000册
版　　次　2022年3月第1版
印　　次　2022年3月第1次印刷

出　　版　吉林科学技术出版社
发　　行　吉林科学技术出版社
地　　址　长春市南关区福祉大路5788号龙腾国际大厦
邮　　编　130118
发行部传真/电话　0431-85635176　85651759　85635177
　　　　　　　　　　　　　　85651628　85652585
储运部电话　0431-86059116
编辑部电话　0431-81629516
网　　址　www.jlsycbs.net
印　　刷　三河市德贤弘印务有限公司

书　　号　ISBN 978-7-5578-8982-1
定　　价　95.00元

前　言

通信是人类传递信息、传播知识和相互交流的重要手段。从人类文明诞生以来，通信方式的改变一直在不断影响着人们的生产生活方式。在当今飞速发展的信息化时代，通信技术正以惊人的速度不断向前发展。近年来，伴随着智能终端的迅速发展，通信技术与计算机技术的结合更加紧密，使得现代通信的应用领域更加广泛。

传感技术作为信息的源头技术是现代信息技术的三大支柱之一，以传感器为核心逐渐外延，与物理学、测量学、电子学、光学、机械学、材料学、计算机科学等多门学科密切相关，是一门对高新技术极度敏感，由多种技术相互渗透、相互结合而形成的新技术密集型工程技术学科，是现代科学技术发展的基础。随着现代科学技术的进步，传感技术学科内涵已发生深刻变化。它正在成为诸多自然科学领域的共性技术，成为多学科交汇点；传感器及其集成技术是信息获取的关键，被众多的产业广泛采用，它与信息科学另外两个部分——信息传输、信息处理正逐渐融为一体，并导致科学知识结构发生深刻变化。因此，应用、研究和发展通信和传感器技术是生产过程自动化、智能化和信息时代的必然要求。

全书共分8章。第1章现代通信技术概论，介绍了通信基本概念、通信系统、通信网、通信业务和现代通信技术的发展趋势。第2章移动通信技术，介绍了移动通信技术基础、移动通信关键技术、第二代至第五代移动通信系统。第3章光纤通信技术，介绍了光纤通信概述、光纤和光缆、光纤通信系统、光纤通信新技术。第4章传感技术基础，介绍了传感器及其分类、信息获取与信息感知、传感器的基础效应、传感器的性能与标定。第5章～第8章分别研究了光电传感技术、视觉传感技术、生物传感技术和智能传感技术。

前3章系统阐述了现代通信技术的基本概念、基本原理、基本方法，并在重点论述传统通信技术基本理论的基础上，力求反映通信理论和通信技术的最新发展。后5章从传感器的基础理论入手，围绕传感技术的应用，介绍现代传感技术的共性知识，通过介绍典型传感技术和实际应用中传感系统的组成、结构，使读者掌握传感器及测试系统的原理、结构和应用的一般规律。书中内容既有传统传感器，又有近年出现的新传感技术介绍，体现了现代传感技术的发展脉络。

本书是作者在从事通信与传感技术相关研究的基础上，结合国内外现代通信技术的发展状况撰写而成。撰写力求简明扼要、深入浅出、通俗易懂，避免繁杂的理论推导。知识结构和内容体系本着科学性、先进性、实用性和系统性兼顾的原则，使读者对现代通信传感技术的基本概念、基本原理、系统构成和技术发展趋势有较全面的理解和掌握。

本书由梁芳、巩玲仙、丁伟杰共同撰写，具体分工如下：

梁芳（忻州师范学院）：第1章～第3章，约14.11万字；

巩玲仙（忻州师范学院）：第6章～第8章，约11.20万字；

丁伟杰（忻州师范学院）：第4章、第5章，约10.98万字。

本书是结合作者多年的教学实践和相关科研成果而撰写的，凝聚了作者的智慧、经验和心血。在撰写过程中，作者参考了大量的书籍、专著和相关资料，在此向这些专家、编辑及文献原作者一并表示衷心的感谢。由于作者水平所限以及时间仓促，书中不足之处在所难免，敬请读者不吝赐教。

作者

2021年8月

目 录

第1章　现代通信技术概论　　　　　　　　　　　　　1

　　1.1　通信基本概念　　　　　　　　　　　　　　2
　　1.2　通信系统　　　　　　　　　　　　　　　　4
　　1.3　通信网　　　　　　　　　　　　　　　　　9
　　1.4　通信业务　　　　　　　　　　　　　　　　18
　　1.5　现代通信技术的发展趋势　　　　　　　　　23

第2章　移动通信技术　　　　　　　　　　　　　　27

　　2.1　移动通信技术基础　　　　　　　　　　　　28
　　2.2　移动通信关键技术　　　　　　　　　　　　34
　　2.3　第二代移动通信系统　　　　　　　　　　　41
　　2.4　第三代移动通信系统　　　　　　　　　　　48
　　2.5　第四代移动通信系统　　　　　　　　　　　56
　　2.6　第五代移动通信系统　　　　　　　　　　　59

第3章　光纤通信技术　　　　　　　　　　　　　　67

　　3.1　光纤通信概述　　　　　　　　　　　　　　68
　　3.2　光纤和光缆　　　　　　　　　　　　　　　69
　　3.3　光纤通信系统　　　　　　　　　　　　　　108
　　3.4　光纤通信新技术　　　　　　　　　　　　　113

第4章　传感技术基础 127

4.1　传感器及其分类 128
4.2　信息获取与信息感知 135
4.3　传感器的基础效应 138
4.4　传感器的性能与标定 159
4.5　传感器的选用原则 178

第5章　光电传感技术 181

5.1　光电效应及光电器件 182
5.2　光纤传感器 200
5.3　红外传感器 211
5.4　光电传感器的应用 217

第6章　视觉传感技术 221

6.1　概　述 222
6.2　图像传感器 224
6.3　3D视觉传感技术 233
6.4　视觉传感技术应用 244
6.5　智能视觉传感技术 248

第7章　生物传感技术 249

7.1　生物传感器概述 250
7.2　生物识别机理及膜固定技术 254
7.3　生物传感器的基本原理 266
7.4　典型生物传感器 270

第8章 智能传感技术 **297**

8.1 智能传感器概述 298

8.2 智能传感器的组成与实现 302

8.3 数据处理及软件实现 304

8.4 网络传感器 311

8.5 智能传感器的典型应用 313

参考文献 **318**

第1章　现代通信技术概论

现代通信技术是信息技术的一个重要组成部分，是信息化社会的重要支柱。随着人们进入了信息化社会，对信息的需求也越来越丰富和多样化。通信的范围也不仅包括电话、传真等单一的媒体信息，而是把声音、文字、图像和数据融为一体的多媒体信息。作为国家信息基础设施的现代通信网，主要包括语音通信领域（固定电话网、移动通信网）、数据多媒体通信领域（基础数据网、IP网络、互联网接入、宽带增值服务）、传输网领域（光通信网）等现代通信技术和业务。通信网络的发展趋势是在数字化、综合化的基础上，向智能化、移动化、宽带化和个人化方向发展。

通信技术，尤其是数字通信技术在近些年来的发展十分迅速，应用也更加普遍。本章主要介绍通信基本概念、通信系统、通信网、通信业务以及现代通信技术的发展趋势。

1.1　通信基本概念

从远古时代到现在高度文明发达的信息时代，人类的各种活动都与通信密切相关。特别是进入信息时代以来，通信技术、计算机技术和控制技术的不断发展与相互融合，极大地扩展了通信的功能，使得人们可以随时随地通过各种信息手段获取和交换各种各样的信息。通信进入社会生产和生活的各个领域，已经成为现代文明的标志之一，对人们日常生活和社会活动的影响越来越大。

1.1.1　通信的定义

通常来说，通信指的是不在同一个地方的双方或者多方之间实现迅速有效的信息传递。我国古代的烽火传警、击鼓作战、鸣金收兵以及古希腊用火炬位置表示字母等，都是人类最早的利用光或声音进行通信的实例。当然，这些原始通信方式在传输距离的远近以及速度的快慢等方面都不能和今天的通信相提并论。在

诸多通信方式中，依靠电磁波或光波传递信息的通信方式就是电信。电信具有传递快速、有效并且不容易受时间和空间的干扰等特点，因此在实际生活中得到了较为广泛的应用。现在所说的"通信"在通常意义上都是指的"电信"，本书也是如此。因此，我们不妨在这里重新定义现代通信的概念：借助光、电技术手段，通常为光波或电磁波，达到由一地向另一地快速而准确地传递信息。通信从本质上讲就是实现信息有效传递的一门科学技术。随着社会的发展，人们对信息的需求量日益增加，要求通信传递的信息内容已从单一的语音或文字转换为声音、文字、数据、图像等多种信息融合在一起的多媒体信息，对传递速度的要求也越来越高。当今的通信网不仅能有效地传递信息，还可以存储、处理、采集及显示信息，实现了可视图文、电子信箱、可视电话、会议电视等多种信息业务功能。通信已成为信息科学技术的一个重要组成部分。

1.1.2　消息、信息与信号

1.1.2.1　消息

消息是信息的表现形式，它具有不同的形式，如符号、文字、话音、音乐、数据、图片、活动图像等。也就是说，一条信息可以用多种形式的消息来表示，不同形式的消息可以包含相同的信息。例如，分别用文字（访问特定网站）和话音（拨打特服号）发送的天气预报，所含信息内容相同。

1.1.2.2　信息

信息可被理解为消息中包含的有意义的内容。信息一词在概念上与消息的意义相似，但它的含义却更普通化、抽象化。

1.1.2.3　信号

信号是消息的载体，消息是靠信号来传递的。信号一般为某种形式的电磁能（电信号、无线电、光）。

如何评价一个消息中所含信息量为多少呢?既可以从发送者角度来考虑，也可以从接收者角度来考虑。一般我们从接收者角度来考虑，当人们得到消息之前，对它的内容有一种"不确定性"或者说是"猜测"。当受信者得到消息后，若事前猜测消息中所描述的事件发生了，就会感觉没多少信息量，即已经被猜中；若事前的猜测没发生，发生了其他的事，受信者会感到很有信息量，事件越是出乎意料，信息量就越大。

1.2 通信系统

1.2.1 通信系统的基本模型

通信系统具有较多的种类，形式各不相同，不过，究其本质都是实现由一端到另一端的信息交换或传递。通信系统的基本模型如图1-1所示，即通信系统包括信源、变换器、信道、反变换器、信宿和噪声源六个部分。

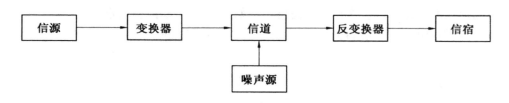

图1-1 通信系统的基本模型

1.2.1.1 模拟通信系统

信源发出的消息经变换器变换处理后，送往信道上传输的是模拟信号的通信系统，就称为模拟通信系统。图1-2所示是根据早期模拟电话通信系统结构画出的模拟通信系统模型。图中的送话器和受话器相当于变换器和反变换器，分别完

成语音/电信号和电信号/语音的转换，使通话双方的话音信号得以以电信号的形式传送，不再受到距离的约束和限制。

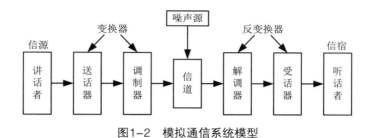

图1-2　模拟通信系统模型

1.2.1.2　数字通信系统

数字信号指的是幅度的数值大小是离散的，幅值都处于有限的数值范围内，波形用离散的脉冲组合形式表示的一类信号。电报信号便是数字信号。如今使用最普遍的数字信号为幅值仅有两种的波形（用0和1代表），即二进制信号。数字通信是指以数字信号为载体来传输信息，或借助数字信号对载波进行数字调制并传输的通信方式。

数字通信系统是传输数字信号的通信系统。数字通信涉及信源编码与译码、信道编码与译码、数字调制与解调、同步与数字复接，以及加密等技术问题。数字通信系统模型如图1-3所示。

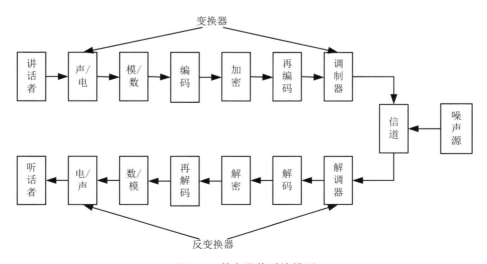

图1-3　数字通信系统模型

1.2.2　通信系统分类

1.2.2.1　按通信业务分类

按通信业务的类型，可将通信系统分为话务通信和非话务通信。话务通信在电信领域中是使用范围最广、使用频率最高的，是人与人之间最基本的通信方式。最近几年来，非话务通信的发展情况较迅猛，包括分组数据业务、计算机通信、数据库检索、电子信箱、电子数据交换、传真存储转发、可视图文及会议电视、图像通信等。由于话务通信的使用范围较广、发展较好，所以其他通信业务的开展大多基于公共电话通信系统。

1.2.2.2　按调制方式分类

按调制方式的类型，可将通信系统分为基带传输和频带（调制）传输。基带传输指的是把没有调制的信号直接传输出去，如音频市内电话。频带传输指的是把信号经过调制后传输的总称。表1-1为常见的调制方式。

表1-1　常见的调制方式

调制方式			用途
连续波调制	线性调制	常规双边带调制	广播
		抑制载波双边带调幅	立体声广播
		单边带调幅SSB	载波通信、无线电台、数传
		残留边带调幅VSB	电视广播、数传、传真
	非线性调制	频率调制FM	微波中继、卫星通信、广播
		相位调制PM	中间调制方式
	数字调制	幅度键控ASK	数据传输
		相位键控	数据传输

调制方式			用途
脉冲数字调制	数字调制	相位键控PSK、DPSK、QPSK等	数据传输、数字微波、空间通信
		其他高效数字调制QAM、MSK等	数字微波、空间通信
	脉冲模拟调制	脉幅调制PAM	中间调制方式、遥测
		脉宽调制PDM（PWM）	中间调制方式
		脉位调制PPM	遥测、光纤传输
	脉冲数字调制	脉码调制PCM	市话、卫星、空间通信
		增量调制DM	军用、民用电话
		差分脉码调制DPCM	电视电话、图像编码
		其他语言编码方式ADPCM、APC、LPC	中低速数字电话

1.2.2.3　按传输媒质分类

按传输媒质的类型，可将通信系统分为有线通信系统和无线通信系统。有线通信依靠导线（如架空明线、同轴电缆、光导纤维、波导等）传输来实现通信，如市内电话、有线电视等。无线通信依靠电磁波传输来实现通信，如微波视距传播、卫星中继等。

1.2.2.4　按工作波段分类

按工作波段的范围，可将通信系统分为长波通信、中波通信、短波通信、远红外线通信等。表1–2为通信使用的频段、常用的传输媒质及主要用途。

表1–2　通信波段与常用传输媒质

频率范围	波长	符号	传输媒质	用途
3Hz~30kHz	10^4~10^8m	甚低频VLF	有线线对长波无线电	音频、电话、数据终端长距离导航、时标

续表

频率范围	波长	符号	传输媒质	用途
30~300kHz	10^3~10^4m	低频LF	有线线对长波无线电	导航、信标、电力线通信
300kHz~3MHz	10^2~10^3m	中频MF	同轴电缆短波无线电	调幅广播、移动陆地通信、业余无线电
3~30MHz	10~10^2m	高频HF	同轴电缆短波无线电	移动无线电话、短波广播定点军用通信、业余无线电
30~300MHz	1~10m	甚高频VHF	同轴电缆米波无线电	电视、调频广播、空中管制、车辆、通信、导航
300MHz~3GHz	10~100cm	特高频UHF	波导分米波无线电	微波接力、卫星和空间通信、雷达
3~30GHz	1~10cm	超高频SHF	波导厘米波无线电	微波接力、卫星和空间通信、雷达
30~300GHz	1~10mm	极高频EHF	波导毫米波无线电	雷达、微波接力、射电天文学
43~430THz	0.7~7μm	红外线	光纤激光空间传播	光通信
43~750THz	0.4~0.7μm	可见光		
75~3000THz	0.1~0.4μm	紫外线		

1.2.2.5 按信号复用方式分类

按信号复用方式的类型，可将通信系统分为频分复用、时分复用和码分复用。频分复用指的是利用频谱搬移使不同信号处于不同的频率范围；时分复用指的是利用脉冲调制使不同信号处于不同的时间区间；码分复用指的是利用正交的脉冲序列传递信号。频分复用多用于模拟通信，时分复用多用于数字通信，码分复用多用于空间空间通信的扩频通信。

工作频率和工作波长具有以下关系：

$$\lambda = \frac{c}{f}$$

式中，λ为工作波长；f为工作频率；c为光速。

1.3　通信网

1.3.1　通信网整体架构

通信子网也是一种系统，是一种通信系统，它的基本定义较为简单，是指一群通过一定组织形式连接起来的通信设备及其各类管理控制软件。

通信网的基本组成单位就是这种通信子系统，它包含了将信息从信源传递到信宿过程中所涉及的全部软、硬件，它主要包括把信源信息转换成可以在信道上传送的信息的发送设备，传输信号所需要的线路及其附属设备（信道，分为有线或无线）以及把信息恢复成用户所需的信息的接收设备，这便是整个通信网的总体框架。通信网的总体框架包括终端接入系统、传输系统、交换与转接系统。

通信网整体上可分为终端接入、传输、交换与转接三大系统，每种系统至少包含硬件平台、操作系统（过于简单的系统或许没有）、功能软件三个方面。

1.3.1.1　终端接入系统

终端节点是进入网络的信息的起点，是网络传递和处理信息的界面或应用界面。利用终端能够完成不同形式的、有效的信息传递，包括语音到图像，文本传递到计算实现等。

1.3.1.2　传输系统

传输系统出现在用户节点到网络的交换节点部分或者网络的交换节点之间，可以说网络中任何节点间的信息传递都必须依赖于相应的线路，无论是有线的还是无线的。

传输是不同交换设备间的通信路径，用于传输用户信息和网络控制信息。通信网的传输设备主要包括用户线（用户终端与交换机之间的连接线路）、中继线（交换机与交换机之间的连接线路）以及相关传输系统设备。传输线路中除了不同的线缆外，其路径中还安装了其他的设备，从而达到信号放大、波形变换、调制解调、多路复用、发信与收信等目的，使用户传输信息的距离得以延长。

1.3.1.3　交换与转接系统

交换与转接系统解决的是节点如何处理信息、如何选择路由的问题，即信息在网络中是如何交换的，在网络中是如何选择路由进行传递的。

对于通信网的设计者、管理者而言，需要考虑到网络的可实现性。网络是由许多节点相互连接而形成，如果这些节点间要准确地、有条不紊地进行信息的传递，每个节点就必须遵守共同约定的规则、标准，即需要有统一的网络协议。对于网络互联、信息通信、互联接口控制、网络安全、业务应用等功能的实现，均需相应的网络标准或协议来控制及协调整个网络的运行。而在网络的实际应用过程中，这些功能的实现需要通过各式各样的通信软件，包括各类接口软件、协议软件、安全软件、管理控制软件及应用软件等。

对于网络的使用者来说，网络存在的意义是能够提供充分的资源和多种多样的服务。从基础资源到信息资源，用户不断地从网络中获取各种信息，通信软件在这个过程中扮演了极其重要的角色，从网络的接入到信息资源的获取、计算及传输，以及最终向用户提供的各类业务与应用，均由相应的通信软件作为支撑。

1.3.2　通信网的组网结构

通信网的组网结构分为网状型网、星型网、总线型网、环型网以及复合型网。

1.3.2.1　网状型网

网状型网又称作完全互联网，网内的不同节点间都有直线连接，如图1-4所示。该组网结构的优势为，进行通信的过程中没有任何形式的转接，连接质量高，具有较强的稳定性；其不足为，结构冗余，线路利用率低，需要费用较多。一般用于局间业务量较大或分局数较少的情况。

网孔型网如图1-5所示，是由网状型网发展而来，又称作不完全网状型网。

网内多数节点间都有直线连接，少数节点间没有直线连接。不同节点间是否需要直达线路通常根据业务量而定。同网状型网相比，网孔型网线路利用率有所提高，但稳定性稍有下降。

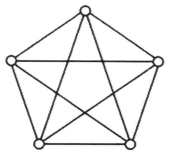

图1-4 网状型网

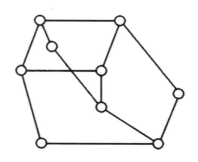

图1-5 网孔型网

1.3.2.2 星型网

星型网也称作辐射网，它以一个节点为中心节点，此点和其他节点间都有直线连接，如图1-6所示。该组网结构的优势为，采用的传输链路较少，线路的利用率较高；其不足为，需要借助交换设备，若中心节点发生故障则全网不能使用，安全性较差。

实用的星型网可以是多层次的，这种结构有时也称为树型网，如图1-7所示。

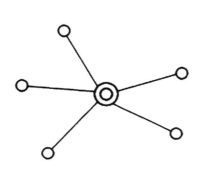

图1-6 星型网

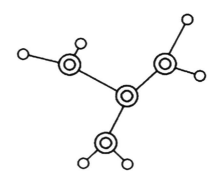

图1-7 树型网

1.3.2.3　总线型网

在总线型网中，全部节点都是采用硬件接口直接与总线相连，如图1-8所示。该组网结构的优势为，在其中增加或减少节点的数量都较为方便，线路的利用率较高；不足为稳定性差。

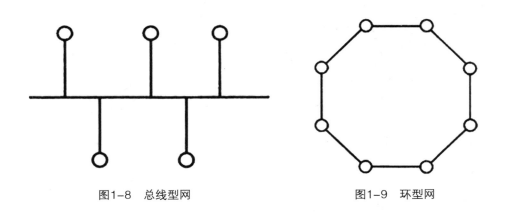

图1-8　总线型网　　　　　　　　　　图1-9　环型网

1.3.2.4　环型网

环型网如图1-9所示。该组网结构的优势为，结构简单，容易建立，线路的利用率较高；其不足为，安全性较差，若其中一个单元发生故障，则整个网络都不能正常运行，除此之外，可扩展性和灵活性也较差。为了提升环型网的安全性能，通常借助自愈环来实现自动保护。

1.3.2.5　复合型网

常见的一种复合型网是由星型网和网状型网复合而成，如图1-10所示。它是以星型网为基础，并在通信量较大的区间采用网状型网结构。这种网络结构兼具有星型网和网状型网的优点，比较经济合理且稳定性好，因此在一些大型的通信网络中应用较广。

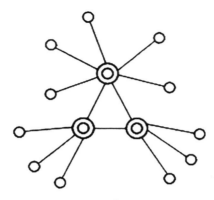

图1–10 复合型网

1.3.3 通信网的质量要求

在利用通信技术建立通信网时，必须遵照相关的质量要求，让建立的网络可以快速、有效、准确地向用户传递信息，满足人们的通信需要。

通常需要达到如下的质量要求：

（1）网内任意用户间相互通信。

对通信网最基本的要求是保证网内任意用户之间能够快速实现相互通信。网络应能实现任意转接和快速接通，以满足通信的任意性和快捷性。

（2）满意的通信质量。

通信网内信息传输时应保证传输质量的一致性和传输的透明性。

信息传输质量的一致性：是指通信网内任意用户之间通信时，应具有相同或相仿的传输地址，而与用户之间的距离、环境以及所处的地区无关。

传输的透明性：是指在规定业务范围内的信息都可在网内传输，无任何限制。

传输质量：主要包括接续质量和信息质量。

接续质量：表示通信接通的难易和使用的优劣程度，具体指标主要有呼损、时延、设备故障率等。

信息质量：是信号经过网络传输后到达接续终端的优劣程度。主要受终端、信道失真和噪声的限制。不同的通信业务具有不同的信息质量标准，如数据通信的比特误码率、话音通信的响度当量等。

（3）较高的可靠性。

通信网应具有较高的可靠性，不因网络出现故障而导致通信发生中断。为此，对交换设备、传输设备以及组网结构，都采取了多种措施来保证其可靠性。对于网络及其网内的关键设备，还制定了相关的可靠性指标。

（4）投资和维护费用合理。

在组建通信网时，除应考虑网络所支持的业务特性、网络应用环境、通信质量要求和网络可靠性等因素之外，还应特别注意网络的建设费用以及日后的维护费用是否具备经济性。

（5）能适应通信新业务和通信新技术的发展。

通信网的组网结构、信令方式、编码计划、计费方式、网管模式等应能灵活适应新业务和新技术的发展。

传统的通信网是为支持单一业务而设计的，不能适应新业务和新技术的发展；面向未来的下一代网络应能适应不断发展的通信技术和新业务应用。

1.3.4　通信网分类

通信网技术的飞速发展以及支持业务的多样性和复杂性，使得通信网的网络体系结构日趋复杂化。网络传输从模拟窄带发展为数字宽带，所支持的业务也从单一的语音业务发展为语音、数据、图像、视频和多媒体业务。

1.3.4.1　现代通信网的分类

以下从四个常用的方面对通信网作简单的分类。

（1）按网络服务范围分类。

按网络服务范围分类，可以将通信网分为局域网、广域网、国际网。局域网通常是指通信网中较小的通信单元，它包含用户节点、接入传输和本地交换节点，覆盖面积较小，如覆盖一个建筑物或一个居民区乃至一个园区；广域网通常是由多个局域网构成，相互之间可以通信，覆盖范围从几个县、市到省及至全国

的广域网络，需要通过路由器或广域交换传输设备相连接；国际网是指多个国家间及至全球各个国家间的网络相互连接而形成的国际通信网络。

（2）按信道分类。

通信网按信道分类，可以分为有线网和无线网。有线网的信道目前通常为双绞线、电缆或光缆；无线网包括微波网络、短波网络、中波网络以及卫星网络等。

（3）按网络位置分类。

通信网按网络位置分类，可以分为骨干网（即核心网）和边缘网。骨干网是通信网中担任主要的数据传递与交换功能的实体集合，它既是一种"传输网"，也是一种"交换网"，其网络节点包括了地区级、省级和若干国家级传输干线；边缘网泛指骨干网以外的其他网络，包括社区网络、无线接入网、互联网拨号接入网等。

（4）按带宽分类。

通信网按带宽分类，可以分为窄带网络与宽带网络。窄带综合业务数字（Integrated Services Digital Network，ISDN）的标准由ITU I.210标准给定，依据I.210标准，ISDN提供的基本电信业务包括电话（Telephony）、智能用户电报（Teletex）、四类传真（Telefax4）、混合方式（Mixed-Mode）和电视图文（Videotex），详细内容参见ITU I.210文件；宽带网络因为其提供了更高的传输带宽，因而它除了支持基础的文字、语言、图文等业务外，还提供视频业务及各项多媒体应用。

1.3.4.2　国内现有通信网络

我国现有的通信网络大致可分为3类。

（1）电信网。

电信网由国家电信部门（原邮电部）建设，由基础网、相应的支撑网和其所支持的各种业务网组成。电信网主要是指利用有线通信或无线通信系统，来传递、发射或者接收各种形式信息的通信网。例如，以语音业务为主的公用电话交换网和移动通信网、基础数据网、基础传输网等。

（2）计算机通信网。

计算机通信网的发展过程是计算机技术与通信技术的融合过程。现代网络技术实际上已把计算机网和电信网相互整合并渗透在一起。

国内的计算机通信网即中国目前的互联网，由多部门组建及运作。例如，中国公用互联网（由原邮电部组建）、中网（由中国网通组建）、中国教有自科研网（CERNET，由清华大学负责运作）等。

（3）有线电视网。

有线电视网具有非常明显的资源优势，已经建立了一定规模的光缆长途干线和覆盖面较大的宽带网络，并且具有许多影视节目信息。目前的突出问题是，虽然具有传输和接入技术，但没有宽带信息业务节点及相应的交换设施。

有线电视网由传送网络和面向用户的节目分配网络两部分组成。

①传送网络（传输干线）。为有线电视台之间传送节目源。类同于电信网的传输网络，除使用卫星信道以外，还利用高质量的SDH光传送网及SDH微波中继网。②面向用户的节目分配网络。有线电视网是一种多用户共享的宽带网络，其信息流具有非对称性和分配性的特点。

我国的电信网、计算机通信网和有线电视网这3个不同的运营网络，是根据用户需求所提供的业务类型、支撑业务所采用的技术及其相应的成熟期，以及对各类业务运营商的管理体制不同而客观形成的，且都具有各自的优势和问题。

随着信息化的发展，我国在信息通信领域改革步伐的加快，竞争环境的逐步形成，为实现网络融合（涉及技术融合、网络融合、业务融合、产业融合）提供了更大的可能性。

1.3.5　电信网的构成

现代电信网的各种不同类型，可归纳为业务网和支撑网。

1.3.5.1　业务网

业务网（用户信息网）是现代电信网的主体，用于向公众提供诸如语音、视频、数据、多媒体等业务的通信网络。它包括电话通信网、移动通信网、数据通信网、综合业务数字网、智能网、IP网络等。业务网按其功能可分为传送网和交换网。

（1）传送网。

传送网是指在不同地点的各点之间完成信息传递功能的一种网络，是网络逻辑功能的集合。电信业务网中各类不同的业务信号都将通过传送网进行传输，传输线路和传输设备是电信网中一项重要的基础设施。

传送网由基础传输网和用户接入网组成，用于数字信号的传送，表示支持业务网的各种接入和传送手段的基础设施。基础传输网络（如光通信网）完成用户信息的传输功能。用户接入网负责将通信业务透明地传送到用户，即用户通过接入网的传输，能灵活地接入不同的通信业务节点上；用户驻地设备（CPE）或用户驻地网（CPN）通过接入网接入基础传输网。

（2）交换网。

交换设备是交换网的核心，由交换节点和通信链路构成，其基本功能是完成对接入交换节点的传输链路的汇集、转接接续和分配。用户之间的通信要经过交换设备。采用不同交换技术的交换点可构成不同类型的业务网，用于支持不同的业务。根据交换方式的不同，交换网又可分为电路交换网和分组交换网。

1.3.5.2 支撑网

支撑网包括信令网、数字同步网和电信管理网。支持电信网的应用层、业务层和传送层的工作，提供保证网络正常运行的控制和管理功能。

（1）信令网。

信令的功能是控制电信网中各种通信连接的建立和拆除，并维护通信网的正常运行。信令网实现网络节点间信令的传输和链接，为现代通信网提供高效、可靠的信令。

（2）数字同步网。

数字同步网用于保证数字交换局之间、数字交换局与数字传输设备之间的信号时钟同步，并使通信网中所有数字交换系统和数字传输系统工作在同一个时钟频率下。

（3）电信管理网。

电信管理网是一个完整的、独立的管理网络。在该网络中，各种不同应用的管理系统按照标准接口互连，并在有限点上与电信网接口及电信网络互通，从而达到控制和管理整个电信网的目的。

当前，电信网正处于转变的时期。即从基于传统电话结构和标准的网络转向基于IP结构的网络。在开展新业务的驱动下，电信网的基础结构正经历着巨大的变革，而科学技术的不断创新使得这种变革得以实现。

1.3.6　通信与网络的相互作用

正确认识网络及通信技术，首先要厘清网络与通信之间的关系。网络本身是一个大的概念，作为一个整体，它由许多部分组成，通信只是其中的要素之一，确切地说，通信在网络中作为一种"工具"而存在，更准确地说，各类通信软件在网络中是作为工具的角色而存在，这些软件是网络整体运行与控制的工具，也是网络能够向用户提供各类信息资源与业务及应用的基础。

1.4　通信业务

通信的最终目的是为用户提供他们所需的各类通信业务。从一定意义上来说，正是不断发展的业务需求推动着现代通信技术的发展。通信业务的种类繁多，根据信息载体的不同，通信业务可以分为视音频业务、数据通信业务和多媒体通信业务。

1.4.1　视音频业务

尽管在现代通信系统中数据业务和多媒体业务发展非常迅速，但视音频业务在所有通信业务中仍然占有主要地位。音频信号和视频信号是随时间变化的连续媒体，要求有比较强的时序性，即较小的时延和时延抖动。视音频业务主要包括普通电话、IP电话、模拟广播电视、数字视频广播、视频点播、移动电话数字电

话、可视电话、会议电视等。

1.4.1.1　普通电话

普通电话业务是发明最早和应用最为普及的一种通信业务，它在基于电路交换的电话交换网络支持下，向人们提供最基本的点到点话音通信功能。根据通信距离和覆盖范围分类，电话业务可分为市话业务、国内长途业务和国际长途业务。基于这样一个电话交换网络，除了可以提供基本的点到点话音通信之外，还可以为用户提供来电显示、三方通话、呼叫转移、会议电话等增值业务。此外，通过电话交换网络还可以提供传真、互联网拨号接入等业务。

1.4.1.2　IP电话

以话音通信为目的而建立的公共交换电话网络（Public Switched Telephone Network，PSIN）采用电路交换技术，能够实现较好的通话质量，不过通话过程中一直使用固定带宽，造成频带利用率较低。国际互联网Internet是为了实现数据通信而建立的，其采用分组交换技术，业务都能够共用线路，进而显著提升网络带宽的利用率，不过考虑到数据包并不是实时的，因而Internet并不能确保语音通信的质量。长期以来，人们都在探索采用更加经济的Internet传输话音的方法，这就产生了IP电话。

IP电话应用的关键技术主要包括下面几种。

（1）语音压缩技术。

目前用于IP电话的语音压缩技术标准是G.723.1，它是基于多脉冲最大似然量化（Multi-Pulse Maximum Liklihood Quntization，MP-MLQ）和代数码本激励线性预测（Algebraie Code Excited Linear Predietion，ACELP）的编码方法，高码率时采用MP-MLQ，提供6.3kbit/s的码流；低码率时采用ACELP，提供5.3kbit/s的码流。

（2）静噪抑制技术。

在话音通信过程中，一般情况下有效传输信号仅占36%～40%。这是因为在一方讲话时，另外一方在听，而且讲话过程中存在很多明显的停顿。静噪抑制技术也称为语音激活技术，具体而言就是当检测到通话中有安静时段时就不再发送话音包。运用此技术，能够明显降低网络带宽。

（3）回声抵消技术。

在用户交换机或局用交换机上，有一部分电能没有得到充分转换而是返回原来的位置，则会产生回声。利用自适应速波器可以抵消回声根据滤波器的输出量来控制滤波器的某个或某些参数，从而达到较好的接收信号质量。

（4）话音抖动处理技术。

时延抖动较大是IP网络的一个显著特征，它可以导致IP通话质量明显下降。为了尽可能地降低时延抖动造成的影响，能够运用抖动缓冲技术，需要在接收一侧安装一个缓冲池，当话音包到达时先经过缓冲，接着系统会按某种稳定的速率把话音包从缓冲池中取出，经处理后播放给受话者。

（5）话音优先技术。

进行话音通信要求具有较强的实时性。在IP电话中，通常需要应用话音优先技术，也就是在IP网络中把话音包的优先级定位最高级。应用此法就可以显著降低网络时延和时延抖动对话音造成的干扰。

（6）IP包分割技术。

在IP网络中存在长数据包，对于长达上千字节的数据包，如果不进行限制，则有可能影响话音质量。为了使IP电话具有更好的通话质量，则需要对IP数据包的大小进行限制，不能大于2556字节。

（7）IP网络上传送话音（Voice over Internet Protocol，VoIP）前向纠错技术。

为了使话音质量保持稳定，部分技术先进的VoIP网关运用了信道编码以及交织等技术。IP网络中的数据包在传输过程中有被损坏或丢失的可能，运用前向纠错技术能够降低传输过程出现误码的概率。某些丢包率、误包率较低的内部网络，不需要运用此技术。

IP电话的通信方式包括以下三种：

①纯IP网中的话音业务。纯IP网中的话音业务，即所谓的"PC到PC"，可以是PC机到PC机的通话，PC机到IP电话机的通话，以及IP电话机到IP电话机的通话。其特点是通信双方均直接连接在IP网络上。IP电话机基于 H.323协议或会话初始化协议（Session Initiation Protocol，SIP），具备以太网接口的通信终端。它占用个独立的 IP地址，可以直接接入IP网络实现话音通信。

②IP电话机与普通电话机之间的通话和PC机与普通电话机之间的通话。IP电话机与普通电话机之间的通话和PC机与普通电话机之间的通话，即所谓的"PC到PHONE"。利用普通电话机的一方要先经过本地PSTIN网络，再通过网关才能接入IP网，从而实现IP通话功能。

③普通电话机之间利用IP网络进行的通话。普通电话机之间利用IP网络进行的通话，即所谓的"PHONE到PHONE"。其特点是通信双方均要先经过本地PSTIN网络，再通过网关才能接入IP网，从而实现IP通话功能。

"PHONE到PHONE"方式的IP电话系统结构如图1-11所示。从图中可以看出，整个系统由终端设备、IP网关、多点控制单元（Multi Control Unit，MCU）和网络管理者等部分组成。其中，网关是关键设备，它是连接公用电话交换网和IP网的桥梁。其作用是传递信息、变换信息和寻址。若某甲地用户想要通过Internet与某乙地用户进行电话联系，则可以利用电话拨通本地网关A，根据语音提示，再拨乙地用户的电话号码；网关A根据乙地用户的电话号码找到乙地的网关B的IP地址，并接通连接乙地用户的电路；网关A将甲地用户发来的话音信号进行量化、编码压缩、打包等处理后，转发给网关B；网关B对网关A发来的数据进行重组、解码、解压缩等处理，使其恢复为话音，最后通过乙地的公用电话交换网传送给乙地的用户。这就是IP电话通信的大致过程。

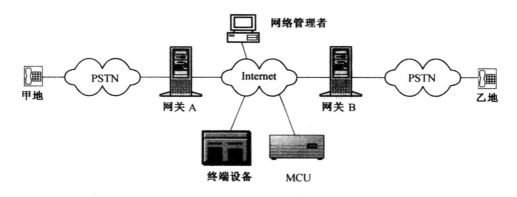

图1-11　IP电话系统结构

1.4.1.3　模拟广播电视

模拟广播电视每一套电视节目信号所占的带宽为8MHz，能够采用无线广播的方式，也能够采用有限信道的方式。其中，图像信号利用了残留边带调幅，伴音信号利用了调频方式。

在无线电频谱中，48~958MHz的频率范围被划分为5个频段，其中Ⅰ频段为广播电视的1~5频道；Ⅰ频段划分给调频广播和通信使用；Ⅲ频段为广播电视的6~12频道；Ⅳ频段为电视广播的13~24频道；Ⅴ频段为广播电视的25~68频道。广播电视的这68个频道中，1~12频道属于甚高频（Very High Frequency，VHF）频段，13~68频道属于特高频（Ultra High Frequency，UHF）频段。

在广播电视的不同频段间都存在频率间隔，这些频率被用于调频广播电信业务和军事通信等。开路广播电视不能应用上述频率，因为容易引起广播电视对其他应用产生干扰。考虑到有线电视是独立、封闭的系统，便可以使用上述频率来增加节目的数量，也就是有线电视系统中的增补频道。

1.4.1.4 数字广播电视

数字广播电视采用先进的数字视频压缩技术和信道调制技术，大大提高了信道利用率，在传送一路模拟电视节目的带宽内可以传送4~6路的数字压缩电视节目，从而降低了每路节目的传输费用。另外，为了增强其通用性，数字广播电视的核心系统采用了对包括卫星地面无线发射有线电缆与光缆等各种传输媒体均适用的通用技术。

1.4.1.5 视频点播

视频点播即VOD（Video On Demand），是一种受用户控制的视频分配和检索业务。

视频点播区别于广播电视的最主要的两个方面是主动性和选择性。广播电视业务中，观众是被动接受者；视频点播的主动权在用户手中，用户按照自己的意愿主动获得视频信息，自由决定何时观看何种节目。

1.4.2 数据通信业务

数据通信业务是随着计算机的广泛应用而发展起来的。由于计算机与其外部设备之间，以及计算机与计算机之间都需要进行数据交换，特别是随着计算机网络的快速发展，需要高速大容量的数据传输与交换，因而出现了数据通信业务。

由于数据信号也是一种数字信号，因此数据通信是建立在数字通信的基础上的。但数据通信与数字通信的概念并不完全等同。数字通信是指所传输使用的信号是数字信号而不是模拟信号，它所传输的内容可以是数字化的音频信号、数字化的视频信号，也可以是数据。根据所承载的信息内容不同，数字通信需要采取不同的传输手段和处理方式。

可见，数字通信的概念比数据通信更为宽泛。相对于视、音频业务，数据通信业务对实时性的要求较低，可以采取存储转发的交换方式；数据通信业务对可靠性的要求非常高，因此必须采取严格的措施来避免数据在传输过程中丢失并降低产生差错的概率。

1.5　现代通信技术的发展趋势

通信技术与计算机技术、控制技术、数字信号处理技术等相结合是现代通信技术的一大特征，目前，通信技术的发展趋势为综合化、融合化、宽带化、智能化和泛在化。而其中的每一"化"都将体现"绿色"通信的基本要素，即通信系统的节能减排。

1.5.1　通信业务综合化

现代通信技术的一大趋势是通信业务综合化。随着社会的不断发展，人们对通信业务的需求更加多样化，如果每出现一种通信业务就建立相应的通信网络，一定会需要更多的投入，并且效益也不高，不同网络间的资源也不能共享。如果将不同的通信业务，即电话业务和非电话业务等以数字方式统一起来并且在同一网络中传输、交换和处理，便能够避免以上问题，实现一网多用。

1990年制定出第一批宽带综合业务数字网的国际标准，1995年达到实用化。进入21世纪，综合业务的重心向宽带网络方向发展，随着大数据、云计算的应用，综合宽带业务以数字化技术为核心提供以高带宽为指标的互联网综合业务。

1.5.2　网络互通融合化

以电话网络为代表的电信网络和以Internet为代表的数据网络以及广播电视网络的互通与融合进程将加快步伐。IP数据网与光网络的融合、移动通信与光纤通信的融合、无线通信与互联网的融合等也是未来通信技术的发展趋势和方向。

1.5.3　通信传送宽带化

通信网络的宽带化是电信网络发展的基本特征和必然趋势。向用户提供高速、全方位的信息服务是网络的重要发展目标。目前，网络的不同层面都在向高速方向努力，在高速选路与交换、高速光传输、宽带接入等方面已经取得了重大进展。

1.5.4　承载网络智能化

在通信承载网络中，利用开放式结构和标准接口结构的灵活性、智能的分布性、对象的个体性、入口的综合性和网络资源利用的有效性等，能够解决信息网络在业务承载、性能保障、安全可靠、可管理性、可扩展性等方面遇到的问题，尤其是人工智能、机器学习等先进技术在通信网络中得以应用，对通信网络的发展具有重要影响。

1.5.5 通信网络泛在化

泛在网是指无处不在的网络，可以实现任何人或物体在任何地点、任何时间与任何其他地点的任何人或物体进行任何业务方式的通信。其服务对象不仅包括人和人之间，还包括物与物之间和人与物之间。尤其是随着5G网络的应用，各种新业务不断出现，并改变着社会的多种形态，如物联网、车联网、工业互联网等。

随着网络体系结构的演变和宽带技术的发展，传统网络将向下一代通信与信息网络演进，并突显以下典型特征：业务融合，高速宽带，移动泛在，兼容互通，安全可靠，高效节能，软件定义，智能互联等。尽管目前很多技术尚在研究与开发中，但已为我们展示出了美好的发展前景。

第2章　移动通信技术

移动通信作为公用通信和专业通信的主要手段，是近年来发展最快的通信领域之一。我国的移动语音业务已超过固定电话业务；而移动通信所能交换的信息已不限于语音，各种非语音服务（如数据、图像等）也纳入移动通信的服务范围。移动通信具有快捷、方便、可靠进行信息交换的特点，已成为一种理想的个人通信形式。第三代移动通信（3G）引入了宽带化，移动通信将向更高速率和支持宽带多媒体业务方向发展。第四代移动通信（4G）集3G与WLAN于一体，并能够快速传输数据、高质量音频、视频和图像等。第五代移动通信（5G）是4G的真正升级版，本章主要介绍移动通信基础知识以及第二、三、四、五代移动通信系统。

2.1 移动通信技术基础

所谓移动通信，顾名思义就是通信的一方或双方是在移动中实现通信的，其中，包含移动台（汽车、火车、飞机、船舰等移动体上）与固定台之间通信、移动台（手机）与移动台（手机）之间通信、移动台通过基站与有线用户通信等。

2.1.1 移动通信系统的分类

移动通信系统的基本业务是语音业务。基于移动通信网络的移动数据业务也得到了迅速发展，主要有消息型业务（如短信息业务和多媒体信息业务）和无线IP业务（如通过移动终端上网）等；基于移动数据业务的各种增值业务可实现多种数据通信应用。移动智能网可在移动通信网上快速有效地生成和实现智能业务。

2.1.1.1 蜂窝公用移动通信系统

蜂窝式移动通信系统由移动业务交换中心（MSC）、基站（BS）、移动台（MS）及与市话网相连接的中继线等组成，在基于"蜂窝"概念建立的蜂窝式移动通信系统中，一个大区域划分为若干个小区域（往往用六边形，结构类似蜂窝），多个小区域彼此相连，覆盖整个服务区。每个小区半径为几公里，小区基站发射功率一般为5～10W。蜂窝公用移动通信系统可以覆盖无限大的范围，为公众用户提供通信服务，如GSM系统和CDMA系统等。

2.1.1.2 集群移动通信系统

集群移动通信系统是一种多用途、高效能的无线调度通信系统。集群移动通信系统可实现将几个部门所需的基地台和控制中心统一规划、集中管理，每个部门只需建设自己的分调度台并配置必要的移动台，即可共用频率、共用覆盖区，使资源共享、费用分担，公用性与独立性兼顾，从而获得最大效益。集群移动通信系统的可用信道为系统的全体用户共用，并有自动选择信道功能。

2.1.1.3 无线市话

无线市话（PHS）又称个人接入电话或个人手持电话系统，是电信运营部门利用现有网络和设备潜力，以与固定网相近的低资费，提供有限范围的漫游，开拓新的业务增长点。由于无线市话的基站覆盖范围有限、信号穿透能力不强、无升级能力，加上移动通信业务的竞争，因此制约了PHS的通话质量和业务发展。

2.1.1.4 无线寻呼系统

专用寻呼系统由用户交换机、寻呼控制中心、发射台及寻呼接收机组成。公用寻呼系统由与公用电话网相连接的无线寻呼控制中心、寻呼发射台及寻呼接收机组成。寻呼系统是一种单向通信系统，公用和专用系统的区别仅在于规模大小。其有人工和自动两种接续方式。由于蜂窝移动通信系统的发展，无线寻呼业务正逐渐退出市场。

典型的移动通信系统如图2-1所示。

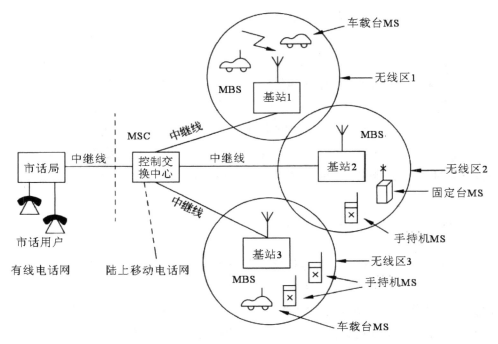

图2-1 典型的移动通信系统

2.1.2 移动通信与其他通信方式的比较

（1）无线电波传播模式的复杂性。

移动通信系统的移动台和基站所发射的无线电波，在传播中不仅存在大气（自由空间）传播损耗，还有经多条不同路径来反射波合成的多径信号所产生的多径衰落。

例如，由于移动台在不断运动，且安装的天线很低，所以电波传播受地形轮廓的影响很大。地形构造及粗糙程度、各种建筑物的阻碍作用，以及散射和多径反射的影响等，都将使信号发生衰落，其中包括瑞利衰落（快衰落）和阴影衰落（慢衰落）。

多径衰落将使接收信号电平起伏不平，严重时将影响通信质量。移动用户具有移动随机性，尤其是当移动通信传输速率越来越高，且实际移动速度也越来越

快时，移动通信系统需要采取必要的（且较复杂）的抗衰落技术。

（2）多普勒频移产生调制噪声。

移动台（如超高速列车、超音速飞机等）的运动达到一定速度时，固定点接收到的载波频率将随运动速度的不同而产生不同的频移，即产生多普勒效应，使接收点的信号场强、振幅、相位随时间、地点而不断地变化。当工作频率越高，则频移越大；移动速度越快，对信号传播的影响也越大。

在高速移动电话系统中，多普勒频移可能会影响语音而产生附加调频噪声，从而引起失真。若在地面设备接收机中采用锁相技术，则可防止多普勒效应。

（3）干扰比较严重。

在运动状态中进行通话时，信号场强将随移动台与基站间的距离而变化，即存在着"远近效应"。

移动通信系统还存在着互调、邻道和其他系统的干扰。其中，互调干扰是由于有新的频率成分（由非线性部件的输出信号所产生）落入其他信道的频率范围内，而对该信道造成干扰；邻道干扰是由于信道隔离度不够，而在相邻或相近信道之间造成的干扰；同频干扰是指使用相同频率的小区之间无用信号造成的干扰；CDMA系统中还有多址干扰。这些干扰都严重影响移动台的接收效果。此外，还存在人为噪声干扰（尤其是汽车发动机点火噪声等）及工业干扰的影响。

（4）信道传输条件恶劣。

移动台使用无线信道，在电波传播的过程中，由于多径衰落、建筑物阻挡造成的阴影效应、移动台运动引起的多普勒频移等，使接收信号极不稳定。

（5）可供使用的频率资源有限。

陆地移动通信的用户数迅猛增加，而可用频率范围有限，故有效利用频率资源的技术实现是一个重要研究课题。

（6）需采用跟踪交换技术。

由于移动台处于运动状态，为了与移动台保持通信，移动通信系统必须具有位置登记、越区切换及漫游通信等跟踪交换功能。

2.1.3　蜂窝通信的概念

2.1.3.1　蜂窝通信的特征

移动通信系统按照服务区电磁波的覆盖方式，可以划分为两类：小容量的大区制与大容量的蜂窝式。

传统的大区制在服务区的最高点建一个大功率的发射机，覆盖一个区域。大区内只有一个基站负责通信的联络与控制。基站的发射功率较大，通常为50～200W，天线架设高度一般在30m以上，服务区半径达30～50km。在大区制中，移动电话需与基站进行视距传输，在水平距离上受到限制，且能支持的用户数量有限。

蜂窝概念在覆盖区的处理上与大区制不同，一个城市被划分为若干个小的区域，称为小区。把覆盖区划分为小区，每个小区有一个发射机（而不是整个城市用一个发射机）。在实际中，小区的覆盖不是规则形状的，为了获得全覆盖、无死角，小区面积多为正多边形，如正六角形（即蜂窝式）。

蜂窝通信的主要特征如下。

（1）低功率的发射机和小的覆盖范围。根据小区覆盖的大小，蜂窝大体可分成巨区、宏区、微区及微微区，其参数包括蜂窝小区半径、终端速度、安装地点、运行环境、业务量密度和适应系统。

（2）频率再用。即若干个小区组成一个区群，区群内的每个小区占用不同的频率，占用给定的频带；另一区群可重复使用相同的频带。为了减小同频干扰，同频小区必须在物理上隔开一个最小的距离，为传播提供充分的隔离。

（3）小区分裂以增加容量。随着无线服务要求的提高，分配给每个小区的信道数量最终将不足以支持所要求的用户数。一般采用无线小区分裂的办法来增加信道数，以满足系统增加容量的要求。

（4）切换。当移动用户从一个区域向另一个区域移动时，将正在处于通信状态的移动用户转移到新的业务信道上（新的小区）的过程称为"切换"。切换的操作不仅包括识别新的小区，而且需要分配给移动台在新小区的业务信道和控制信道。切换处理必须顺利完成且尽可能少地出现，并使用户不易觉察。因此，必须指定启动切换的一个特定信号强度（最小可用信号）。基站在准备切换之前要先对信号监视一段时间，以保证所测得的信号电平下降，原因是移动台正在离开当前服务的基站，而不是因为瞬间的衰减。

呼叫在一个小区内没有经过切换的通话时间，称为驻留时间。

2.1.3.2　蜂窝式移动通信系统的组成

蜂窝式移动通信系统由移动业务交换中心（MSC）、基站（BS）、移动台（MS）及与市话网相连接的中继线等组成，如图2-2所示。

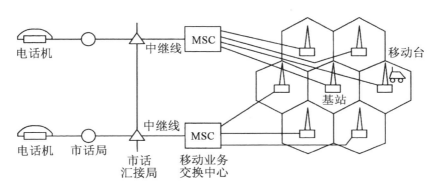

图2-2　蜂窝式移动通信系统的组成

移动业务交换中心完成移动台和移动台之间、移动台和固定用户之间的信息交换转接和系统的管理。

每个基站都有移动的服务范围，称为无线小区。无线小区的大小由基站发射功率和天线高度决定。通过基站和移动业务交换中心即可实现任意两个移动用户之间的通信；通过中继线与市话局的接续，可以实现移动用户和市话用户之间的通信。

2.1.4　移动通信的管理

移动通信的管理主要包括无线资源管理、移动性管理和安全性管理等。不同的移动通信系统具有不同的无线资源组合，包括基站、扇区、频率、时间、码道和功率等。

无线资源管理是在有限的无线资源的条件下，通过调整资源，提高系统容量，并为网络用户提供更优质的业务服务。

移动性管理用于移动台的位置区发生改变时，网络为保证通信正常而进行的操作，包括移动台的注册和漫游。

安全性管理是防止网络用户的信息被窃取和泄漏。保证移动通信系统安全的技术措施包括鉴权和加密。鉴权技术是确保接入网络的终端或用户是合法的，加密技术则确保用户的信息不被第三方窃取。安全性管理的目的是防止入侵者读取或修改通信过程所产生或存储的数据，并防止入侵者获取对系统资源或服务的访问权。

2.2　移动通信关键技术

2.2.1　无线传输技术

移动通信中采用了无线传输中的多类先进技术，如分集技术、调制技术、均衡技术、信道编码技术、跳频技术、直接序列扩频技术、智能天线技术等。

2.2.1.1　分集技术

分集技术的作用是通过两个或更多的接收支路（基站和移动台的接收机）来补偿信道损耗，其作用一是分散传输，使接收端能获得多个统计独立的携带统一信息的衰落信号；另一作用是集中处理，接收机把收到的多个统计独立的衰落信号进行合并，以降低衰落影响，此时合并方式有3种，即选择性合并、最大比合并和等增益合并。

在无线通信系统中，多采用两个接收天线以达到空间分集的效果，而采用编码加交织方式来实现时间隐分集的作用。在无线数据传输中，采用多种自动重传技术实现时间分集，采用跳频、扩频或直接序列扩频技术来实现频率隐分集作用。

2.2.1.2　调制技术

调制是对信号源的编码信息进行处理，使其变为适合于信道传输形式的过程。移动通信信道具有带宽有限、干扰和噪声影响大、存在多径衰落和多普勒效应等特征，在选择调制方式时，必须考虑采取抗干扰能力强的调制方式。

移动通信电波环境造成的数字移动信道的时变色散特性和频率资源的限制，对其数字调制技术提出了高带宽效率、高功率效率、低带外辐射、对多径衰落不敏感、恒定包络、低成本、易实现等要求。

GSM数字蜂窝式移动通信系统目前选用高斯滤波最小移频键控（GMSK）调制。

2.2.1.3　信道编码技术

信道编码是通过在发送信息时加入冗余的数据位来改善通信链路的性能。在发射机的基带部分，信道编码器把一段数字序列映射成另一段包含更多数字比特的码序列，然后把已被编码的码序列进行调制，以便在无线信道中传送。

接收机可用信道编码来监测或纠正。在无线信道传输中，由于引入了部分（或全部）的误码，且解码在接收机进行解调之后执行，故编码被视为一种后检测技术。同时，因编码而附加的数据比特会降低在信道中传输的原始数据速率（即会扩展信道的带宽）。在无线和移动通信中的常用信道编码为分组编码和卷积码。

2.2.1.4　跳频技术

数字调制系统的频率合成器一般被设定在某一频率上，其射频是一个窄带频谱。而跳频系统是使用伪码随机地设定频率合成器，发射机的输出频率在很宽的频率范围内不断地改变，从而使射频在一个很宽的范围内变化，形成了一个宽带离散频谱。这时，接收端需采用同样的伪码设定本地频率合成器，使其与发射端的频谱作相同的改变，即收发跳频必须同步才能保证通信的建立。

移动通信系统采用跳频技术可对以下性能进行改进。

（1）抗多径。在多径传播环境下，因多径延迟不同信号到达接收端的时间也不同，若接收机可在收到最先到达的信号之后立即将载频跳到另一个频率上，即可避免多径延迟引起的信号干扰。

（2）抗同频干扰。蜂窝式移动通信中的小区频率复用将引起同频干扰，若使用具有正交性的跳频码，即可避免该频率复用引起的同频干扰。

（3）抗衰落。当跳频的频率间隔大于信道相关带宽时，各个跳频驻留时间内的信号是相互独立的，因此跳频可以抵抗频率选择性的衰落。

2.2.1.5　直接序列扩频技术

扩展频谱调制的关键技术包括扩频和解扩两部分，其作用于普通的数字调制系统上。

在扩频过程中，基带信号的信码是预传输的信号，通过速率很高的编码序列进行调制将其频谱展宽，频谱展宽后的序列被进行射频调制，其输出则为扩展频谱的射频信号，再经天线辐射出去。在接收端为解扩过程，射频信号经混频后变为中频信号，与本地发端的相同编码序列进行反扩展，将宽带信号恢复成窄带信号，解扩后的中频窄带信号经普通解调器进行解调，恢复成原始的信码。

扩展频谱的特性取决于所采用的编码序列的码型和速率。为了获得具有近似噪声的频谱，均采用伪噪声序列作为扩频的编码序列。为了获得高的扩频增益，通常以增加射频带宽来提高伪码的速率。

2.2.1.6　智能天线技术

智能天线是利用数字信号处理技术，产生空间定向波束，使天线主波束对准用户信号到达的方向，副波束对准干扰信号到达方向，以充分利用移动用户信号并抑制干扰信号。智能天线所具有的如扩大系统覆盖区域、提高系统容量、降低基站发射功率和提高频谱利用率的能力，使其成为未来移动通信发展的方向之一。

2.2.2　码分复用多址

码分复用多址（CDMA）技术作为第三代移动通信（3G）的核心技术，是基于扩频通信理论的调制和多址连接技术。CDMA系统具有抗多径衰落能力、抗阴影效应能力和抗多普勒效应能力强，以及系统容量大等诸多优点。宽带CDMA可满足多媒体通信的要求。CDMA还将是未来全球个人通信的一种主要多址方式。

2.2.2.1 CDMA基本原理

CDMA扩频通信系统原理图如图2-3所示。

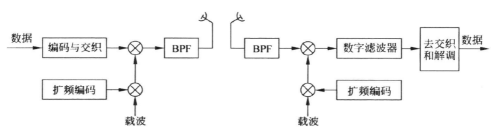

图2-3 CDMA扩频通信系统原理图

CDMA是一种以扩频通信为基础的调制和多址连接技术。其基本思想是系统中各移动台占用同一频带，但各用户使用彼此正交的用户码，从而使基站和移动台通过相关检测能区分用户之间的信息。

扩频CDMA数字蜂窝系统是频带资源共享的，在一个CDMA蜂窝系统中各个小区都共享一个频带，从频率重用角度来说，蜂窝区群结构的关系大为减弱。在CDMA蜂窝系统中，蜂窝结构（包括扇区结构）的主要考虑因素在于频带资源共享后的多用户干扰的影响。

使用CDMA技术，用户可以获得整个系统带宽，系统的带宽将远宽于欲传送信息的带宽。窄带CDMA蜂窝系统信号带宽的确定，主要考虑如下因素：频谱资源的限制、系统容量、多径分离、扩频处理增益。

2.2.2.2 CDMA的主要特点

（1）抗干扰能力强。CDMA是以抗干扰能力非常突出的扩频技术为基础。

（2）抗多径衰落能力强，信息传输可靠性高。在CDMA技术中，频带宽使得抗频率选择性衰落能力强；利用伪码序列尖锐的自相关特性，可以消除多径影响；能够采用路径分集（即分散传输集中处理）措施。

（3）抗多普勒效应好。多普勒效应产生的频移对宽带系统影响甚微。

（4）抗阴影效应强。由于宽带信号与宽带噪声及干扰同时下降，影响较小。

（5）信号功率密度低，相关特性好。扩频系统信号功率密度低，以及伪随机序列码良好的相关特性带来如下特性：信号隐蔽性强；防截获能力强；保密性好；电磁辐射低；所需发射功率小，可使移动台（手机）耗电少而成本低。

（6）系统容量大。CDMA用户地址的区分在码域中进行，时域和频域共用，不受时隙和频隙划分的制约，系统容量仅受系统运行时总平均干扰（信道噪声加上多用户干扰）的影响。因此，任何使干扰降低的措施，都有助于系统容量的提高。

此外，CDMA还具有频率复用率高、语音和数据传输质量好、多址能力强、能与传统窄带系统共用频段、组网灵活、频带易于监控和扩展、支持多媒体业务等优点。

2.2.2.3　CDMA的关键技术

CDMA系统之所以较GSM系统优越，与其所使用的关键技术是密不可分的，现着重介绍几项。

（1）语音激活技术。

在CDMA数字蜂窝移动通信系统中，所有用户共享同一个无线频道，当某一个用户没有讲话时，该用户的发射机不发射信号或发射信号的功率小，其他用户所受到的干扰就相应地减少。为此，在CDMA系统中，采用相应的编码技术，使用户的发射机所发射的功率随着用户语音编码的需求进行调整，这就是语音激活技术。

（2）扇区划分技术。

扇区划分技术是指位于蜂窝小区中心的基站利用天线的定向特性把蜂窝小区分成不同的扇面，如图2-4所示。常用的方法有利用120°扇形覆盖的定向天线组成的三叶草形无线区，如图2-4（a）所示；利用60°扇形覆盖的定向天线组成的三角形无线蜂窝区，如图2-4（b）所示；利用120°扇形覆盖的定向天线组成的120°扇形无线蜂窝区，如图2-4（c）所示。利用120°扇形覆盖的定向天线把一个蜂窝小区划分成3个扇区，系统的容量也将增加约3倍。

（a）三叶草形　　　　（b）三角形　　　　（c）120°扇形

图2-4　3种主要的蜂窝小区示意图

（3）切换技术。

当移动用户从一个小区（或扇区）移动到另一个小区（或扇区）时，移动用户从一个基站的管辖范围移动到另一个基站的管辖范围，通信网的控制系统为了不中断用户的通信就要进行一系列调整，包括通信链路的转换、位置的更新等，这个过程就叫越区切换。越区切换可分为硬切换和软切换，如图2-5所示。硬切换是指用户在越区移动时需要在另一个小区（或扇区）寻找空闲信道，当该区有空闲信道时才能切换。软切换是不需要移动台的收、发频率切换，只需在码序列上相应地调整即可。

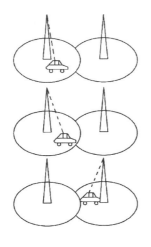　　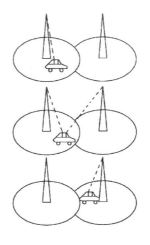

（a）硬切换　　　　　　　　（b）软切换

图2-5　硬切换和软切换

（4）多径衰落与分集接收技术。

在移动通信中，多径传播引起的衰落会严重影响通信质量，而克服多径效应的有效措施是采用分集接收技术。

分集接收技术是指接收机能够同时接收到多个输入信号，这些输入信号载荷相同的信息而且所受到的衰落互不相关。接收机分别解调这些信号，并按一定的规则进行合并，从而大大减小了对信道衰落的影响。

经过分集合成，将两个或多个互不相关的信号在接收机中合在一起，每一时刻都选择衰落最小的信号，这样在提取信息之前就已减弱了衰落。若要接收从不同传输路径来的信号，只要接收信号的码元解调信号频带远宽于传输信道的相关带宽，即传送码元解调输出的脉冲宽度比不同路径的相对传播时延差小，则在接收端就可能分出不同路径的码元解调成分。对这些分开的信号进行处理即可达到分集的目的。

在CDMA系统中，对不同路径来的多径信号分别进行延迟、加权、相关、合并等处理，使之在时间和相位上校准后相加，把这些携带同一信息的各个路径信号的能量收集起来，即可获得较高的信噪比。

（5）地址码的选择。

CDMA系统所选的地址码应具有良好的相关特性和随机性，其选择直接影响到系统的容量、抗干扰能力、接入和切换速度等性能。

常用的地址码有伪随机码的m序列（自相关特性佳，但互相关特性差、序列个数有限）和Gold码（其基于m序列，序列数更多），以及作为正交码的沃尔什码（自相关特性与互相关特性良好）。

（6）相关接收技术。

CDMA利用地址码的相关特性进行解扩，从噪声中提取信息，此过程为相关接收。相关器可由各种网络实现，常采用匹配滤波器使有用信号匹配输出，而使干扰和噪声不匹配受到抑制，因而得到最大信噪比。

（7）同步技术。

在CDMA系统中，为了使接收机能正确恢复原始信号码，收发两端伪随机码（PN码）的同步是关键。PN码的同步一般分为捕获（初始同步）和跟踪两个步骤。

2.3 第二代移动通信系统

第二代移动通信系统（2G）是以数字技术为主体的移动经营网络。在中国，以GSM为主，IS-95、CDMA为辅的第二代移动通信系统只用了十年的时间，就发展了近2.8亿用户，并超过固定电话用户数。

2.3.1 GSM系统

2.3.1.1 GSM系统概述

随着第一代模拟移动通信系统的没落，之后广泛使用的移动通信系统为第二代移动通信系统，具有代表性的便是数字蜂窝移动通信系统（Global System for Mobile communication，GSM）。

GSM数字蜂窝移动通信系统是由欧洲主要电信运营商和制造厂家组成的标准化委员会设计出来的，它是在蜂窝系统的基础上发展而成的。

GSM使用时分多址技术（TDMA），其基本思想是系统中各移动台占用同一频段，但占用不同的时隙，即在一个通信网内各台占用不同的时隙来建立通信的方式。通常各移动台只在规定的时隙内以突发的形式发射它的信号，这些信号通过基站的控制在时间上依次排列、互不重叠；同样，各移动台只要在指定的时隙内接收信号，就能从各路信与中把基站发给它的信号识别出来。

GSM系统中既采用了TDMA技术，也采用了FDMA技术。具体来说就是，1个频道（1个载波）可同时传送8个话路，而一个频道暂用200kHz带宽，即频道间隔为200kHz。这样，在GSM的25MHz带宽内，总共可容纳1000个用户。

GSM数字蜂窝移动通信系统从理论的提出到第一个试验系统的诞生（1993年）耗时多年，随后通过不断地改进和完善，基本形成了现今的两个主要规范GSM 900和DCS 1800，这两个规范之间的差别很小，都包括了12项内容，其共同点都只对功能和接口制定了详细的规范，未对硬件作出规定，这便给各运营商留下了广阔地选择空间，反过来也刺激了GSM数字蜂窝移动通信系统的广泛使用。

从1993年以后，由于3G概念的提出，GSM技术规范的进一步修改实际上已终止。但由于现今第三代移动通信系统还未大规模商用，GSM还必须承担主要移动通信系统的角色，并可能长期与2.5G共存。

我国参照GSM标准制定了自己的技术标准，主要内容如表2-1所示。

表2-1　我国GSM标准的主要技术标准

项目	内容	项目	内容
使用频段/MHz	890～915（MS→BSS） 935～960（BSS→MS）	基站最大功率/W	300
收发间隔/MHz	45	小区半径/km	0.5～5
载频间隔/kHz	200	信号调制类型	GMSK
单载波信道数/个	8	传输速率/（kbit/s）	270

2.3.1.2　GSM系统的特点

（1）系统灵活。GSM系统可与各种公用通信网（PSTN、ISDN、PDN等）互联互通。GSM各分系统之间、各分系统与各种公用通信网之间都定义了标准化接口规范，保证任何厂商提供的GSM系统或子系统能互联。

（2）采用数字通信方式，提高通信质量。GSM系统采用了规则脉冲激励线性预测（RPE-LTP）语音压缩技术，将语音速率压缩到16kbit/s。采用差错控制编码、分集接收、信道均衡等措施，提高通信的可靠性。

（3）FDMA与TDMA方式相结合，频率利用率大大提高。

GSM 900系统的收发间隔为45MHz，其工作频带如下。

①上行（移动台→基站）：905～915MHz。

②下行（基站→移动台）：950～960MHz。

DCS 1800系统的收发间隔为95MHz，其工作频带如下。

①上行（移动台→基站）：1710～1785MHz。

②下行（基站→移动台）：1805～1880MHz。

（4）保密性能好。GSM系统的移动台（手机）必须插入用户识别模块（SIM卡）才能通信。而第一代模拟移动通信系统的手机即代表用户。

SIM卡的应用使得移动台并非固定地束缚于一个用户，GSM系统通过SIM卡来识别移动电话用户，这为将来发展个人通信打下了基础。

（5）多业务与漫游功能。GSM系统可提供多种电信业务并提供国际漫游功能。

2.3.1.3 GSM系统的组成

GSM系统由交换系统（即移动交换中心，MSC）、基站子系统（BSS）、移动台（MS）、操作维护中心（OMC）等部分组成，如图2-6所示。

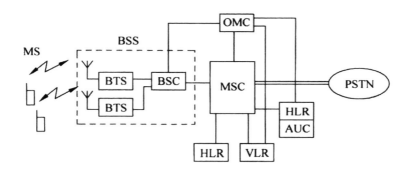

图2-6 GSM系统的组成

（1）交换系统。

交换系统由一系列功能实体构成，主要完成交换、呼叫控制、移动管理、用户数据管理、数据库管理等功能。

交换系统的各功能实体之间，以及交换系统与基站系统之间都通过No.7信令系统互相通信。

交换系统主要包括以下部分。

①移动交换中心（MSC）/外来用户拜访位置寄存器（VLR）。功能包括使用No.7信令系统的移动应用部分，完成信道的接续控制；配合基站完成基站子系统（BSS）的全部功能（如频率管理、信道管理、切换/漫游控制）；鉴权与加密；位置更新；切换；互通功能；操作与维护功能等。

②本地用户归属位置寄存器（HLR）。永久性用户的位置信息数据库。

③鉴权中心（AUC）。属于HLR的一个功能单元，用于产生为确定移动客户身份和保密所需要的鉴权和加密参数（随机号码、符合响应、密钥），以便对用

户鉴权以及对用户信息加密。

④短消息业务中心（SC）。短消息业务包括移动台发起和移动台为接收终端的点对点短消息，以及小区广播短消息。

⑤操作维护中心（OMC）。提供日常操作，负荷充分利用和平衡，支持网络维护等服务。

（2）基站子系统。

基站子系统（BSS）主要由以下部分组成。

①基站收发信机（BTS）。它是服务于某个小区的无线收发信设备，其通过空中接口实现BTS与移动台（MS）之间的无线传输。

②基站控制器（BSC）。BSC上接移动交换中心（MSC），下连基站收发信机（BTS）。BSC的功能包括监控基站，为每个小区配置业务信道和控制信道；负责建立和管理由MSC发起的与移动台的连接；负责定位与切换，无线参数及资源管理，功率控制等。

（3）移动台。

移动台（MS）是通信网络的终端无线设备，也是用户能与GSM系统直接接触的唯一设备。移动台的类型不仅包括手持台（手机），还包括车载台和便携式台，目前手机功能丰富，使用方便，手机用户已占整个用户的极大部分。

移动台由移动终端和客户识别卡（SIM）两部分组成。

移动终端主要由射频部分和逻辑/音频部分组成。

射频部分一般指手机电路的模拟射频和中频处理部分，主要完成接收信号的下变频，得到模拟基带信号，以及发射模拟基带信号的上变频，得到射频信号。按电路结构划分，射频部分又可以分为接收机、发射机和频率合成器。手机的发射功率约为0.6W。

移动台的逻辑/音频部分可分为系统逻辑控制单元和音频信号处理单元，后者完成接收音频信号处理和发射音频信号处理。

双频手机有两套射频部分，是一种可在两个频段（GSM 900和DCS 1800系统）中使用的手机，并可使用相同的手机号码。

SIM卡包含所有与用户相关的信息（也包括鉴权和加密信息）。使用GSM标准的移动台都需在插入SIM卡的情况下才能操作。

（4）GSM系统信道连接。

在GSM系统中，移动用户通过基站与移动交换局（即移动交换中心MSC）相连，基站只提供信道，包括移动用户与基站间的无线信道和基站与MSC间的中继

线。如图2-7所示是GSM系统信道连接示意图。

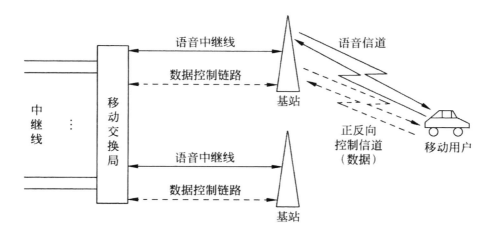

图2-7 GSM系统信道连接示意图

2.3.2 IS-95系统

CDMA蜂窝系统最早由美国Qualcomm（高通）公司开发。1993年由美国电信工业协会形成标准——IS-95标准。经过不断修改，形成了IS-95A、IS-95B等一系列标准。

1994年成立了CDMA发展组织（CDG）。20世纪90年代末，在美国、中国香港、韩国多地投入商用。基于IS-95的一系列标准和产品统称CDMAOne，如IS-95、IS-95A、TSB-74J-STD-008以及IS-95B。基于IS-95的一系列标准和产品又被称为IS-95CDMA系统和N-CDMAC窄带CDMA）系统。

IS-95系统空中接口参数如表2-2所示。IS-95系统网络结构与GSM系统网络结构基本相同，如图2-8所示。

表2-2 IS-95系统空中接口参数

项目	指标
下行频段	870~880MHz
上行频段	825~835MHz
上、下行间隔	45MHz
频点宽度	1.23MHz
多址方式	CDMA
工作方式	FDD
调制方式	QPSK（基站侧），OQPSK（移动台侧）
语音编码	CELP
语音编码速率	8kbit/s
信道编码	卷积编码
传输速率	1.288Mbit/s
比特时长	0.8μs
终端最大发射功率	200mW～1W

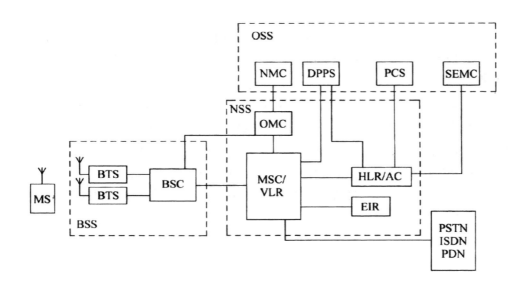

图2-8 IS-95系统网络结构

图2-8中，OSS表示操作子系统；BSS表示基站子系统；NSS表示网络子系统；NMC表示网络管理中心；DPPS表示数据后处理系统；SEMC表示安全性管理中心；PCS表示用户识别卡个人化中心；OMC表示操作维护中心；MSC表示移动交换中心；VLR表示拜访位置寄存器；HLR表示归属位置寄存器；AC表示鉴权中心；EIR表示移动设备识别寄存器；BSC表示基站控制器；BTS表示基站收发信机；PDN表示公用数据网；PSTN表示公用电话网；ISDN表示综合业务数字网；MS表示移动台。

2.3.3　通用分组无线业务

通用分组无线业务（GPRS）是GSM系统中发展出来的一种分组业务。其移动终端通过GSM网络提供的寻址方案和运营商的网间互通协议，可实现全球间网络通信。

GPRS可视为是GSM向IP和X.25数据网的延伸，或是互联网在无线应用上的延伸。在GPRS上，其移动终端通过GSM网络提供的寻址方案和运营商的网间互通协议，可实现FTP、Web浏览器、E-mail等互联网应用。

由于GSM是基于电路交换的网络，GPRS的引入需对原有网络进行若干改动，并需增加新的设备，如GPRS业务支持节点、网关支持节点和GPRS骨干网；此外，其他新技术（如分组空中接口、信令和安全加密等）也得到了改进。GPRS提高了线路利用率，其利用了数据通信统计复用和突发性的特点，只有当数据传送或接收时才占用无线频率资源。

GPRS网络在现有的GSM网络中，增加了GPRS网关支持节点（GGSN）和GPRS服务支持节点（SGSN），使得用户能够在端到端的分组方式下发送数据和接收数据。

GPRS系统结构如图2-9所示。

图2-9中，笔记本电脑通过串行或无线方式连接到GPRS蜂窝移动电话上，再与GSM基站通信。

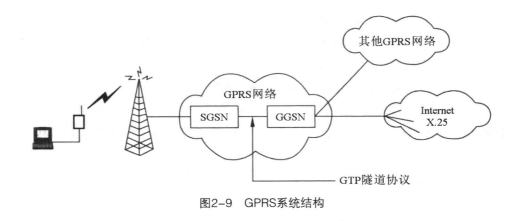

图2-9　GPRS系统结构

2.4　第三代移动通信系统

20世纪80年代的TACS等模拟移动通信系统为第一代移动通信系统，20世纪90年代GSM、CDMA等为第二代移动通信系统，IMT2000等系统可称为第三代移动通信系统（3G）。第三代移动通信系统是历经第一代、第二代移动通信系统发展而来的。

国际电信联盟（ITU）对3G系统划分频带为上行（移动站→基站）1885～2025MHz；下行（基站→移动站）2110～2200MHz。其中，1980～2010MHz和2170～2200MHz用于移动卫星业务（MSS），其他频段上下行不对称，可采用频分双工（FDD）和时分（TDD）方式。附加频段为806～960MHz，1710～1885MHz，2500～2690MHz。

国际电信联盟（ITU）目前批准的3G主流技术标准分别为WCDMA、CDMA2000和TD-SCDMA。3种3G主流技术各具有技术优势，并根据其工作方式采取了不同的关键技术措施。

2.4.1　WCDMA系统

WCDMA是从GSM演化而来，故WCDMA的许多高层协议和GSM/GPRS基本相同或相似。

2.4.1.1　WCDMA系统的主要特点

（1）双工方式。

WCDMA支持频分双工（FDD）和时分双工（TDD）。在FDD模式下，上行链路和下行链路分别使用两个独立的5MHz的载频，发射和接收频率间隔分别为190MHz或80MHz，也不排除在现有频段或别的频段使用其他的收发频率间隔；在TDD模式下仅使用一个5MHz的载频，上、下行信道不是成对的，上、下行链路之间分时共享同一载频，载频的中心频率为200kHz的整数倍，发射和接收同在一个频率上。

（2）多址方式。

WCDMA为宽带直扩码分多址（DS-CDMA）系统。数据流用正交可变扩频码（OVSF，也称为信道化码）来扩频，扩频后的码片速率为3.84Mchip/s；扩频后的数据流使用互相关特性好的Gold码为数据加扰，适合用于区分小区和用户。

（3）声码器。

WCDMA中的声码器采用自适应多速率（AMR）技术。多速率声码器是一个带有8种信源速率的集成声码器。合理利用AMR声码器，有可能在网络容量、覆盖以及话音质量间按运营商的要求进行统筹考虑。

（4）信道编码。

WCDMA系统中使用卷积码和Turbo码。卷积码已经被长期广泛使用（移动通信系统多采用卷积码作为信道编码）；Turbo码开始于20世纪90年代初，该编码在低信噪比条件下具有优越的纠错性能，能有效降低数据传输的误码率，适于高速率、对译码时延要求不高的分组数据业务。

（5）功率控制。

WCDMA系统的功率控制主要解决远近效应问题（接收机接收到近距离发射机的信号较易，而接收到远距离发射机的信号较难）。其快速功率控制速率为1500次/s，称为内环功率控制，同时应用在上行链路和下行链路，控制步长

0.25～4dB可变；外环功率控制的速率则低得多，最多100次/s。

（6）切换。

WCDMA系统支持软切换、更软切换、硬切换和无线接入系统间切换，其目的是当用户设备在网络中移动时，保持无线链路的连续性和无线链路的质量。

（7）基站同步方式。

WCDMA系统的不同基站可选择同步和异步两种方式。异步方式可不采用GPS精确定时，支持异步基站运行，室内小区和微小区基站的布站就变得简单了，使组网实现方便、灵活。

2.4.1.2　WCDMA网络结构

在逻辑结构上，WCDMA系统与第二代移动通信系统基本相同。按功能划分，系统由核心网（CN），无线接入网（UTRAN）、用户设备（UE）等组成。其中，核心网与无线接入网之间的开放接口为Iu，无线接入网与用户设备间的开放接口为Uu。

（1）用户设备。

用户设备（UE）完成人与网络间的交互，用以识别用户身份并为用户提供各种业务功能，如普通语音、数据通信、移动多媒体、互联网应用等。UE主要由移动设备（ME）和通用用户识别模块（USIM）两部分组成。UE通过Uu接口与无线接入网相连，与网络进行信令和数据交换。

①移动设备（ME）。即手机，有车载型、便携型和手持型，包括射频处理单元、基带处理单元、协议栈模块以及应用层软件模块等部件。

②通用用户识别模块（USIM）。物理特性与GSM的SIM卡相同，提供3G用户身份识别，储存移动用户的签约信息、电话号码、多媒体信息等，提供保障USIM信息安全可靠的安全机制。

USIM和ME之间的接口称为Cu接口（采用标准接口）。

（2）通用陆地无线接入网络。

无线接入网（UTRAN）位于两个开放接口Uu和Iu之间，完成所有与无线有关的功能。其主要功能有宏分集处理、移动性管理、系统的接入控制、功率控制、信道编码控制、无线信道的加密与解密、无线资源配置、无线信道的建立和释放等。

UTRAN由一个或若干个无线网络子系统（RNS）组成。RNS负责所属各小区

的资源管理，每个RNS包括一个无线网络控制器（RNC）、一个或若干个Node B（即基站，GSM系统中对应的设备为BTS）。

（3）核心网。

核心网（CN）承担各种类型业务的提供以及定义，包括用户的描述信息、用户业务的定义以及相应的一些其他过程。核心网负责内部所有的语音呼叫、数据连接和交换，以及与其他网络的连接和路由选择的实现。不同协议版本核心网之间存在一定的差异。

（4）外部网络。

核心网（CN）的电路交换域（CS）通过关口移动交换中心（GMSC）与外部网络相连，如公用电话网（PSTN）、综合业务数字网（ISDN）及其他公共陆地移动网（PLMN）。核心网的分组交换域（PS）则通过GPRS网关支持节点（GGSN），与外部的互联网及其他公用数据网（PDN）等相连。

2.4.2　TD-SCDMA系统

TD-SCDMA是世界上第一个采用时分双工（TDD）方式和智能天线技术的公众陆地移动通信系统，也是唯一采用同步CDMA（SCDMA）技术和低码片速率（LCR）的第三代移动通信系统，同时采用了多联合检测、软件无线电、接力切换等一系列高新技术。

2.4.2.1　TD-CDMA系统的主要参数

表2-3列出了TD-SCDMA系统的主要参数。

表2-3　TD-SCDMA系统的主要参数

参数	标准	备注
占用带宽	1.6MHz	—
每载波码片速率	1.28Mchip/s	—
扩频方式	DS，SF=1/2/4/8/16	—

续表

参数	标准	备注
调制方式	QPSK	—
信道编码	卷积码：r=1/2，1/3，Turbo码	—
帧结构	系统帧720ms,无线帧10ms	—
交织	10/20/40/80ms	—
时隙数	7个常规时隙和3个特殊时隙	—
上行同步	1/2chip	—
容量（每时隙语音信道数）	16	同时工作
每载波语音信道数	48	对称业务
容量（每时隙总传输速率）	281.6kbit/s	数据业务
每载波总传输速率	1.971Mbit/s	数据业务
语音频谱利用率	25Erl/MHz	对称语音业务
数据频谱利用率	1.232Mbit/s/MHz	不对称语音业务
多址方式	SCDMA+CDMA+TDMA	—

2.4.2.2　TD-SCDMA网络接口与系统技术

（1）TD-SCDMA系统的网络结构。

TD-SCDMA与WCDMA具有相同的网络结构、高层指令和基本一致的相应接口定义（网络结构与接口有关内容可参考WCDMA相关内容）。两类制式后向兼容GSM系统，可以使用同一核心网，且都支持核心网逐步向全IP方向发展。TD-SCDMA与WCDMA的差异主要是空中接口的物理层，每个标准各有其特点。

（2）TD-SCDMA系统空中接口信道。

在空中接口中，物理层与高层的通信接口有无线资源控制（RRC）子层和

媒体接入控制（MAC）子层。在TD-SCDMA系统中，存在3种信道模式：逻辑信道、传输信道和物理信道。

①逻辑信道。逻辑信道是MAC子层向上层（RLC子层）提供的服务，其描述的是承载什么类型的信息。TD-SCDMA的逻辑信道分类与WCDMA基本一致，仅在控制信道增加了共享控制信道。

②传输信道。TD-SCDMA通过物理信道模式直接把需要传输的信息发送出去，即在空中传输物理信道承载的信息。传输信道作为物理层向高层提供的服务，其描述的是所承载信息的传送方式。

③物理信道。物理信道由频率、时隙、码字共同定义。物理信道的帧结构分为4层：超帧（系统帧）、无线帧、子帧和时隙/码道。子隙是系统无线发送的最小单位。每个子隙由7个常规时隙和3个特殊时隙组成。

（3）TD-SCDMA系统编码与复用。

为了保证数据在无线链路上的可靠传输，物理层需要对来自MAC子层和高层的数据流进行编码/复用后发送。同时，物理层对接收自无线链路上的数据需要进行解码/解复用后，再传送给MAC子层和高层。

在TD-SCDMA模式下，每个子帧的基本物理信道（某一载频上的时隙和扩频码）的全部数量由最大时隙数和每个时隙中最大的码道数来决定。

（4）TD-SCDMA系统扩频与调制。

在TD-SCDMA中，经过物理信道映射后的数据流还要进行数据调制和扩频调制。数据调制可采用QPSK或8PSK（对于2Mbit/s的业务）方式，即把连续的2bit（QPSK）或连续的3bit（8PSK）数据映射为一个符号，数据调制后的复数符号再进行扩频调制。

（5）TD-SCDMA系统功率控制技术。

TD-SCDMA系统使用智能天线和联合检测等空时处理技术，与其他的CDMA系统相比，该系统的功率控制功能和方法有很大不同。多用户联合检测能有效解决接收电平差异所产生的干扰，从而降低了CDMA系统中的远近效应，进而降低功率控制要求。使用智能天线后，因其具有较好的空间选择性和抗远近干扰的能力，可有效降低多址干扰，故功率管理的边界约束条件较为宽松，易实现快速功率控制，以适应快速变化的多种衰落的移动通信环境，系统可以达到理想的设计容量。

2.4.3　CDMA 2000系统

2.4.3.1　CDMA 2000的网络特点

（1）CDMA 2000的技术特点。

CDMA 2000标准体系主要分为无线网和核心网两大部分，其技术演进分阶段独立进行。CDMA系统的无线接口经历了IS-95、IS-95A、IS-95B、CDMA 2000、lx/EV-DO和lx/EV-DV等发展阶段。CDMA 2000的核心网架构是基于3GPP2制定的全IP网络架构。

CDMA 2000的主要特点是与现有的TIA/EIA-95-B标准向后兼容，并可与IS-95系统的频段共享或重叠，使得CDMA 2000系统可从IS-95系统的基础上平滑过渡和发展，保护已有的投资。同时，通过网络扩展方式可提供在基于GSM-MAP的核心网上运行的能力。

CDMA 2000采用MC-CDMAC多载波CDMA）的多址方式，可支持话音、分组数据业务等，并且可实现业务质量（QoS）保证。

CDMA 2000采用的功率控制有开环、闭环和外环3种方式（速率为800次/s或50次/s），还可采用辅助导频、正交分集、多载波分集等技术来提高系统的性能。

（2）CDMA 2000 1x。

CDMA 2000系统的一个载波带宽为1.25MHz。若系统分别独立使用每个载波，则称为CDMA 2000 1x系统；若系统将3个载波捆绑使用，则称为CDMA 2000 3x系统。CDMA 2000 1x系统的空中接口技术称为lx无线传输技术（RTT）。CDMA 2000 1x系统是CDMA 2000移动通信系统发展的第一阶段，已在世界上多个国家和地区投入商用。

基于ANSI-41核心网的CDMA 2000 1x系统结构核心网电路域与IS-95一样，包括BTS、BSC、MSC/VLR和HLR/AUC等网元，新增模块为分组控制功能（PCF）和分组数据服务器（PDSN）。IP技术（含简单IP方式和移动IP方式）在CDMA 2000 1x中获得充分应用。

CDMA 2000 1x分别独立使用每个载波，一个载波带宽为1.25MHz。系统前向信道和反向信道均采用码片速率为1.2288Mchip/s的单载波直接序列扩频方式，可与现有的IS-95系统后向兼容，并可以与IS-95B系统的频段共享或重叠。

在CDMA 2000 1x系统中，语音和低速数据业务在基本信道（FCH）上传输，

高速数据业务在补充信道（SCH）上传输。与此同时，在网络部分，标准也经历了一个逐渐演进的进程，根据数据传输的特点，引入了分组交换机制，可以支持移动IP业务和业务质量（QoS）功能，为支持各种多媒体分组业务打下了基础，从而有利于实现向3G的平滑过渡。

（3）CDMA 2000网络的演进。

CDMA 2000 1x系统的下一个发展阶段称为CDMA 2000 1x EV，EV是Evolution（演进）的缩写，意指在CDMA 2000 1x基础上的演进系统。其不仅和原有系统保持后向兼容，且能提供更大的容量、更佳的性能，以满足数据业务和语音业务的需求。CDMA 2000 1x EV分为两个阶段：CDMA 2000 1x EV-DO（DO指data only或data optimized）和CDMA 2000 1x EV-DV（DV是data and voice的缩写）。

2.4.3.2 CDMA 2000 1x空中接口

（1）空中接口协议结构与物理信道。

空中接口协议结构中包括物理层、数据链路层及高层，其中数据链路层又分为媒体接入控制（MAC）子层和链路接入控制（LAC）子层。

物理信道是移动站和基站之间承载信息的路径，从传输方向上分为前向信道和后向信道两大类；根据物理信道是针对多个或某特定移动台，又分为公共信道和专用信道。

逻辑信道是在基站或移动台协议层中的通信路径。逻辑信道与物理信道之间有特定的映射关系。前向物理信道由适当的函数进行扩频，并采用多种分集发送方式来提高容量；在反向链路上，仍采用PN长码来区分不同的用户。

（2）空中接口引入的新技术。

相比IS-95系统，CDMA 2000 1x系统在空中接口部分引入的新技术如下。

①前向链路采用快速功率控制。移动台向基站发出调整基站发射功率的指令，闭环功率控制速率可以达到800Hz，这样可以对功率进行更为精确的调整。降低了前向链路的干扰，可以达到减少基站发射功率、减少总干扰电平，从而降低移动台信噪比的要求，最终可以起到增大系统前向信道容量、节约基站耗电的作用。

②增加了反向导频信道。基站利用反向导频信道发出扩频信号捕获移动台的发射，再用Rake接收机实现相干解调。与IS-95采用非相干解调相比，提高了反向链路性能，降低了移动台发射功率，提高了反向链路容量。

③前向链路采用两种发射分集技术：正交发射分集（OTD）和空时扩展（STS）。前者是先分离数据流，再用不同的正交Walsh码对两个数据流进行扩频，并通过两个发射天线发射；后者使用空间两根分离天线发射已交织的数据，使用相同的原始Walsh码信道。发射分集技术提高了系统的抗衰落能力，改善了前向信道的信号质量，系统容量也会有进一步的增加。

④前向链路引入快速寻呼信道。基站使用快速寻呼信道向移动台发出指令，决定移动台是处于监听寻呼信道，还是处于低功耗状态的睡眠状态。移动台从而不必长时间连续监听前向寻呼信道，可减少移动台激活时间，减小了移动台功耗，提高了移动台的待机时间。

⑤编码采用Turbo码。CDMA 2000 1x中，数据业务信道可以采用Turbo码，Turbo码仅用于前向补充信道和反向补充信道。

⑥灵活的帧长。CDMA 2000 1x支持5ms、10ms、20ms、40ms、80ms和160ms多种帧长，根据不同类型信道选择不同帧长。

⑦新的接入模式兼容了IS-95的接入模式，并对IS-95的不足进行了改进，可以减少呼叫建立时间，提高接入效率，并减少移动台在接入过程中对其他用户的干扰。

2.5　第四代移动通信系统

随着人们对移动通信系统各种需求的与日俱增，2G、2.5G、3G系统已不能满足现代移动通信系统日益增长的高速多媒体数据业务需求。这使得全世界通信业的专家们将目光投向了第四代、第五代移动通信，以期最终实现商业无线网络、局域网、蓝牙、广播、电视卫星通信的无缝衔接并相互兼容，真正实现"任何人在任何地点以任何形式接入网络"的梦想。

2.5.1　4G的主要特点

4G主要具有以下特点：

（1）高速率、高容量。4G最大数据传输速率超过100Mbit/s，这个速率是移动电话数据传输速率的1万倍，也是3G移动电话速率的50倍。4G系统容量至少应是3G系统容量的10倍以上。

（2）网络频带更宽。每个4G信道将占有100MHz频谱，相当于WCDNk3G网络的20倍。

（3）兼容性更加平滑。4G应该接口开放，能够跟多种网络互连，并且具备很强的对2G、3G手机的兼容性，以完成对多种用户的融合，在不同系统间进行无缝切换，传送高速多媒体业务数机的兼容性，以完成对多种用户的融合，在不同系统间进行无缝切换，传送高速多媒体业务数据。

（4）灵活性更强。4G拟采用智能技术，可自适应地进行资源分配。采用智能信号处理技术对信道条件不同的各种复杂环境进行信号的正常收/发。

（5）具有用户共存性。能根据网络的状况和信道条件进行自适应处理，使低、高速用户和各种用户设备能够并存与互通，从而满足多类型用户的需求。运营商或用户花费更低的费用就可随时随地地接入各种业务。

2.5.2　4G的关键技术

4G通信系统的这些特点，决定了它将采用一些不同于3G的技术。主要有以下几种。

2.5.2.1　正交频分复用（OFDM）技术

OFDM是一种无线环境下的高速传输技术，其基本思想是在频域内将给定信道分成许多正交子信道，在每个子信道上使用一个子载波进行调制，各子载波并行传输。尽管总的信道是非平坦的，即具有频率选择性，但是每个子信道是相对平坦的，在每个子信道上进行的是窄带传输，信号带宽小于信道的相应带宽。

OFDM技术的优点是可以消除或减小信号波形间的干扰，对多径衰落和多普勒频移不敏感，提高了频谱利用率，可实现低成本的单波段接收机。

2.5.2.2 软件无线电技术

软件无线电是一种用软件实现物理层连接的无线通信方式，其基本思想是把尽可能多的无线及个人通信功能通过可编程软件来实现，使其成为一种多工作频段、多工作模式、多信号传输与处理的无线电系统。

2.5.2.3 智能天线技术

智能天线具有抑制信号干扰、自动跟踪以及数字波束调节等智能功能，是未来移动通信的关键技术。智能天线应用数字信号处理技术，产生空间定向波束，使天线主波束对准用户信号到达方向，旁瓣或零陷对准干扰信号到达方向，达到充分利用移动用户信号并消除或抑制干扰信号的目的。这种技术既能改善信号质量，又能增加传输容量。

2.5.2.4 多输入多输出（MIMO）技术

MIMO技术是指利用多发射、多接收天线进行空间分集的技术，其采用分立式多天线，能够有效地将通信链路分解成为许多并行的子信道，从而大大提高容量。信息论已经证明，当不同的接收天线和不同的发射天线之间互不相关时，MIMO系统能够很好地提高系统的抗衰落和噪声性能，从而获得巨大的容量。在功率带宽受限的无线信道中，MIMO技术是实现高数据速率、提高系统容量、提高传输质量的空间分集技术。

2.5.2.5 基于IP的核心网

4G移动通信系统的核心网是一个基于全IP的网络，可以实现不同网络间的无缝互联。核心网独立于各种具体的无线接入方案，能提供端到端的IP业务，能同已有的核心网和PSTN兼容。核心网具有开放的结构，能允许各种空中接口接入核心网；同时核心网能把业务、控制和传输等分开。采用IP后，所采用的无线

接入方式和协议与核心网络（CN）协议、链路层是分离独立的。IP与多种无线接入协议相兼容，因此在设计核心网络时具有很大的灵活性，不需要考虑无线接入究竟采用何种方式和协议。

2.6　第五代移动通信系统

5G移动通信技术，已经成为移动通信领域的全球性研究热点。很多国家自2013年起就开始研究5G移动网络，目前我国5G移动网络正处于探索阶段。表2–4给出了从第一代移动通信到第五代移动通信的具体应用场景。

表2–4　移动通信技术的应用

移动通信技术	1G技术	2G技术	3G技术	4G技术	5G技术
信号类型	模拟信号	数字信号（100kbit/s）	数字信号（100Mbit/s）	数字信号（1Gbit/s）	数字信号（210Gbit/s）
应用场景	语音业务	语音业务	语音业务、数据业务、互联网应用	数据业务、高速移动	海量连接、吞吐量巨大、移动互联网、物联网

5G不是单纯的通信系统，而是以用户为中心的全方位信息生态系统。其目标是为用户提供极佳的信息交互体验，实现人与万物的智能互联。数据流量和终端数量的爆发性增长，催促新的移动通信系统的形成，移动互联网与物联网成为5G的两大驱动力。

5G将提供光纤般的无线接入速度，"零时延"的使用体验，使信息突破时空限制，可即时予以呈现；5G将提供千亿台设备的连接能力、极佳的交互体验，实现人与万物的智能互联；5G将提供超高流量密度、超高移动性的连接支持，让用户随时随地获得一致的性能体验；同时，超过百倍的能效提升和极低的比特成本，也将保证产业可持续发展。超高速率、超低时延、超高移动性、超强连接能力、超高流量密度，加上能效和成本超百倍改善，5G最终将实现如图2–10所示"信息随心至，万物触手及"的愿景。

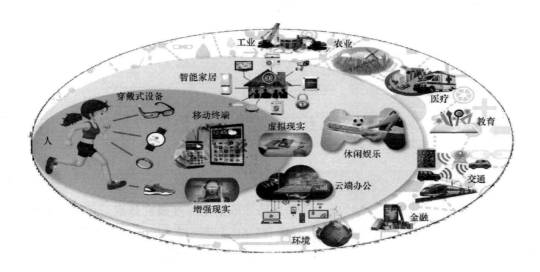

图2-10 5G愿景图

2.6.1 5G技术场景及典型业务

3GPP定义的5G三大场景：eMBB、mMTC和URLLC，如图2-11所示。eMBB场景是5G应用的其中一个场景，对应的是全球无缝覆盖和3D/超高清视频等大容量、大流量移动宽带业务，用于解决无缝连接，主要应用在铁路、乡村郊区等，大容量、大流量移动业务用于支持在线视频、VR、AR等新兴技术。mMTC主要应用于智慧城市、社区、家庭等，对应的是大规模物联网业务。而URLLC对应的是无人驾驶、工业自动化等需要低时延、高可靠连接的业务，主要应用于车联网、工业控制、电子医疗等。

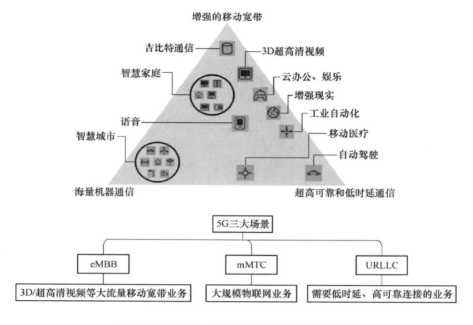

图2-11 3GPP提出的5G技术应用的三大场景

2.6.2 5G整体技术构架及发展计划

5G技术构架如图2-12所示。

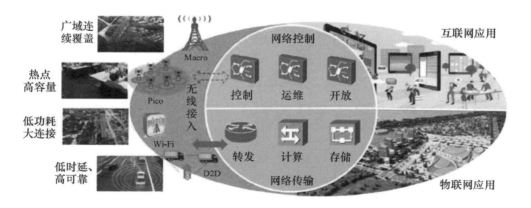

图2-12 5G构架图

无线技术方面，面对终端连接数、流量及业务等方面的严苛需求和复杂多样的部署场景，5G将是一个多技术融合、新空口与LTE演进并存并重的系统，同时WLAN技术的演进亦将成为5G技术的一个重要补充。

网络传输方面，软件定义网络（SDN）、网络功能虚拟化（NFV）、网络切片和移动边缘技术是5G新型网络的基础。

如图2-13所示，中国于2015年1月7日启动5G试验，通过5G的试验，实现从支持5G技术到标准的转化。

第一阶段（2015—2018年）：技术研发试验。由中国信息通信研究院牵头组织，运营商、设备商及科研机构共同参与。

第二阶段（2018—2020年）：产品研发试验。由国内运营商牵头，设备商及科研机构共同参与。

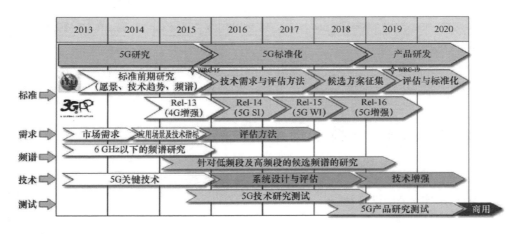

图2-13　中国5G发展计划

2.6.3　5G发展的关键因素

（1）5G发展的驱动因素。

①移动互联网（eMMB）：eMMB已经进入一个比较全面、成熟的阶段。

②物联网（URLLC、mMTC）：物联网行业需要一个充分的时间来完善它的

生命周期。相较于移动宽带业务，物联网领域会有各种各样的需求，而不同的需求对应一个定制化的解决方案，有着不同的技术需求来满足不同的场景要求。

（2）5G高低频协调发展。

由于低频的覆盖特性好，移动通信都聚焦在低频段，然而低频段的可用频谱资源比较有限，从2G、3G到4G，产业界不断通过技术创新来提高低频段的频谱效率。

到了5G时代，由于对峰值速率和小区容量的极致追求，仅仅通过提高频谱效率已经无法满足5G的需求了。因此5G的一个关键思路就是高低频协调发展，即在低频的基础上，额外使用更高的频段和更大的带宽，来满足下一代移动通信的需求。

一般来说，高频通常是指部署在6GHz以上的5G系统，实际上目前5G高频的候选频段主要集中在24GHz以上，也就是厘米波和毫米波频段。

（3）5G新增候选频段。

5G将首先部署在新增候选频段，随着网络的发展和需求的变化，现有频段可逐步释放用于5G。

2.6.4　5G关键技术

为了满足5G性能指标，支持5G更丰富的应用场景，3GPP提出了NR（New Radio）的概念，5G NR可能采用的关键技术包括：①灵活的参数集（带宽、子载波间隔等）设计，以适应不同的频段和场景。②灵活的帧结构设计，以支持灵活的上下行配置。③大规模天线技术，使用更多的天线数目和通道数来提高频谱效率和系统容量。④新型多址技术，通过非正交/免调度的多址方式，来增加系统的连接能力，候选方案包括MUSA、PDMA、SCMA和NOMA等。⑤新型多载波技术，通过滤波等方式来降低对同步的需求和带外辐射，以便更充分地利用频谱资源，候选技术包括FB-OFDM、F-OFDM和UF-OFDM等。⑥新型编码技术，提高系统纠错能力和可靠性，候选技术包括LDPC、Polar、增强Turbo等。⑦支持高频应用。

（1）毫米波（millimetre waves，mm-Waves）。

毫米波，即波长为1～10mm，频率为30～300GHz的电磁波，我们知道信道

容量跟带宽成正比，且频率越高，带宽就越大，正是由于毫米波有足够量的可用带宽、较高的天线增益，故可以支持超高速的传输率，且波束窄，灵活可控，可以连接大量设备。

（2）非正交多址接入技术（Non-Orthogonal Multiple Access，NOMA）。

非正交多址技术的基本思想是在发送端采用非正交发送，主动引入干扰信息，在接收端通过串行干扰删除（SIC）接收机实现正确解调。NOMA的子信道传输依然采用正交频分复用（OFDM）技术，子信道之间是正交的，互不干扰，但是一个子信道上不再只分配给一个用户，而是多个用户共享。同一子信道上不同用户之间是非正交传输，这样就会产生用户间干扰问题，这也就是在接收端要采用SIC技术进行多用户检测的目的。

（3）5G无线接入技术——新波形。

5G的波形要基于OFDM，候选波形主要有以下几项：F-OFDM、W-OFDM、UF-OFDM、FB-OFDM、FC-OFDM、FBMC、DFS-s-OFDM、OTFS等。

传统OFDM与FBMC功率对比如图2-14所示。

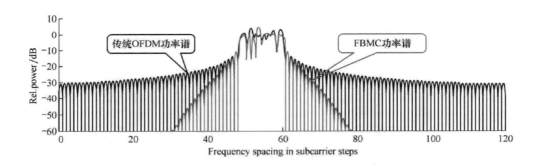

图2-14　功率对比图

（4）5G无线接入技术——新型调制编码。

调制编码的演进如图2-15所示。

（5）5G网络架构的发展方向。

①支持各种差异化场景。

②面向客户的业务模式。

③支持业务的快速建立和修改。

④支持更高性能。

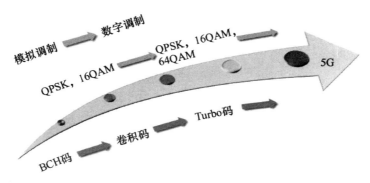

图2-15　调制编码的演进

（6）5G网络构架。

①网络切片。应对物联网多样化的需求网络切片架构主要包括切片管理和切片选择两项功能。切片管理功能有机串联商务运营、虚拟化资源平台和网管系统，为不同切片需求方（如垂直行业应用、虚拟运营商和企业用户等）提供安全隔离、高度自控的专用逻辑网络。切片选择功能实现用户终端与网络切片间的接入映射。

②软件定义网络（SDN）。解耦移动核心网网关的控制和转发功能SDN通过将网络设备控制面与数据面分离开来，从而实现了网络流量的灵活控制，使网络作为管道变得更加智能。网络功能虚拟化通过软硬件解耦及功能抽象，使网络设备功能不再依赖于专用硬件，资源可以充分灵活共享，实现新业务的快速开发和部署，并基于实际业务需求进行自动部署、弹性伸缩、故障隔离和自愈。

③网络功能虚拟化（NFV）。将专用模块拆分成功能独立的通用性模块。

④移动边缘计算（MEC）。将计算能力下沉到移动边缘节点，利用无线接入网络就近提供电信用户IT所需服务和云端计算功能。可向行业提供定制化、差异化服务，进而提升网络利用效率和增值价值。部署策略（尤其是地理位置）可以实现低延迟、高带宽的优势。可以实时获取无线网络信息和更精准的位置信息来提供更加精准的服务。

第3章　光纤通信技术

光纤通信以其独特的优越性，已经成为现代通信发展的主流方向，是当今信息社会的基石。随着包括移动互联网、大数据、物联网、5G等新一代业务和应用的不断推进，对光纤通信技术的要求也不断提高，光纤通信也势必将迎来又一个发展高峰。本章主要介绍了光纤和光缆、光纤孤子通信技术、光再生器等相关知识与技术。

3.1　光纤通信概述

光纤通信是以光波作为传输信息的载波、以光纤作为传输介质的一种通信。图3-1给出了光纤通信的简单示意图。其中，用户通过电缆或双绞线与发送端和接收端相连，发送端将用户输入的信息（语音、文字、图形、图像等）经过处理后调制在光波上，然后入射到光纤内传送到接收端，接收端对收到的光波进行处理，还原出发送用户的信息输送给接收用户。

图3-1　光纤通信示意图

根据光纤通信的以上特点，光纤通信属于光通信和有线通信的范畴。

光纤通信之所以受到人们的极大重视，这是因为和其他通信手段相比，具有无与伦比的优越性。

（1）传输频带宽，通信容量大。可见光波长范围在390~780nm，而用于光纤通信的近红外区段的光波波长为800~2000nm，具有非常宽的传输频带。

在光纤的三个可用传输窗口中，0.85μm窗口只用于多模传输，1.31μm和1.55μm多用于单模传输。每个窗口的可用频带一般在几十到几百吉赫兹之间。近些年来

随着技术进步和新材料的应用，又相继开发出了第四窗口（L波段）、第五窗口（全波光纤）和S波段窗口，具备了宽带大容量的特点。

（2）传输损耗小，中继距离长。由于光纤具有极低的衰耗系数（目前商用化石英光纤已达0.19dB/km以下），若配以适当的光发送与光接收设备，可使其中继距离达几十上百千米，这是传统的电缆、微波等根本无法与之相比拟的。

光纤的这种低损耗的特点支持长距离无中继传输。中继距离的延长可以大大减少系统的维护费用。

（3）保密性能好。光波在光纤中传输时只在其芯区进行，基本上没有光"泄漏"出去，因此其保密性能极好。

（4）适应能力强。光纤不怕外界强电磁场的干扰，耐腐蚀，可挠性强（弯曲半径大于25cm时其性能不受影响）。

（5）体积小、重量轻、便于施工维护。一根光纤外径不超过125μm，经过表面涂敷后尺寸也不大于1mm。制成光缆后直径一般为十几毫米，比金属制作的电缆线径细、重量轻，光缆的敷设方式方便灵活。

（6）原材料来源丰富，潜在价格低廉。制造石英光纤的最基本原材料是二氧化硅即砂子，而砂子在大自然界中几乎是取之不尽、用之不竭的。因此其潜在价格是十分低廉的。

3.2 光纤和光缆

3.2.1 光纤概述

3.2.1.1 光纤的结构

光纤是一种引导光沿特定方向传播的圆柱状导波组织，其结构如图3-2所示。半径为 a 的介质圆柱称为纤芯，其折射率为 n_1。与纤芯同心外半径为 b 的介质圆筒称为包层，其折射率为 n_2。在 $n_1 > n_2$ 条件下，即可将光约束在纤芯内传

输，从而形成光纤的导光机制。包层外面的涂敷层仅起保护作用，对于光的传输不产生影响。

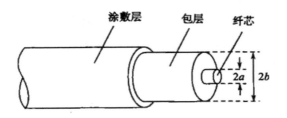

图3-2　光纤结构示意图

3.2.1.2　光纤的分类

按制作光纤的材料，可以将光纤分为石英光纤和塑料光纤。利用氟化物作为基础材料制作超低损耗光纤，也极有吸引力，但是其低损耗窗口在几微米，甚至十几微米波段，难以与目前的光器件匹配，不再讨论。这里的分类主要针对石英光纤。

按照纤芯折射率分布可以将光纤分为阶跃折射率光纤（Step Index Fiber，SIF）和渐变折射率光纤（Graded Index Fiber，GIF，又可称为梯度光纤）。SIF的纤芯折射率 n_1 是个常数，即纤芯折射率均匀分布，由于 $n_1 > n_2$，所以在纤芯和包层的分界面即半径为 α 的圆柱面上折射率有一个突变或阶梯。GIF纤芯的折射率则是渐变的，一般是从中心轴上的最大值 n_1 按某种规律单调下降至界面上的 n_2，因而在纤芯与包层的分界面上折射率是连续的。SIF和GIF的包层折射率都是常数 n_2。这两种光纤的折射率分布在以光纤中心轴为 z 轴的圆柱坐标系中可以统一表示为

$$n^2(r) = \begin{cases} n_1^2\left[1 - 2\Delta\left(\dfrac{r}{a}\right)^{\alpha}\right], 0 \le r \le a \\ n_2^2 = n_1^2(1 - 2\Delta), r > a \end{cases}$$

（3-1）

式中，参数 α 可称为折射率指标因子。如果 $\alpha = \infty$，则式（3-1）给出SIF的折射率分布；而在 α 取任何有限正数时纤芯折射率单调下降，即给出GIF的折射率分布。如果 $\alpha = 2$，则纤芯折射率按抛物线规律分布，具有特殊意义。Δ 称为相对折射率差，其定义为

$$\Delta = \frac{n_1^2 - n_2^2}{2n_1} \approx \frac{n_1 - n_2}{n_1} \approx \frac{n_1 - n_2}{n_2}$$

在通信光纤中总有 $\Delta \ll 1$，所以有上式中后一个关系式满足这一条件，意味着纤芯和包层的折射率相差极小。式（3-1）所描述的折射率分布如图3-3所示。

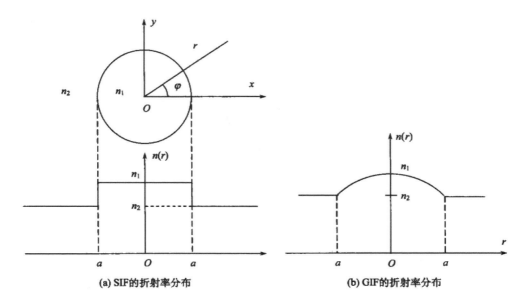

图3-3　折射率分布图

3.2.2 光纤传输的几何光学分析方法

3.2.2.1 阶跃光纤中光线的传播

（1）传播路径及光线分类。

光纤中的光线由于入射方向的差异，必须区分两种情形。一种是传播路径与光纤轴线相交的光线，称为子午光线。子午光线的路径是平面折线，在光纤横截面内的投影是长度为 $2a$ 的线段，也就是光纤纤芯的某一条直径。子午光线的路径及在横截面内的投影如图3-4所示。另一类光线其传播路径不与光纤轴相交，称为偏斜光线。偏斜光线的路径是空间折线，在光纤横截面内的投影是内切于一个圆的多边形（可能是不封闭的）。偏斜光线的传播路径及其在横截面内的投影如图3-5所示。由于偏斜光线情形较为复杂，在这里我们只讨论子午光线，所得到的结果可以描述SI型光纤的特性。

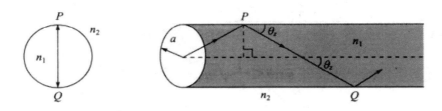

图3-4 子午光线的传播路径及其在横截面内的投影

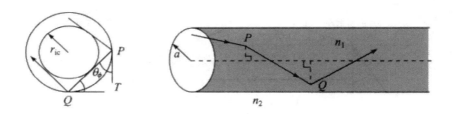

图3-5 偏斜光线的传播路径及其在横截面内的投影

阶跃光纤中的子午光线按其与光纤轴线之间的夹角 θ_z 的大小，可以区分为

束缚光线和折射光线，其条件为

束缚光线：
$$0 \leq \theta_z \leq \frac{\pi}{2} - \alpha_c$$

折射光线：
$$\theta_z < \alpha_c$$

式中，α_c 是纤芯与包层界面上光线全反射的临界角，其大小为

$$\alpha_c = \arcsin \frac{n_2}{n_1}$$

（2）数值孔径。

如前所述，无论是子午光线，还是偏斜光线，仅当 $\theta_z < \frac{\pi}{2} - \alpha_c$ 时，光线才能成为束缚光线并沿光纤轴方向无衰减传播，而光线的起始倾斜角 θ_z 则由光纤端面上光线的入射方向决定。我们以子午光线为例来看从端面入射的光线被光纤捕获并成为束缚光线的入射条件。假设光线从空气中以入射角 θ 投射到光纤端面上，如图3-6所示。光线进入光纤以后，其传播路径与 z 轴之间的夹角为 θ_z，根据斯涅耳定律应有

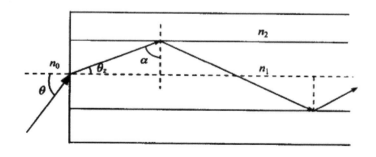

图3-6　光纤端面上光线的入射与折射

$$n_0 \sin \theta = n_1 \sin \theta_z, \quad \sin \theta = \frac{n_0}{n_1} \sin \theta_z$$

n_1 是纤芯折射率，n_0 是光纤端面外介质的折射率，如果端面之外是空气，则 $n_0 = 1$。入射光线成为束缚光线的条件是 $\theta_z < \frac{\pi}{2} - \alpha_c$，$\sin \theta_z < \cos \alpha_c$。也就是

$$\frac{n_0}{n_1} \sin \theta_z < \cos \alpha_c = \left(1 - \frac{n_2^2}{n_1^2}\right)^{1/2}$$

于是得到

$$\sin \theta < \frac{1}{n_0} \sqrt{n_1^2 - n_2^2}$$

对于空气，$n_0 = 1$。从上式可以得到一个重要结果，即从空气中入射到光纤纤芯端面上的光线被光纤捕获并成为束缚光线的最大入射角 θ_{max} 必须满足条件

$$\sin \theta_{max} = \sqrt{n_1^2 - n_2^2} = n_1 \sqrt{2\Delta}$$

式中，$\Delta = \dfrac{n_1^2 - n_2^2}{2n_1^2}$ 是光纤纤芯和包层之间的相对折射率差。

定义上述光线成为束缚光线的最大入射角的正弦即 $\sin \theta_{max}$ 为光纤的数值孔径（numerical aperture），记为NA，即

$$\mathrm{NA} = \sqrt{n_1^2 - n_2^2} = n_1 \sqrt{2\Delta}$$

数值孔径NA是光纤的一个极为重要的参数，它反映光纤捕捉光线能力的大小。

（3）传播时延和时延差。

光线在芯层中的传播速度 $v = c/n_1$，c 是自由空间中的光速度，n_1 是纤芯的折射率。由于光线在纤芯内沿锯齿状路径传播，如图3–7所示，光线沿 z 轴方向传播距离 z 时，走过的实际路径长度为

$$L = \frac{z}{\cos \theta_z}$$

传播这段距离所需要的时间为

$$t = \frac{L}{v} = \frac{n_1 z}{c \cos \theta_z}$$

定义沿 z 轴方向传播单位距离的时间为光线的传播时延，用 τ 表示，则

$$\tau = \frac{t}{z} = \frac{n_1}{c\cos\theta_z}$$

如果在纤芯中有两条束缚光线，它们与 z 轴之间的夹角分别为 θ_{z1} 和 θ_{z2}，则在 z 轴方向传播单位距离时，它们走过的路径不一样，因而传播时延也不一样，两条路径传播时延差用 $\Delta\tau$ 表示，则有

$$\Delta\tau = |\tau_1 - \tau_2| = \frac{n_1}{c}\left|\frac{1}{\cos\theta_{z1}} - \frac{1}{\cos\theta_{z2}}\right|$$

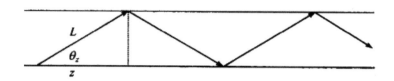

图3-7　光纤中束缚子午光线的传播路径

在所有可以存在的束缚光线中，路径最短的一条光线是沿 z 轴方向直线传播的光线，其 $\theta_z = 0$，而路径最长的一条光线则是靠近全反射临界角入射的光线，其倾斜角 $\theta_z = \arccos\frac{n_2}{n_1}$。这两条光线传播时延差最大，称为最大时延差，记为 $\Delta\tau_{max}$，易于证明

$$\Delta\tau_{max} = \frac{n_1}{c}\frac{n_1 - n_2}{n_1}$$

由上式可以看到 $\Delta\tau_{max}$ 级与纤芯折射率和包层折射率之差 $n_1 - n_2$ 成正比。而较大的时延差将会导致严重的多径色散，引起光脉冲在传播过程中展宽，这在后面还将论述，所以实际的光纤 $n_1 - n_2$ 值不宜过大。一般的光纤包层和纤芯往往用同一种材料，只是由掺有不同浓度的杂质做成，其折射率差很小。定义相对折射率差为

$$\Delta = \frac{n_1^2 - n_2^2}{2n_1} \approx \frac{n_1 - n_2}{n_1} \approx \frac{n_1 - n_2}{n_2} \ll 1$$

引进参量 Δ 以后，最大时延差即可表示为

$$\Delta\tau_{\max}=\frac{n_1\Delta}{c}$$

上式是一个极为重要的结果，用它可以估算光纤中由于多径传输所导致的光脉冲展宽的大小。

3.2.2.2　梯度光纤中光线的传播

（1）光线路径及光线分类。

由于梯度光纤的纤芯折射率从中心轴到与包层的分界面呈轴对称的单调下降分布，所以子午光线和偏斜光线的路径都是周期性的曲线。如果光线的传播路径限制于纤芯内，则其路径的形状如图3-8所示。子午光线是光纤纤芯纵剖面内的平面曲线，它在横截面内的投影是长度为 $2r_{tp}$ 的线段，r_{tp} 是光线外焦散面的半径。偏斜光线的路径是螺旋状的空间曲线，它交替地与 $r=r_{tp}$ 和 $r=r_{ic}$ 的圆柱面相切。r_{tp} 为折返点焦散面（或外焦散面）半径，r_{ic} 为内焦散面半径。此空间曲线在横截面内的投影是一个类似于椭圆（可能不封闭）的曲线。

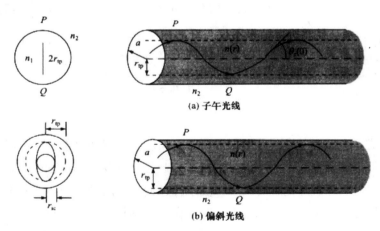

图3-8　梯度光纤中光线的路径及其在横面内的投影

r_{tp} 的大小由光线的起始倾斜角决定，起始倾斜角越大，r_{tp} 就越大。对于束缚光线，由于折射率渐变，光线路径还未到达分界面时就会折返，因而折返点到中心

轴的距离，也就是外焦散面的半径 $r_{tp} < a$。如果 $r_{tp} = a$，则意味着光线到达纤芯-包层分界面，这就是介于束缚光线和折射光线之间的临界状态。如果倾斜角更大，则光线进入包层，成为折射光线。下面只限于讨论束缚的子午光线。

（2）数值孔径。

由于梯度光纤的纤芯折射率是半径的函数，所以其数值孔径也是半径的函数。根据数值孔径的定义，可以得到

$$\mathrm{NA}(r) = \sqrt{n_1^2(r) - n_2^2}，\ r < a$$

对于光纤轴，数值孔径取最大值 $\sqrt{n_1^2 - n_2^2}$。在接近纤芯-包层处，数值孔径几乎为零。通常所说的梯度光纤的数值孔径是指其轴线上的数值。

（3）传播时延。

对于梯度光纤，光线沿曲线路径传播，在图3-8中，光线传播路径上 P、Q 两点之间的路径长度为

$$L_p = \int_P^Q \mathrm{d}s$$

其光程则为

$$L_o = \int_P^Q n(r)\mathrm{d}s$$

光线的传播时间则为 L_o/c，这是光线传播半个周期所花的时间。对于在 z 轴方向传播一个单位距离所花的时间，可以首先计算单位距离内所包含的半周期数量，然后与 L_o/c 相乘。显然，所得结果不仅与纤芯内的折射率分布函数有关，而且与路径的倾斜程度有关。

3.2.3　阶跃光纤的模式理论

3.2.3.1　光纤波导中的电磁场方程

为了定量描述光纤的结构及传输特性，采用以光纤中心轴为 z 轴的圆柱坐标

系相当方便。圆柱坐标系中光纤的横截面结构如图3-9所示。光纤纤芯半径为 a ，折射率为 n_1 。包层内半径为 a ，外半径为 b ，折射率为 n_2 。包层外面的护套层对波的传播不产生影响，所以未画出。实际使用的光纤纤芯折射率 n_1 往往是渐变的，在圆柱坐标系 (r,φ,z) 中，光纤横截面内的折射率分布可以写成

$$n(r)=\begin{cases} n_1(r), r \le a \\ n_2=n_1(a), r > a \end{cases}$$

在圆柱坐标系中，光波的电场强度 $\boldsymbol{E}$ 和磁场强度 $\boldsymbol{H}$ 可以写成如下三个分矢量之和，即

$$\boldsymbol{E}=\boldsymbol{e}_r E_r + \boldsymbol{e}_\varphi E_\varphi + \boldsymbol{e}_z E_z$$
$$\boldsymbol{H}=\boldsymbol{e}_r H_r + \boldsymbol{e}_\varphi H_\varphi + \boldsymbol{e}_z H_z$$

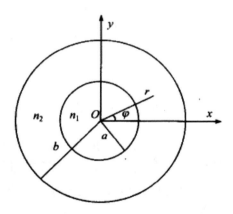

图3-9 光纤的横截面及分析光纤所取的坐标系

假设场量以沿 z 轴方向传播的正弦波形态存在，也就是说所有的场分量都有传播因子 $e^{j(\omega t-\beta z)}$ ， ω 是波的角频率， β 则是波在 z 方向的相位常数，则 E_z 和 H_z 满足标量波动方程

$$\nabla_t^2 \begin{bmatrix} E_z \\ H_z \end{bmatrix} + \left(k_0^2 n^2 - \beta^2\right)\begin{bmatrix} E_z \\ H_z \end{bmatrix}=0$$

式中，$k_0^2 = \omega^2 \mu_0 \varepsilon_0$，参数 k_0 称为自由空间波数。在圆柱坐标系中将横向拉普拉斯算符 ∇_t^2 展开，可得

$$\frac{1}{r}\frac{\partial}{\partial r}\left(r\frac{\partial E_z}{\partial r}\right) + \frac{1}{r^2}\frac{\partial^2 E_z}{\partial \varphi^2} + \left(k_0^2 n^2 - \beta^2\right)E_z = 0 \qquad （3\text{-}2a）$$

$$\frac{1}{r}\frac{\partial}{\partial r}\left(r\frac{\partial H_z}{\partial r}\right) + \frac{1}{r^2}\frac{\partial^2 H_z}{\partial \varphi^2} + \left(k_0^2 n^2 - \beta^2\right)H_z = 0 \qquad （3\text{-}2b）$$

将纤芯折射率 n_1 和包层折射率 n_2 分别代入式（3-2），即可求得纤芯和包层中的纵向场分量 E_z 和 H_z。

电磁场的横向分量 E_r、E_φ　H_r　H_φ 可以从麦克斯韦方程的标量式中解得，略去推导过程，这里直接给出结果，即

$$k_c^2 E_r = -\mathrm{j}\beta\frac{\partial E_z}{\partial r} - \frac{\mathrm{j}\omega\mu_0}{r}\frac{\partial H_z}{\partial \varphi}$$

$$k_c^2 E_\varphi = -\frac{\mathrm{j}\beta}{r}\frac{\partial E_z}{\partial \varphi} + \mathrm{j}\omega\mu_0\frac{\partial H_z}{\partial r}$$

$$k_c^2 H_r = -\frac{\mathrm{j}\omega\varepsilon_0 n^2}{r}\frac{\partial E_z}{\partial \varphi} - \mathrm{j}\beta\frac{\partial H_z}{\partial r}$$

$$k_c^2 H_\varphi = -\mathrm{j}\omega\varepsilon_0 n^2\frac{\partial E_z}{\partial r} - \frac{\mathrm{j}\beta}{r}\frac{\partial H_z}{\partial \varphi}$$

式中

$$k_c^2 = \omega^2 \mu_0 \varepsilon_0 n^2 - \beta^2 = k_0^2 n^2 - \beta^2$$

$$n^2 = \varepsilon_r = \frac{\varepsilon}{\varepsilon_0}$$

3.2.3.2　阶跃光纤中的电磁场解

（1）场方程的解。

阶跃光纤纤芯和包层折射率 n_1 和 n_2 都是常数。将其代入方程式（3-2），利

用分离变量法可以解得纵向电场 E_z 和纵向磁场 H_z。这里略去具体的求解过程，直接给出结果。

在纤芯内由于折射率 n_1 较大，可以假设 $k_0^2 n^2 - \beta^2 = k_c^2 > 0$，其场解可以表示为

$$E_{z1} = A_1 J_m(k_c r) \begin{bmatrix} \sin m\phi \\ \cos m\phi \end{bmatrix} e^{-j\beta z} \qquad （3-3a）$$

$$H_{z1} = B_1 J_m(k_c r) \begin{bmatrix} \cos m\phi \\ \sin m\phi \end{bmatrix} e^{-j\beta z} \qquad （3-3b）$$

式中，$J_m(k_c r)$ 是 m 阶第一类贝塞尔函数，取0或正整数，A_1、B_1 是两个待定的常数，下标"1"表示纤芯中的场。式中场量随 ϕ 变化的函数，当 E_{z1} 的表达式（3-3a）中取 $\sin m\phi$ 时，H_{z1} 的式（3-3b）取 $\cos m\phi$；反之，式（3-3a）取 $\cos m\phi$ 时，式（3-3b）中取 $\sin m\varphi$。

在光纤包层中，由于折射率 n_2 较小，可以假设 $k_0^2 n^2 - \beta^2 = k_c^2 = -\alpha_c^2 < 0$，包层中的场解可以表示为

$$E_{z2} = A_2 K_m(\alpha_c r) \begin{bmatrix} \sin m\phi \\ \cos m\phi \end{bmatrix} e^{-j\beta z} \qquad （3-4a）$$

$$H_{z2} = B_2 K_m(\alpha_c r) \begin{bmatrix} \cos m\phi \\ \sin m\phi \end{bmatrix} e^{-j\beta z} \qquad （3-4b）$$

式中，$K_m(\alpha_c r)$ 为 m 阶第二类变态贝塞尔函数，A_2、B_2 是两个待定常数，下标"2"表示包层中的场。有关 $\sin m\phi$ 与 $\cos m\phi$ 的选取原则与式（3-3）相同。

为了后面的运算方便，在纤芯和包层中的纵向场量表达式（3-3）和式（3-4）中，只取 $\sin m\phi$ 和 $\cos m\phi$ 这两个解中的一个，如只取式中上面的一组解。引进两个新的特征参量 U 和 W 代替 k_c 和 α_c，其定义为

$$U = k_c a, \quad W = \alpha_c a$$

于是，纤芯和包层中的纵向场解分别为

$$E_{z1} = A_1 J_m\left(\frac{U}{a}r\right)e^{-j\beta z}\sin m\phi, 0 \le r \le a$$

$$E_{z2} = A_2 K_m\left(\frac{W}{a}r\right)e^{-j\beta z}\sin m\phi, r > a$$

$$H_{z1} = B_1 J_m\left(\frac{U}{a}r\right)e^{-j\beta z}\cos m\phi, 0 \le r \le a$$

$$E_{z2} = B_2 K_m\left(\frac{W}{a}r\right)e^{-j\beta z}\cos m\phi, r > a$$

特征常数 U 和 W 与 k_0、n、β 之间的关系为

$$U^2 + \beta^2 a^2 = k_0^2 n_1^2 a^2 \tag{3-5a}$$

$$-W^2 + \beta^2 a^2 = k_0^2 n_2^2 a^2 \tag{3-5b}$$

用式（3-5a）减去式（3-5b），可以定义另一个重要的特征参量，即

$$V^2 = U^2 + W^2 = k_0^2 a^2\left(n_1^2 - n_2^2\right)$$

参数

$$V = k_0 a\left(n_1^2 - n_2^2\right)^{\frac{1}{2}}$$

称为光纤的归一化频率，它与工作频率成正比，是一个无量纲的参数。

（2）边界条件和特征方程。

根据电磁理论，在纤芯–包层分界面上电磁场的切向分量必须连续，也就是在 $r = a$ 面上必须有

$$E_{z1} = E_{z2}，\quad H_{z1} = H_{z2}，\quad E_{\varphi 1} = E_{\varphi 2}，\quad H_{\phi 1} = H_{\phi 2}$$

由前两个方程可得

$$A_1 J_m(U) = A_2 K_m(W) = A$$
$$B_1 J_m(U) = B_2 K_m(W) = B$$

由后两个方程可得

$$\omega\mu_0 B\left[\frac{J'_m(U)}{UJ_m(U)} + \frac{K'_m(W)}{WK_m(W)}\right] = \beta m A\left(\frac{1}{U^2} + \frac{1}{W^2}\right)$$

$$\omega\varepsilon_0 A\left[\frac{n_1^2 J'_m(U)}{UJ_m(U)} + \frac{n_2^2 K'_m(W)}{WK_m(W)}\right] = \beta m B\left(\frac{1}{U^2} + \frac{1}{W^2}\right)$$

从中消去 A 、 B 两个常数可得

$$\left[\frac{J'_m(U)}{UJ_m(U)} + \frac{K'_m(W)}{WK_m(W)}\right]\left[\frac{n_1^2 J'_m(U)}{UJ_m(U)} + \frac{n_2^2 K'_m(W)}{WK_m(W)}\right] = \frac{\beta^2 m^2}{k_0^2}\left(\frac{1}{U^2} + \frac{1}{W^2}\right)^2 \qquad （3-6）$$

式（3-6）中含有三个待求量：U 、　、β，将它和式（3-6）联立，即可在已知光纤结构参量及工作波长的条件下求得光纤中导波模式的特征参量。式（3-6）即为光纤或圆柱状介质波导的特征方程。

通信中实际使用的光纤都是弱导光纤。这里所说的"弱导"，就是指包层折射率 n_2 仅仅略小于纤芯折射率 n_1。纤芯和包层的相对折射率差为

$$\Delta = \frac{n_1^2 - n_2^2}{2n_1^2} \approx \frac{n_1 - n_2}{n_1} \approx \frac{n_1 - n_2}{n_2} << 1$$

实际上，$\Delta<1\%$，所以可以认为 $n_2/n_1 \approx 1$，将此近似代入式（3-6），可以得到简化结果，即

$$\frac{J'_m(U)}{UJ_m(U)} + \frac{K'_m(W)}{WK_m(W)} = \pm m\left(\frac{1}{U^2} + \frac{1}{W^2}\right) \qquad （3-7）$$

式中，$m = 0,1,2,3,\cdots$。这就是弱导光纤中的特征方程。

3.2.3.3　传播模式分类

（1）TE模和TM模。

在式（3-7）中取 $m = 0$ ，从前面的 E_z 和 H_z 的表达式可知，二者之中必有一个为零。如果 $E_z = 0$ ，则在波的传播方向上电场强度为零，这就是横电波模式，也就是TE模。如果 $H_z = 0$ ，则在波的传播方向上磁场强度为零，这就是横磁波模式，也就是TM模。由于 $m = 0$ ，所以式（3-7）简化为

$$\frac{J_0'(U)}{UJ_0(U)} + \frac{K_0'(W)}{WK_0(W)} = 0$$

这就是TE模和TM模的特征方程。利用贝塞尔函数的递推公式

$$J_0'(U) = -J_1(U)$$
$$K_0'(W) = -K_1(W)$$

可以得到

$$\frac{J_1(U)}{UJ_0(U)} + \frac{K_1(W)}{WK_0(W)} = 0$$

这就是TE模和TM模特征方程的常见形式。

（2）EH模和HE模。

如果 $m \neq 0$ ，场量沿圆周方向按 $\cos m\phi$ 或 $\sin m\phi$ 函数分布，要使边界条件得到满足，则 A 和 B 都不得为零，即电磁波的纵向场分量 $E_z \neq 0$ ， $H_z \neq 0$ 。也就是说，光纤中的非轴对称场不可能是单独的TE场，也不可能是单独的TM场。 E_z 和 H_z 同时存在的电磁场模式称为混合模。

$m \neq 0$ 时，方程式（3-7）在取同一 m 值时有两组不同的解，对应着两类不同的模式。在弱导条件下，方程式（3-7）右边取正号时所解得的一组模式称为EH模，而右边取负号时所解得的一组模式则称为HE模。

根据上面的分类，在弱导条件下，光纤中EH模和HE模的特征方程分别为
EH模

$$\frac{J_m'(U)}{UJ_m(U)} + \frac{K_m'(W)}{WK_m(W)} = m\left(\frac{1}{U^2} + \frac{1}{W^2}\right)$$

HE模

$$\frac{J'_m(U)}{UJ_m(U)} + \frac{K'_m(W)}{WK_m(W)} = -m\left(\frac{1}{U^2} + \frac{1}{W^2}\right)$$

利用贝塞尔函数的递推公式，可以将上面的两个方程式改写成

EH模

$$\frac{J_{m+1}(U)}{UJ_m(U)} + \frac{K_{m+1}(W)}{WK_m(W)} = 0$$

HE模

$$\frac{J_{m-1}(U)}{UJ_m(U)} - \frac{K_{m-1}(W)}{WK_m(W)} = 0$$

3.2.3.4 模式的截止参数和单模传输条件

一个导波模沿 z 方向无衰减地传播（忽略材料自身的吸收损耗）的条件是 U 和 W 都是正实数。将 $W^2 = 0$ 条件下求得的纤芯内的归一化径向相位常数 U 记为 U_c，此时的归一化频率则记为 V_c，U_c，V_c 即为导波的截止参数。显然，在截止点有

$$V_c^2 = U_c^2 + W_c^2 = U_c^2，\quad V_c = U_c \text{ 或 } W = 0$$

根据各类模式的特征方程及第二类变态贝塞尔函数在 $W \to 0$ 时的渐近特性，可以求得它们的截止参数。这里略去了具体的推导过程，只是给出结果。

（1）TM模和TE模在截止状态时的归一化截止频率 V_c 及 U_c 是零阶贝塞尔函数的零点，即

$$U_c = V_c = u_{0n}, n = 1, 2, 3 \cdots$$

式中，u_{0n} 是零阶贝塞尔函数的第 n 个零点。以上的每一个 u_{0n} 值都对应着一个 TE模和一个TM模，分别记为 TE_{0n} 模和 TM_{0n} 模。这就是说，TE_{0n} 模和 TM_{0n} 模的归一化截止频率为 u_{0n}。

电磁波在光纤中传播时，如果工作波长 λ，光纤的结构参数 a、n_1、n_2 都确定，则其归一化频率 $V = k_0 n_1 a \sqrt{2\Delta}$ 是一个完全确定的数。如果 V 大于某个模式的归一个截止频率 V_c，则必有 $W^2 > 0$，该模式可以在光纤中传播。反之，如果 V 小于某个模式的归一化截止频率 V_c，则 $W^2 < 0$，该模式截止，成为辐射模。也就是说，光纤中任意一个模式的传播条件是

$$V > V_c = \frac{2\pi}{\lambda_c} a \left(n_1^2 - n_2^2\right)^{\frac{1}{2}}$$

在所有的 TE_{0n} 模和 TM_{0n} 模中，TE_{01} 模和 TM_{01} 模的归一化截止频率最低，为 2.405，其截止波长 λ_c 最长，为

$$\lambda_c \left(TE_{01}, TM_{01}\right) = \frac{2\pi a}{2.405} \left(n_1^2 - n_2^2\right)^{\frac{1}{2}} = 2.613 a \sqrt{n_1^2 - n_2^2}$$

（2）EH模的截止参数 U_c 或归一化截止频率 V_c 是 m 阶贝塞尔函数的根，即

$$U_c = V_c = u_{mn}, m = 1, 2, 3 \cdots; \quad n = 1, 2, 3 \cdots$$

式中，m 是贝塞尔函数的阶数，n 是 m 阶贝塞尔函数根的序数。由 m 阶贝塞尔函数的第 n 个根所确定的EH模称为 EH_{nm} 模。

在 EH_{nm} 模序列中，EH_{11} 模的归一化截止频率最小，其值为 $U_c = V_c = 3.832$。EH_{11} 模的截止波长在 EH_{nm} 模序列中最长，其值为

$$\lambda_c = \frac{2\pi a}{3.832} \left(n_1^2 - n_2^2\right)^{\frac{1}{2}} = 1.640 a \sqrt{n_1^2 - n_2^2}$$

（3）在 $m = 1$ 时，HE模的归一化截止频率为零和一阶贝塞尔函数的根，即

$$U_c = V_c = 0, u_{1,n-1} = 0, 3.832, 7.016, \cdots$$

由上式确定的HE模称为 HE_{1n} 模。需要特别指出的是 HE_{11} 模，其归一化截止

频率为

$$U_c = V_c = 0$$

截止波长为

$$\lambda_c \left(\mathrm{HE}_{11} \right) = \infty$$

这是一个重要的结论，也就是说，HE_{11} 模不截止，它可以以任意低的频率在光纤中传播，它是介质波导和光纤中的主模式。HE_{11} 模的截止波长 $\lambda_c = \infty$，这个结论仅是一个理想的极限。如果工作波长过长，则 HE_{11} 模的能量将向包层中转移，传输损耗将加大，因而太低频率的波以 HE_{11} 模传输也十分困难。

对于 $m \geq 2$ 的情形，其归一化截止频率为

$$U_c = V_c = u_{m-2,n}$$

式中，$m = 2,3,4,\cdots$，$n = 1,2,3,\cdots$。由上式确定的 HE 模称为 HE_{mn} 模。

由以上结论可知，光纤中的主模为 HE_{11} 模，其归一化截止频率为零。次最低阶模为 TE_{01} 模、TM_{01} 模和 HE_{21} 模，其归一化截止频率均为2.405。如果设计光纤适当，并选择工作波长，使得归一化工作频率 V 满足

$$0 < V < 2.405$$

则 TE_{01}、TM_{01} 和 HE_{21} 模及所有的高阶模都被截止，只有 HE_{11} 模可以传播。这就是光纤中的单模传播条件。由于归一化频率

$$V = k_0 a \left(n_1^2 - n_2^2 \right)^{\frac{1}{2}} = k_0 n_1 a \sqrt{2\Delta}$$

所以，又可以将单模传播条件表示为

$$\lambda > 2.613 n_1 a \sqrt{2\Delta} = \lambda_c \left(\mathrm{TE}_{01}, \mathrm{TM}_{01} \right)$$

如果光纤 $a = 4.0\mu\mathrm{m}$，$\Delta \approx 0.003$，$n_1 = 1.48$，则对于1.31μm的工作波长，此光

纤满足单模传播的条件。这种光纤也就称为单模光纤。

光纤通信系统的工作波长总是选在 $1.31\mu m$ 及 $1.55\mu m$ 这两个低损耗波长窗口上。早期的长途光纤通信系统多采用ITU-T建议的G.652光纤，它以 $1.31\mu m$ 为工作波长。如果取 $\Delta \approx 0.003$ ，$n_1 = 1.46$ 则此种光纤的纤芯半径应满足

$$a < \frac{0.383\lambda}{n_1\sqrt{2\Delta}} = 4.38\mu m$$

这就是通常将单模光纤的纤芯直径选在 $8 \sim 9\mu m$ 的依据。

3.2.3.5　传播模的色散曲线

光纤中传播模的特性由特征参数 U 、W 、β 决定。U 、W 决定导波场的横向分布特点，β 决定其纵向传播特性。如果给定归一化频率 V ，则可由各类模式的特征方程求得相应的 U 或 W 。然后由式（3-5）求得纵向相位常数 β ，即

$$\beta = \left(k_0^2 n_1^2 - \frac{U^2}{a^2} \right)^{\frac{1}{2}}$$

改变归一化频率 V 的值就可求得不同的 β 值，从而可以作出每一个模式的 $\beta - V$ 曲线。这样的曲线称为光纤或介质波导的色散曲线。

电磁波传播的相速度为

$$v_{\mathrm{p}} = \frac{\omega}{\beta} = \frac{Vc}{\beta a n_1\sqrt{2\Delta}}$$

式中，$c = 1/\sqrt{\mu_0\varepsilon_0}$ ，是自由空间的光速度，而波的群速度则为

$$v_{\mathrm{p}} = \frac{\mathrm{d}\omega}{\mathrm{d}\beta} = \frac{c}{a n_1\sqrt{2\Delta}}\frac{\mathrm{d}V}{\mathrm{d}\beta}$$

由以上两式可知，如果得到了 $\beta - V$ 关系，也就等价于求得了波的相速度和群速度与波的归一化频率之间的关系，也就是说求得了导波模的色散特性。如果

某个模式的 $\beta - V$ 曲线是一条直线，则这个模式无色散，但这种无色散模在介质波导中不能存在。光纤和介质波导中所能传播的TE波、TM波、EH波和HE波都是色散波。它们的相位常数 β 都是归一化频率的复杂函数，其相速度 v_p 和群速度 v_g 都是归一化频率的函数。这种函数关系可以由 $\beta - V$ 曲线得到，所以称 $\beta - V$ 曲线为色散曲线。

几个低阶模的色散曲线如图3-10所示，以等效折射率 $n_{\text{eff}} = \beta / k_0$ 为纵轴，以归一化频率 V 为横轴。由图3-10可知，对所有的模式，截止时等效折射率 n_{eff} 趋于包层折射率 n_2；远离截止状态时，n_{eff} 趋于纤芯折射率 n_1。因而导波模的相位常数的范围为

$$k_0 n_2 < \beta < k_0 n_1$$

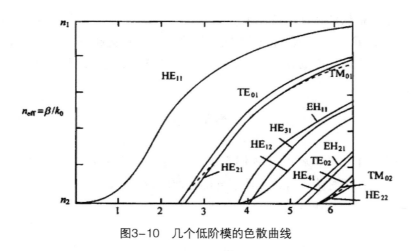

图3-10　几个低阶模的色散曲线

3.2.3.6　导波模的场形图

对每一个确定的 $m = 0, 1, 2, 3, \cdots$ 都可以求得各类模式特征方程的一个解系。每一个解都对应着一个或几个（简并时）确定的电磁场模式，都有完全确定的电磁场结构。求得了某个模的特征参数 U、W、β 值，也就完全确定了这个模的各个电磁场分量（除了一个振幅因子）。根据这些电磁场分量的表达式就可以作出该模式的场型图。几个低阶模在横截面内的场分布如图3-11所示。

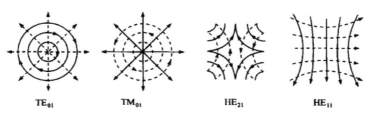

TE₀₁ TM₀₁ HE₂₁ HE₁₁

图3-11 几个低阶模在横截面内的场分布

3.2.3.7 LP模

（1）LP模场解。

在直角坐标系中，横向电场可以表示为

$$E_t = e_x E_x + e_y E_y$$

式中，e_x 和 e_y 分别为 x 轴和 y 轴方向的单位矢量。如果横向电场的取向不变，则总可以选取适当的坐标，使得电场强度只有一个分量，如

$$E_t = e_y E_y$$

场量 E_y 满足标量波动方程式（3-2）。可以解得纤芯和包层中的场解，分别为

$$E_{y1} = \frac{A}{J_m(U)} J_m\left(\frac{U}{a}r\right)\cos m\phi, r \le a$$

$$E_{y2} = \frac{A}{K_m(W)} K_m\left(\frac{W}{a}r\right)\cos m\phi, r > a$$

U、W、β 之间的关系仍由式（3-5）确定。

按照准TEM波近似，横向磁场只有 x 分量，而且

$$H_{x1} = \frac{-An_1}{Z_0 J_m(U)} J_m\left(\frac{U}{a}r\right)\cos m\phi, r \le a$$

$$H_{x2} = \frac{-An_2}{Z_0 K_m(W)} K_m\left(\frac{W}{a}r\right)\cos m\phi, r > a$$

式中，$Z_0 = 377\Omega$，是自由空间波阻抗，"–"号是为了保证由 E_y 和 H_x 分量构成的TEM波的传播方向在正 z 轴方向，从而与行波因子 $e^{-j\beta z}$ 保持一致。

（2）线偏振模的特征方程及截止参数。

利用麦克斯韦方程的分量式，可求得纵向场分量 E_z 和 H_z，并利用纤芯与包层的分界面上的电磁场边界条件可以得到线偏振模的特征方程为

$$U\frac{J_{m-1}(U)}{J_m(U)} = -W\frac{K_{m-1}(W)}{K_m(W)}$$

式中，$m = 0,1,2,3,\cdots$。

将它与式（3–5）联立，即可解得线偏振模的特征参数 U 和 　。这个方程式的第 n 个根所确定模式称为 LP_{mn} 模。

当 $W \to 0$ 时导波模将趋于截止。LP_{0n} 模的归一化截止参数为 $U = 0$ 和一阶贝塞尔函数的根。如果将零作为一阶贝塞尔函数的第零个根，则 LP_{0n} 模的归一化截止参数为

$$V_\mathrm{c} = U_\mathrm{c} = u_{1,n-1}$$

而 $\mathrm{LP}_{mn}(m \geq 1)$ 模的归一化截止参数则为

$$V_\mathrm{c} = U_\mathrm{c} = u_{m-1,n}$$

在所有的 LP_{mn} 模中，LP_{01} 模的归一化截止频率 $V_\mathrm{c} = 0$，是光纤中的主模式。LP_{01} 模的截止参数与 HE_{11} 模相同，而且其场分布也相同。次最低阶模是 LP_{11} 模，其归一化截止频率为 $V_\mathrm{c} = 2.405$，与 TE_{01} 模、TM_{01} 模和 HE_{21} 模相同。

如果归一化频率 V 选在0和2.405之间，则光纤中只有 LP_{01} 模可以传输，这就是光纤的单模传播条件，与 HE_{11} 单模传播条件完全相同。

（3）LP_{mn} 模的场分布及功率分布。

求得LP模的特征参数以后就可以得到各个模式的场分布规律。在纤芯内场量在半径方向按贝塞尔函数分布，在包层中按第二类变态贝塞尔函数分布，在圆

周方向则按正弦函数或余弦函数分布。几个低阶LP模的场的幅度在半径方向的分布规律如图3-12所示。

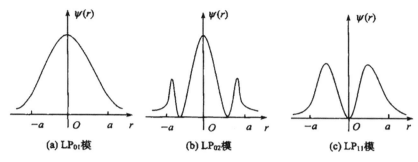

图3-12　LP$_{01}$模、LP$_{02}$模及LP$_{11}$模的幅值分布

　　光波在光纤中传播时，纤芯和包层中都有电磁场量存在，因此电磁功率不仅在纤芯中，同时也部分地在包层中沿光纤轴方向传播。包层中传播的电磁功率容易受到各种因素的影响而损耗掉，因而在研究光纤中光波传播规律时讨论光功率在纤芯中集中的程度是有意义的。

　　沿光纤轴方向单位横截面面积中传输的电磁功率称为功率流密度，表示为

$$S_z = -\frac{1}{2}E_yH_x^* = \frac{A^2}{2Z_0}\cos^2 m\phi \begin{cases} \dfrac{n_1 J_m^2\left(\dfrac{U}{a}r\right)}{J_m^2(U)}, r \le a \\[4mm] \dfrac{n_2 K_m^2\left(\dfrac{W}{a}r\right)}{K_m^2(W)}, r > a \end{cases} \tag{3-8}$$

　　由式（3-8）可知，电磁功率在光纤的圆周方向按 $\cos^2 m\phi$（或 $\sin^2 m\phi$）规律分布。在半径方向，纤芯内功率按 $J_m^2\left(\dfrac{U}{a}r\right)$ 分布，在包层中按 $K_m^2\left(\dfrac{W}{a}r\right)$ 分布。在 U 很大时电磁功率主要集中在纤芯内传播。

3.2.3.8 传播模式的一般特性

（1）传播模式数量。

光纤中的传播模式总数 M 决定于归一化频率。一个常用的估算阶跃多模光纤中模数量的公式为

$$M = \frac{V^2}{2}$$

式中，$V^2 = k_0^2 a^2 \left(n_1^2 - n_2^2\right)$，这就是说，如果光纤纤芯半径 a 较大，纤芯和包层折射率差大，工作波长短，则光纤中可传播的模数量就多，反之可传播的模数量就少。对于梯度光纤，传播模式总数少于阶跃多模光纤。对于折射率呈抛物线函数分布的多模光纤，其传播模式总数可以近似表示为

$$M = V^2 / 4$$

（2）理想波导中模式的正交性和完备性。

在忽略光纤损耗及其他非理想的缺陷条件下，可以将光纤看成是理想光波导。理想波导中的模式具有正交性。所谓"正交性"，是指波导中的各传播模式独立传播，不同的模式之间没有能量耦合。模式正交性的数学表达式为

$$\int_S \boldsymbol{E}_{ti} \times \boldsymbol{H}_{tj}^* \cdot \mathrm{d}\boldsymbol{s} = \int_S \boldsymbol{E}_{ti}^* \times \boldsymbol{H}_{tj} \cdot \mathrm{d}\boldsymbol{s} = 0, i \neq j$$

式中的面积分在包括包层的光波导整个横截面 S 上进行。$\boldsymbol{E}_{ti}$ 和 H_{tj} 分别表示第 i 个模的横向电场和第 j 个模的横向磁场，"*"表示复共轭，$\mathrm{d}\boldsymbol{s}$ 是矢量面积元，其方向为波导轴线方向。

可以证明，在光波导中，实际可以存在的任何电磁场必然可以表示为有限多个离散的传播模式和具有连续谱的辐射模式的叠加，这就是所谓光波导模式的完备性。在数学上，模式的完备性可以表示为

$$\boldsymbol{E} = \sum_j a_j \boldsymbol{E}_j + \sum_j a_{-j} \boldsymbol{E}_{-j} + \boldsymbol{E}_{\mathrm{rad}} \qquad （3-9\mathrm{a}）$$

$$\boldsymbol{H} = \sum_j a_j \boldsymbol{H}_j + \sum_j a_{-j} \boldsymbol{H}_{-j} + \boldsymbol{H}_{\mathrm{rad}} \qquad （3-9\mathrm{b}）$$

式中，E_j 表示第 j 个向正 z 轴方向传播的传播模的电磁场矢量，而 E_{-j}、H_{-j} 表示第个向负 z 轴方向传播的导波模的电磁场矢量，a_j、a_{-j} 分别是其展开式系数。E_{rad}、H_{rad} 则是辐射模式在 $0 < \beta < k_0 n_2$ 上的连续谱积分。式（3–9）中的展开式系数由模式的正交性和激励条件决定。

（3）非理想波导中模式间的耦合。

任何实际的光波导都不是理想波导。在非理想情形下，如波导的损耗、折射率的非理想分布、几何形状的微小形变、波导周围有其他导波结构或障碍物存在，都会导致光波导模式之间的相互耦合。光波导的模式耦合可以是两个波导之间的横向耦合，也可能是同一根波导内由于纵向不均匀引起的纵向耦合。横向耦合和纵向耦合都有重要的应用。两根相互靠近的平行光波导构成了一个耦合波导系统，如图3–13所示。波导之间的距离越近，耦合越强，通常用耦合系数 K 描述波导之间耦合的强弱。耦合系数 K 确定以后，两波导之间的能量交换与耦合段的长度 L 之间的关系可以表示为

$$P_1(L) = P_1(0)\cos^2 KL$$
$$P_2(L) = P_1(0)\sin^2 KL$$

式中，$P_1(0)$ 是从波导1输入的功率，这里假设从波导2输入的功率为零。显然，只要适当选取两根波导之间的耦合系数和耦合区的长度就可以得到两个输出口之间任意比例的功率分配比。这样的耦合波导系统是构造光定向耦合器的基础。

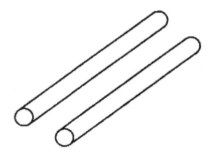

图3–13　两根相互平行的光波导

3.2.4　光纤的损耗

光纤的损耗导致光信号在传输过程中信号功率的下降，光功率 P 在光纤中的变化可以用方程式

$$\frac{\mathrm{d}P}{\mathrm{d}z} = -\alpha P$$

表示，式中 α 就是光纤的衰减系数。积分上式可得

$$P_{\mathrm{out}} = P_{\mathrm{in}}\mathrm{e}^{-\alpha L}$$

式中，P_{in} 是注入功率，P_{out} 是长为 L 的光纤的输出功率。一般用dB/km作为光纤损耗的实用单位，即

$$\alpha\left(\mathrm{dB/km}\right) = -\frac{10}{L}\lg\left(\frac{P_{\mathrm{out}}}{P_{\mathrm{in}}}\right) = 4.343\alpha\left(\mathrm{km}^{-1}\right)$$

光纤通信线路的总损耗包括光纤本身的损耗、光纤弯曲产生的附加损耗、光纤连接时产生的连接损耗等。

3.2.4.1　石英玻璃光纤的损耗

纤芯和包层都由石英材料构成的光纤在近红外波段具有最低的损耗。石英光纤损耗主要由光纤的本征吸收、瑞利散射、杂质吸收等因素构成。石英材料在红外区域（>7μm）和紫外区域（<0.3μm）各有一个吸收带。这两个吸收带的拖尾会进入石英光纤的通信波段。红外吸收带的拖尾将对波长大于1μm的波段产生影响，尤其是在波长为1.7μm时，红外吸收损耗已达0.3dB/km，所以一般以1.65μm作为石英光纤工作波长的长波长极限。紫外吸收带的拖尾主要影响通信波段的短波长段。

对通信波段短波长段的影响更严重是瑞利散射。瑞利散射导致的损耗系数可

以表示为

$$\alpha_R = \frac{A}{\lambda^4}$$

式中，常数 A 在0.7~0.9（dB/（km·μm^4））范围以内，在0.8μm处 α_R 已达2dB/km，所以瑞利散射是限制通信波段短波长段的主要因素。在1.55μm处 α_R 在0.12~0.15dB/km范围内。当然波长更长时 α_R 会进一步减小，但红外吸收损耗则会迅速增加。瑞利散射和红外吸收共同决定了1.55μm附近石英光纤有最低的损耗系数。

　　石英光纤的损耗因素及损耗随工作波长的变化如图3-14所示。按传统，通常将石英光纤的通信波段划分为三个波段，即0.85μm附近的短波长段、1.31μm附近和1.55μm附近的长波长段。但这样划分欠科学，因为不同的光纤其损耗谱不同，例如，后面将提到的"全波光纤"由于OH^-的吸收几乎可以忽略，就不能按损耗划分出这样的通信窗口。ITU-T对1.2~1.7μm范围的低损耗区给出了波段划分的统一标准，并给每一波段命名，见表3-1。

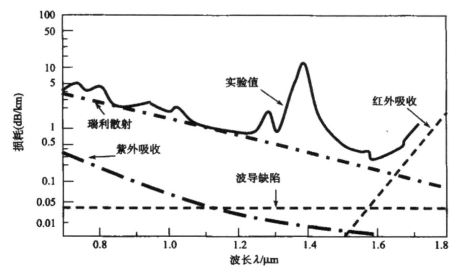

图3-14　光纤的损耗谱

表3-1　波段划分

波段名称	说明	波长范围/μm
O波段	原始波段	1260～1360
E波段	扩展波段	1360～1460
S波段	短波段	1460～1530
C波段	常规波段	1530～1565
L波段	长波段	1565～1625
U波段	超长波段	1625～1675

为了充分利用石英光纤的带宽，有一种所谓"消水峰"光纤，即采用特殊的制作工艺，将光纤中的OH⁻含量降到最低水平。于是1.39μm附近的OH⁻吸收峰消失，1.31μm和1.55μm两个低损耗窗口连通成一个极宽的低损耗频段。这种光纤又称为全波光纤（all-wave fiber），其低损耗带宽超过50THz。用这样的光纤来构建光网络，每个光纤对即可以为用户提供数以百计的廉价波长。

这种光纤的损耗特性如图3-15中的虚线所示。

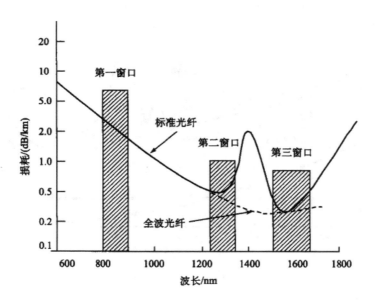

图3-15　全波光纤的损耗特性

3.2.4.2　其他类型光纤的损耗

除了石英玻璃以外，还可以采用塑料作为光纤材料。可能的光纤结构有纤芯使用石英玻璃、包层使用塑料；纤芯使用塑料而包层则使用另一种塑料。当然，不管是哪种结构，都必须满足包层折射率小于纤芯折射率，只有这样才能形成有效的导波结构。通常，全玻璃光纤的纤芯与包层的折射率差最小，塑料包层的石英光纤稍大一些，全塑料光纤最大。全塑料光纤也称为聚合物光纤。

使用塑料作为光纤材料，其损耗要明显地大于石英玻璃材料。在近红外波段，塑料包层石英光纤的典型损耗值为8dB/km左右，而全塑料光纤的典型损耗值则可达到每千米几百分贝。人们也许要问，既然塑料光纤的损耗那么大，这种光纤还有什么用呢？在这里，我们可以明确地回答，塑料光纤在短距离、中低传输速率系统中是很有竞争力的传输介质。塑料光纤制造成本低，数值孔径可以做得较大，与光源之间可以实现较高的耦合效率，这可以部分弥补其较大的传输损耗。特别是对于光纤用量特别大，而传输速率并不要求很高的"光纤到家"的光接入网应用，塑料光纤可能大有用武之地。

3.2.4.3　弯曲损耗

光纤有一定曲率半径的弯曲时就会产生附加的辐射损耗，光纤可以呈现两类弯曲：①曲率半径比光纤直径大得多的宏弯曲，例如，光缆拐弯时就会产生此种弯曲；②光纤成缆时产生，沿轴向的随机性微弯曲，产生微弯的另一个重要原因是光纤材料与护套层材料的热膨胀系数不一致。

弯曲损耗可以定性地用图3–16来解释。原先在直光纤部分光线的入射角θ_1满足全反射条件，即$\theta_1 > \theta_c = \arcsin\dfrac{n_2}{n_1}$。但是光线到了弯曲部分，在边界上的入射角$\theta_2$变小，$\theta_1 < \theta_c$，全反射条件受到破坏，部分能量将在弯曲段折射出纤芯，从而产生弯曲辐射损耗。

为减小微弯曲损耗，一种方法是在光纤表面压一层弹性护套，当受外力作用时，护套发生变形而光纤仍可保持直线状态。另外，如果是在昼夜、冬夏温度差很大的高寒地区建设光纤线路，在设计计算中，应尽可能将系统的功率富余度留得大一些。这样可以保证在室外气温骤然变化时，系统仍然可以正常运行。

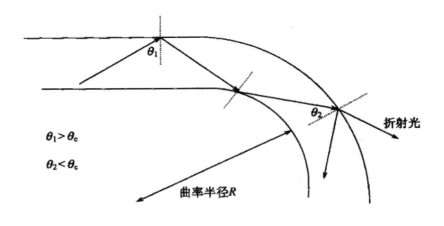

图3-16　弯曲损耗的产生

3.2.4.4　损耗测量

有多种方法可以用于光纤损耗的测量。剪断法是一种最直接的测量方式，即先用光功率计测出一卷长光纤的输出功率，然后在接近发射点的位置剪断光纤，再测量其输出功率。两个输出功率之差（以dB为单位）与这卷光纤的长度（以km为单位）之比就是这卷光纤的损耗系数值。

如果待测光纤的两端靠得比较近，采用上面的剪断法是可行的。但是对于已经铺设好的光纤，光纤的两端相距可能超过1km，采用剪断法显然是不合适的。采用剪断法还会破坏光纤，这对于已经铺设好的光纤线路是不允许的。这时，通常使用光时域反射仪（optical time domain reflector，OTDR）来测量光纤的损耗。

使用光时域反射仪时，仅仅需要接触待测光纤的一端，其基本工作原理是基于光纤中的后向瑞利散射。图3-17是光纤中不连续点反射以及损耗情形在OTDR显示屏上的图形，光纤的损耗与图中的显示曲线的斜率成比例。光纤中的不连续点引起图中斜线的突变并使回波幅度下降，这些突变的位置已在图中标明，幅度下降的程度则是熔接点、连接器和光纤断裂点等不连续性产生的损耗大小的尺度。我们注意到图中的不连续点在突然降低以前还有回波功率的尖峰，这是由不连续点的菲涅耳反射造成的。

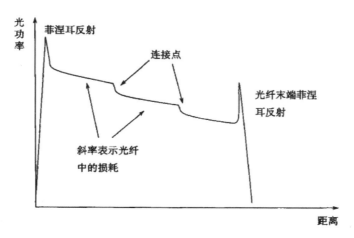

图3-17 OTDR显示屏上的回波曲线

3.2.5 光纤的色散

3.2.5.1 材料色散

构成介质材料的分子、原子可以看成是一个个谐振子，它们有一系列固有的谐振频率 ω_j 或谐振波长 λ_j。在外加高频电磁场作用下，这些谐振子产生受迫振动。利用经典电磁理论求解这些谐振子的振动过程，可以求出介质在外加电磁场作用下的电极化规律。由于折射率随外加电磁场的频率变化，所以介质呈色散特性，这就是材料色散。由于折射率是复数，所以高频电磁波在介质中传播时不仅有色散，而且还伴随着损耗，损耗的大小也是频率的函数。

将介质的折射率写成

$$\dot{n} = n + jn'$$

则 n 和 n' 都是频率的函数。它们随频率的变化如图3-18所示。图中的 ω_0 是谐振偶极子的一个谐振频率。在外加电磁场频率 $\omega < \omega_0$ 时，随着频率的升高，折射的实部 n 上升，波的相速度 $v_p = c/n$ 随频率的升高而下降，即

$$\frac{\mathrm{d}n}{\mathrm{d}\omega} > 0 \quad \text{或} \quad \frac{\mathrm{d}v_{\mathrm{p}}}{\mathrm{d}\omega} < 0$$

这种色散现象我们称为相速度的正常色散。在正常色散区，折射率的虚部 n' 很小，介质对电磁能量的吸收很小。当外加电磁场频率 ω 接近其固有谐振频率 ω_0 时，n 随 ω 的升高反而下降，即

$$\frac{\mathrm{d}n}{\mathrm{d}\omega} < 0 \quad \text{或} \quad \frac{\mathrm{d}v_{\mathrm{p}}}{\mathrm{d}\omega} > 0$$

相速度呈反常色散。在反常色散区，折射率的虚部 n' 很大，在 $\omega = \omega_0$ 时达到极大值。也就是说，在 $\omega = \omega_0$ 附近，介质对电磁波呈极强烈的吸收，这种现象称为谐振吸收。显然，如果作为传输介质使用时，工作频率应远离材料的这些谐振频率。

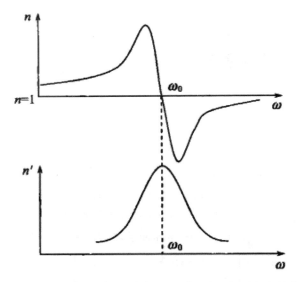

图3-18 介质折射率的实部和虚部在谐振点附近随频率的变化

实际的介质其谐振频率不止一个，折射率的实部与频率之间的关系可以写成

$$n^2 - 1 = \sum_{i=1}^{M} \frac{k_i}{\omega_i^2 - \omega^2} = \sum_{i=1}^{M} \frac{G_i \lambda^2}{\lambda^2 - \lambda_i^2} \qquad (3-10)$$

式中，脚标"i"是介质原子或分子的谐振点序号，ω_i、λ_i 是与 i 相应的谐振频

率和谐振波长。k_i 或 G_i 是与第 i 个谐振点相应的谐振强度。

制造光纤的石英材料在波长范围为0.2~4.0μm，其折射率的近似计算公式为

$$n^2 - 1 = \frac{0.6961663\lambda^2}{\lambda^2 - 0.068403^2} + \frac{0.4079426\lambda^2}{\lambda^2 - 0.1162414^2} + \frac{0.8974794\lambda^2}{\lambda^2 - 9.896161^2} \qquad （3-11）$$

式中，波长 λ 的单位为μm。按此公式计算，在波长为1.0μm时，石英的折射率约为1.45。式（3-11）相当于在式（3-10）中取三项，与之相应的三个谐振点与光纤通信工作频段最近，其他谐振点对通信频段的影响可以忽略。式中前两项对应的谐振点在紫外区域，第三项所对应的谐振点位于红外区域。对式（3-10）求导，可以得到折射率 n 对 λ 的各阶导函数，它们是讨论材料色散的基础。后面可以看到，材料色散的主要项与折射率的二阶导数成比例。在二阶导数为零的区域附近则由其三阶导数决定。

实际制造通信光纤时，将纯石英玻璃中掺进不同成分的杂质，以增大或减小玻璃材料的折射率，分别构成光纤的纤芯和包层。在纯石英中掺二氧化锗（GeO_2）或五氧化二磷（P_2O_3）折射率会增大，可以作为纤芯材料。如果在纯石英中掺三氧化二硼（B_2O_3）或氟（F）折射率会减小，可以作为包层材料。纯石英中加进不同的杂质以后，其折射率的数值会有相应的变化，如图3-19所示。其中图3-19（a）是加进不同杂质时的折射率，而图3-19（b）则是加进不同浓度的 GeO_2 后的折射率。

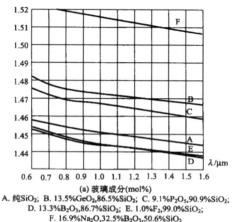

(a) 玻璃成分(mol%)
A. 纯SiO_2; B. 13.5%GeO_2,86.5%SiO_2; C. 9.1%P_2O_5,90.9%SiO_2;
D. 13.3%B_2O_3,86.7%SiO_2; E. 1.0%F_2,99.0%SiO_2;
F. 16.9%Na_2O,32.5%B_2O_3,50.6%SiO_2

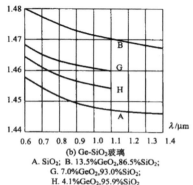

(b) Ge-SiO_2玻璃
A. SiO_2; B. 13.5%GeO_2,86.5%SiO_2;
G. 7.0%GeO_2,93.0%SiO_2;
H. 4.1%GeO_2,95.9%SiO_2

图3-19 石英系玻璃的折射率

在无界介质中，电磁波的相位常数为

$$\beta = k_0 n = n\omega\sqrt{\mu_0\varepsilon_0} = n\omega/c$$

这里的 n 就是介质的折射率。电磁波传播的相速度和群速度分别为

$$v_p = \omega/\beta = c/n$$

$$v_g = \frac{d\omega}{d\beta} = \frac{c}{n + k_0\frac{dn}{dk_0}} = \frac{c}{n - \lambda\frac{dn}{d\lambda}} = \frac{c}{N}$$

式中，$N = n + k_0\frac{dn}{dk_0} = n - \lambda\frac{dn}{d\lambda}$ 称为群折射率。引进群折射率 N 是为了后面讨论的方便，并便于与相速度 $v_p = c/n$ 的关系对照。光信号在介质中传播单位距离的群时延则为

$$\tau = 1/v_g = N/c$$

如果光信号的谱宽为 $\Delta\lambda$，则群时延差 $\Delta\tau$ 为

$$\Delta\tau = \frac{d\tau}{d\lambda}\Delta\lambda + \frac{d^2\tau}{2d\lambda^2}\Delta\lambda^2 + \frac{d^3\tau}{6d\lambda^3}\Delta\lambda^3 + \cdots$$

在光信号的相对谱宽 $\Delta\lambda/\lambda \ll 1$ 时，只取上式的第一项，就已足够精确。于是有

$$\Delta\tau = \frac{d\tau}{d\lambda}\Delta\lambda = \frac{1}{c}\frac{dN}{d\lambda}\Delta\lambda = \frac{1}{c}\frac{d}{d\lambda}\left(n - \lambda\frac{dn}{d\lambda}\right)\Delta\lambda$$

$$= -\frac{1}{c}\lambda^2\frac{d^2 n}{d\lambda^2}\frac{\Delta\lambda}{\lambda} = -\frac{1}{c}Y_m\frac{\Delta\lambda}{\lambda}$$

（3-12）

从式（3-12）可以看出，在介质中传播单位距离时，光信号的群时延差或脉冲展宽与信号的相对谱宽 $\frac{\Delta\lambda}{\lambda}$ 和因子 $\lambda^2\frac{d^2 n}{d\lambda^2}$ 成正比。定义

$$Y_m = \lambda^2 \frac{\mathrm{d}^2 n}{\mathrm{d}\lambda^2}$$

（3–13）

为材料的归一化色散系数，它是个无量纲的参数。式（3–13）说明归一化材料色散系数 Y_m 与材料折射率对波长或频率的二阶导数成正比。石英系玻璃的归一化材料色散系数 Y_m 随波长的变化规律如图3–19所示。图中的A、B、C、D四条曲线对应于图3–19（a）中的A、B、C、D四种掺杂情形。由图可见，在纯石英中掺GeO_2（B线）将使Y_m增大，掺B_2O_3（D线）将使Y_m减小，掺P_2O_3对Y_m的影响甚微。

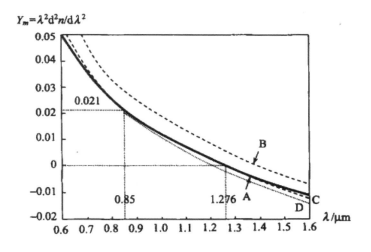

图3–20 石英系玻璃的归一化材料色散系数

由图3–20可以看到一个重要的事实，即当 $\lambda = \lambda_0 = 1.28\mu m$ 时，纯石英玻璃的 $\frac{\mathrm{d}^2 n}{\mathrm{d}\lambda^2} = 0$ ，当 $\lambda < \lambda_0$ 时， $\frac{\mathrm{d}^2 n}{\mathrm{d}\lambda^2} > 0$ ，而 $\lambda > \lambda_0$ 时， $\frac{\mathrm{d}^2 n}{\mathrm{d}\lambda^2} < 0$ ，这个被长称为石英玻璃的零色散波长。当然 $\frac{\mathrm{d}^2 n}{\mathrm{d}\lambda^2} = 0$ ，并不意味着色散严格为零，因为还有与 $\frac{\mathrm{d}^2 \tau}{\mathrm{d}\lambda^2}$ 成比例的项以及其他高阶项的存在。但可以肯定，在 $\lambda = \lambda_0$ 附近石英玻璃的材料色散是极小的。

3.2.5.2 波导色散

波导色散在工作模式确定以后，通常决定于光纤的工作参数，也就是归一化频率 V。对于多模光纤，波导色散的影响甚微。这里只讨论光纤主模式 LP_{01} 模的波导色散。

为了方便，引进 LP_{01} 模的归一化工作参数 b，其定义为

$$b = \frac{W^2}{V^2} = 1 - \frac{U^2}{V^2}$$

b 的取值范围在 0~1，当模式截止时 $U = V$，$b = 0$；远离截止时 $W \rightarrow V$，$b \rightarrow 1$。参数 b 与模式相位常数 β 之间的关系可以表示为

$$\beta = k_0 \sqrt{n_2^2 + \left(n_1^2 - n_2^2\right)b} \approx k_0 n_1 \sqrt{1 + 2\Delta b} \approx k_0 n_1 \left(1 + \Delta b\right)$$

式中， 是光纤纤芯与包层的相对折射率差。求 β 对 k_0 的二阶导函数，并略去次要因素可以求得 LP_{01} 模的波导色散系数为

$$D_w\left(\lambda\right) = -\frac{N_1 - N_2}{c\lambda} V \frac{d^2\left(bV\right)}{dV^2}$$

式中，N_1 和 N_2 分别是纤芯和包层的群折射率。

波导色散是由于导波模的相位常数随工作波长的变化而引起的，它与归一化工作频率 V 和 $\frac{d^2\left(bV\right)}{dV^2}$ 的乘积成比例。而 V 和 b 又都是光纤结构参数的函数。

图 3-21 给出了 LP_{01} 模的 b、$\frac{d\left(bV\right)}{dV}$、$\frac{d^2\left(bV\right)}{dV^2}$ 与 V 之间的关系曲线。由此可以求出波导色散。由于 $N_1 - N_2 > 0$，在我们感兴趣的波长范围内，总有 $V\frac{d^2\left(bV\right)}{dV^2} > 0$，所以必有波导色散系数 $D_w\left(\lambda\right) < 0$。需要注意到，这里定义的波导色散系数与前面定义的归一化材料色散系数不同，是一个单位为 ps（nm·km）的参数，也就是谱宽 1nm 的光脉冲在光纤中传播 1km 时所产生的脉冲时域展宽。在后面的讨论中我们统一用这个单位来度量波长色散。对于典型光纤 LP01 模，波导色散系数在我们关心的频带内其绝对值小于 10ps/（nm·km），而且随波长的

增加波导色散的绝对值增加。

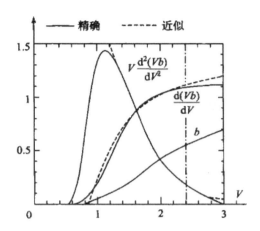

图3-21　LP$_{01}$模参量b、$\dfrac{\mathrm{d}(bV)}{\mathrm{d}V}$、$\dfrac{\mathrm{d}^2(bV)}{\mathrm{d}V^2}$与$V$的关系曲线

3.2.5.3　模式色散

模式色散是多模光纤的主要色散因素。根据几何光学近似，可以求得阶跃（SI）光纤中因为多模传输导致的光脉冲展宽为

$$\Delta\tau = n_1\Delta/c \tag{3-14}$$

而纤芯折射率按抛物线函数分布的梯度（GI）光纤中因为多模传输导致的光脉冲展宽则为

$$\Delta\tau = \frac{n_1}{2c}\Delta^2 \tag{3-15}$$

式中，c是真空中的光速度，n_1是纤芯轴上的折射率，Δ是纤芯与包层的相对折射率差。

利用波动理论，可以求得纤芯折射率分布函数为

$$n^2(r) = \begin{cases} n_1^2\left[1-2\Delta\left(\dfrac{r}{a}\right)^{\alpha}\right], & r \leq a \\ n_2^2 = n_1^2(1-2\Delta), & r > a \end{cases}$$

的多模光纤最高阶模式与主模式之间的传播时延差近似为

$$\Delta\tau_{max} = \frac{N_1}{2c}\left[\frac{\alpha-2}{\alpha+2}\Delta + \frac{3\alpha-2}{2(\alpha+2)}\Delta^2\right] \qquad (3-16)$$

对于阶跃多模光纤，$\alpha=\infty$；对于抛物线型折射率分布的梯度光纤，$\alpha=2$。将其代入式（3-16）即可得到式（3-15）和式（3-14）的结果。

如果在式（3-16）中令

$$\frac{\alpha-2}{\alpha+2} + \frac{3\alpha-2}{2(\alpha+2)}\Delta = 0 \qquad (3-17)$$

则最高阶模与主模之间的传播时延差将与 Δ^3 同数量级，这将导致梯度光纤的最小的模间色散。我们称满足式（3-17）的光纤折射率分布指数 α 为最佳折射率指数，记为 α_{opt}。可以求得 α_{opt} 近似为

$$\alpha_{opt} = 2 - 2\Delta$$

在 $\alpha = \alpha_{opt}$ 时，$\Delta\tau_{max} = 0$，是指最高阶模式与主模之间的传播时延差在 Δ^2 数量级上为零。实际上，可以近似为

$$\Delta\tau = \frac{N_1}{c} = \frac{\Delta^2}{8}$$

3.2.6 光缆和连接器

为保护光纤免受运输和敷设过程中的退化，将光纤成缆是必要的。光缆设计取决于应用的类型：对于某些应用，将光纤置于塑料护套内就足以为其提供缓冲；而对于其他应用，光缆必须制造成机械加强的，这可以用加强件（如钢棒）实现。

轻型光缆通过用硬塑料缓冲护套围绕光纤制成。在拉制过程中，于初始涂覆层外部施加0.5~1mm厚的缓冲塑料涂覆层，可以形成紧护套。在另一种方法中，

光纤松散地置于塑料套管内，使用这种松套管结构几乎可以消除微弯损耗，因为光纤可以在套管内调整自己。这种结构还可用来制造多纤光缆，方法是采用带槽的套管并将每根光纤置于不同的槽内。

水下应用所需要的重型光缆使用钢丝或强聚合物（如凯夫拉）提供机械强度。图3-22给出了3种重型光缆的示意图。在松套管结构中，将纤维玻璃棒镶嵌在聚氨酯中，并用凯夫拉护套提供必要的机械强度（左图）。同样的设计可以延伸到多纤光缆中，这通过在中央的钢芯周围放置几根松套管光纤构成（中图）。当需要将大量光纤放置在一条光缆内时，通常采用带状光缆结构（右图）。带状光缆一般是通过将12根光纤封装在两个聚酯条带之间制造的，将几条带状光缆叠放成矩形阵列并放置在聚乙烯套管内，机械强度是通过最外面的聚乙烯护套中的两根钢棒提供的。这种光缆的外径一般在1～1.5cm的范围。

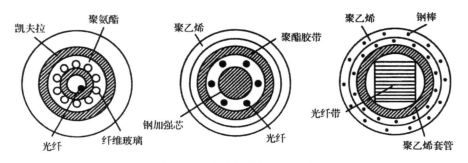

图3-22　重型光缆的典型设计

在任何实际的光波系统中，需要用连接器将光纤连接起来，它们可以分为两类。两根光纤间的永久连接称为光纤接头，而两根光纤之间可以拆卸的连接是用光纤连接器实现的。连接器用来将光缆和光发射机（或光接收机）连接起来，而接头用于两根光纤的永久性连接。在接头和连接器的使用中，主要问题与损耗有关，有些功率总是要损耗掉的，因为实际情况下不可能将两根光纤完全对准。利用熔接方法实现的接头的损耗一般不到0.1dB，连接器损耗一般要更大些，目前的连接器可以提供约为0.3dB的平均损耗。

3.3 光纤通信系统

按照传输信号划分，光纤通信系统可以分为光纤模拟通信系统和光纤数字通信系统，其中光纤数字通信系统是目前广泛采用的光纤通信系统。

光纤数字通信系统主要由光发射、光传输和光接收三部分组成。要使光波成为携带信息的载体，必须对它进行调制，在接收端再把信息从光波中检测出来。然而，由于目前技术水平所限，对光波进行频率调制和相位调制等仍局限在实验室内，尚未达到实用化水平，因此大都采用强度调制与直接检波方式（IM-DD），所谓强度调制，是指用被传输的电信号去直接调制光源，使之随信号电流呈线性变化；直接检波是指信号直接在接收机的光频上用检测器把调制的光波检测变成电信号。又由于目前的光源器件与光接收器件的非线性比较严重，所以对光器件的线性度要求比较低的数字光纤通信在光纤通信中占据主要位置。

典型的数字光纤通信系统框图如图3-23所示。

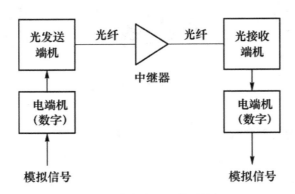

图3-23 数字光纤通信系统框图

数字光纤通信系统基本上由光发送机、光纤与光接收机组成。在发送端，电发送端机把信息（如话音）进行A/D转换，用转换后的数字信号去调制发送机中的光源器件（如LD），则光源器件就会发出携带信息的光波。即当数字信号为"1"时，光源器件发送一个"传号"光脉冲；当数字信号为"0"时，光源器件发送一个"空号"（不发光），光波经低损耗光纤传输后到达接收端。在接收端，光接收机中的光检测器件（如APD）把数字信号从光波中检测出来，由电端机将数字信号转换为模拟信号，恢复成原来的信息。这样就完成了一次通信的全过程。图中的中继器起到放大信号、增大传输距离的作用。

3.3.1　光发送端机和光接收端机

光端机是位于电端机和光纤之间不可缺少的设备。如前所述，光端机包含发送和接收两大单元。光端机的功能是：其发送单元将电端机发出的电信号转换成符合一定要求的光信号后，送至光纤传输；其接收单元将光纤传送过来的光信号转换成电信号后，送至电端机处理。可见，光端机的发送单元是完成电/光转换，光端机的接收单元是完成光/电转换。通常，一套光纤通信设备含有两个光端机、两个电端机。

3.3.1.1　光发送端机的组成框图

光发送机原理框图如图3-24所示，其各部分的功能如下。

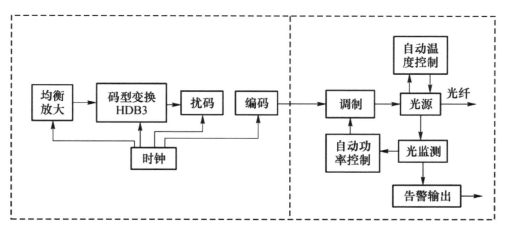

图3-24　光发送机原理图

（1）均衡放大。ITU-T规定了不同速率的光发送机接口速率和接口码型。由PCM端机送来的HDB3或CMI码流，经过电缆的传输产生了衰减和畸变，首先要进行均衡放大，用以补偿由电缆传输所产生的衰减或畸变，以便正确译码。

（2）码型变换。在数字电路中，为了处理方便，由均衡器输出的HDB3码或CMI码，需通过码型变换电路，将其变换为二进制单极性码。

（3）扰码。若信码流中出现长连"0"或长连"1"的情况，将会给时钟信号的提取带来困难，为了避免出现这种情况，需加一扰码电路。它可有规律地破坏长连"0"或长连"1"的码流，从而达到"0""1"等概率出现。相应地，接收机需要加一个解扰电路，以恢复原来的信号流。

（4）时钟提取。由于码型变换和扰码过程都需要以时钟信号作为依据，因此，在均衡放大电路之后，由时钟提取出时钟信号，供给均衡放大、码型变换、扰码电路和编码电路使用。

（5）编码。如上所述，经过扰码后的码流，尽量使"1"和"0"的个数均等，这样便于接收端提取时钟信号。而且在实用上，为了便于不间断业务的误码监测，区间通信联络、监控及克服直流分量的波动，在实际的光纤通信系统中，都要对经过扰码以后的信码流进行编码，以满足上述要求。经过编码以后，线路码型已适合在光纤线路中传送。

（6）驱动（调制）。光源驱动电路用经过编码以后的数字信号来调制发光器件的发光强度，完成电/光转换。光源发出的光强随经过编码后的信号源变化，形成相应的光脉冲送入光导纤维。

（7）自动光功率控制。光源经一段使用时间将出现老化，如果光源采用LD管，必须设有自动光功率控制（Automatic Power Control，APC）和自动温度控制（Automatic Temperature Control，ATC）电路，达到稳定输出光功率的目的。采用LED管时，可不设置。

（8）自动温度控制。由于半导体光源的调制特性曲线对环境温度变化的反应很灵敏，使输出光功率出现变化，一般在发送机盘上装有ATC电路。在发送盘，除上述主要功能以外，还有一些辅助功能，如光源过流保护功能、无光告警功能等。

3.3.1.2　光接收机的基本组成

光接收机是光通信系统中的一个主要组成部分，目前广泛使用的强度调制直接检波系统中接收机的示意图，如图3-25所示。

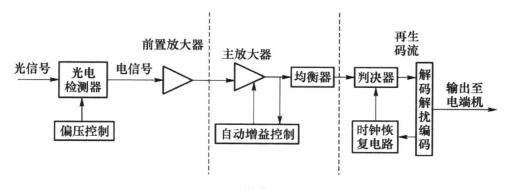

图3-25　光接收机结构框图

（1）光电检测器。由光纤传输过来的光信号，送到光接收机，光信号进入光电检测器，将光信号转变为电信号。光电检测器是利用材料的光电效应来实现光电转换的。

在光纤通信中，由于光纤的芯径很细，因此要求器件的体积小，重量轻，故多采用半导体光电检测器。它是利用半导体材料的光电效应来实现光电转换的。

在光纤通信中常用的半导体光电检测器是光电二极管PIN和雪崩光电二极管APD，这两种光电管的主要区别是APD管需外加高反偏电压，使其内部产生雪崩增益效应，因此，它不但具有光电转换作用，而且具有内部放大作用。PIN管比较简单，只需10~20V的电压即可工作，且不需要偏压控制，但没有增益。

（2）前置放大器。在一般的光纤通信系统中光信号经光电检测器的光电变换后，输出的电流是十分微弱的，为了使光接收机判决电路正常工作，必须将这种微弱的电信号进行若干级放大。

大家知道，放大器在将信号放大的过程中，放大器本身的电阻将引入热噪声；放大器中的晶体管将引入散弹噪声。不仅如此，在一个多级放大器中，后一级放大器还会把前一级放大器输出的信号和噪声同时放大。

因此，对多级放大器的前级就有特别要求，前主放大器的性能对接收机的性能有十分重要的影响，要求它是低噪声、高增益的放大器。这样才能得到较大的信噪比SNR，前置放大器一般采用APD，它的输出为毫伏数量级。

（3）主放大器。主放大器的作用是将前置放大器输出的信号，放大到几伏数量级，使后面判决电路能正常工作。主放大器一般是一个多级增益可调节放大器。当光电检测器输出的信号出现起伏时，通过光接收机的自动增益控制电路AGC用反馈环路来控制放大器，对主放大器的增益进行调整，以使主放大器的输出信号幅度在一定范围内保持恒定，主放大器和AGC决定着光接收机的动态范围，使判决器的信号稳定。

（4）均衡器。在数字光纤通信系统中，送到光发送机进行调制的数字信号是一系列矩形脉冲。由信号分析知道，理想的矩形脉冲具有无穷的带宽。这种矩形脉冲从发送光端机输出后，要经过光纤、光电检测器、放大器等部件，而这些部件的带宽却是有限的。这样，矩形脉冲频谱中只有有限的频率分量可以通过，使从接收机主放大器输出的脉冲形状不再是矩形的了，可能出现很长的拖尾。这种拖尾现象将会使前、后码元的波形重叠，产生码间干扰，严重时造成判决电路误判，产生误码。

因此，均衡器的主要作用是使经过均衡器以后的波形成为有利于判决的波形，即对已产生畸变的波形进行补偿，并使邻码判决时使本码的拖尾接近0值，消除码间干扰，减小误码率。

（5）判决器和时钟恢复电路。判决器由判决电路和码形成电路构成。判决器和时钟恢复电路合起来构成脉冲再生电路。脉冲再生电路的作用，是将均衡器输出的信号，恢复为"0"或"1"的数字信号。判决器中需用的时钟信号也是从均衡器输出的信号中取得，时钟恢复电路是由箝位、整形、非线形处理调谐放大、限幅、整形、移相电路组合而成。

（6）解码、解扰、编码电路。为了使信码流能够高质量地在光纤中传输，光发射机送入光纤的信号是经过扰码、编码处理的。这种信号经过光纤传到接收机后，还需要将上述经过扰码、编码处理过的信号进行一系列的"复原"工作。这些将由接收机中的解码、解扰及码型反变换来完成。

首先要通过解码电路，将在光纤中传输的光线路码型恢复为发端编码之前的码型。然后再经解扰电路，将发送端"扰乱"的码恢复为被扰之前的状况。最后再进行码型反变换，将解扰后的码变换为原来适于在PCM系统中传输的HDB3或CMI码，它是发端码型变换部分的逆过程，最后送至电端机中。

3.3.2　光中继器

光脉冲信号从光发射机输出，经光纤传输若干距离以后，由于光纤损耗和色

散的影响，将使光脉冲信号的幅度受到衰减，波形出现失真。这样，就限制了光脉冲信号在光纤中作长距离的传输。为此，就需在光波信号经过一定距离传输以后，要加一个光中继器，以放大衰减的信号，恢复失真的波形，使光脉冲得到再生，从而克服光信号在光纤传输中产生的衰减和色散失真，实现光纤通信系统的长途传输。

光中继器一般可分为光–光中继器和光–电–光中继器两种，前者就是光放大器，后者是由能够完成光电变换的光接收端机、电放大器和能够完成电–光变换的光发送端机组成。光放大器省去了光电转换过程，可以对光信号直接进行放大。因此结构比较简单，有较高的效率，在DWDM系统中广泛应用。当前实用的PDH光纤通信系统，一般采用光电–光中继器。

显然，一个幅度受到衰减、波形发生畸变的信号，经过中继器的均衡放大、再生之后，即可补偿了光纤的衰减，消除了失真和噪声的影响，恢复为原发送端的光脉冲信号继续向前传输。

3.4 光纤通信新技术

3.4.1 光纤孤子通信技术

光纤的损耗和色散是限制系统传输距离的两个主要因素，尤其是在Gbit/s以上的高速光纤通信系统中，由于光纤固有色散的影响，使所接收的光信号中存在脉冲展宽现象，严重限制了系统的传输距离。由此可见，在高速光纤数字通信系统中，色散是影响传输距离的主要问题。那么能否采取某种新技术，使光信号在传输过程中设法保持脉冲形状，不使其展宽，从而提高传输距离呢？这就需要通过光孤子通信技术来实现。

光孤子的概念可以概括为：某一相干光脉冲在通过光纤时，脉冲前沿部分作用于光纤，使之激活，而脉冲后沿部分则受到光纤的作用得到增益。这样，波前沿失去的能量和后沿得到的能量相抵，光脉冲就好像在完全透明的介质中传播一样，没有任何损耗，形成一个传播中稳定、不变形的光脉冲。光孤子的这种能在光纤传播中长时间保持形态、幅度和速度不变的特性使得实现超长距离、超大容量的光通信成为可能。

对于光纤通信来说，使用基态光孤子作为信息的载体，显然是一个理想的选择，它的波形稳定，原则上不随传输距离而改变，而且易于控制。近年来，光孤子通信取得了突破性进展。光纤放大器的应用对孤子放大和传输非常有利，它使孤子通信的梦想推进到实际开发阶段。光孤子在光纤中的传输过程需要解决如下问题：光纤损耗对光孤子传输的影响，光孤子通信涉及的关键技术如下。

3.4.1.1　适合光孤子传输的光纤技术

研究光孤子通信系统的一项重要任务就是评价光孤子沿光纤传输的演化情况。研究特定光纤参数条件下光孤子传输的有效距离，由此确定能量补充的中继距离，这样的研究不但为光孤子通信系统的设计提供数据，而且通常导致新型光纤的产生。

3.4.1.2　光孤子源技术

光孤子源是实现超高速光孤子通信的关键。根据理论分析，只有当输出的光脉冲为严格的双曲正割形，且振幅满足一定条件时，光孤子才能在光纤中稳定地传输。目前，研究和开发的光孤子源种类繁多，有拉曼孤子激光器、参量孤子激光器、掺饵光纤孤子激光器、增益开关半导体孤子激光器等。现在的光孤子通信试验系统大多采用体积小、重复增益开关DFB半导体激光器作光孤子源。理论和实验均已证明光孤子传输对波形要求并不严格，高斯光脉冲在色散光纤中传输时，由于非线性自相位调制与色散效应共同作用，光脉冲中心部分可逐渐演化为双曲正割形。

3.4.1.3　光纤损耗与光孤子能量补偿放大

利用提高输入光脉冲功率产生的非线性压缩效应，补偿光纤色散导致的脉冲展宽，维持光脉冲的幅度和形状不变是光纤孤子通信的基础。然而，只有当光纤损耗可以忽略时，这种特性才能保持。当存在光纤耗损时，孤子能量被不断吸

收，峰值功率减小，减弱了补偿光纤色散的非线性效应，导致孤子脉冲展宽。实际上，光孤子在光纤的传播过程中，不可避免地存在着损耗，不过光纤的损耗只降低孤子的脉冲幅度，并不改变孤子的形状。因此，补偿这些损耗成为光孤子传输的关键技术之一。

全光孤子放大器对光信号可以直接放大，避免了目前光通信系统中光/电、电/光的转换模式。它既可作为光端机的前置放大器，又可作为全光中继器，是光孤子通信系统极为重要的器件。实际上，光孤子在光纤的传播过程中，不可避免地存在着损耗。不过光纤的损耗只降低孤子的脉冲幅度，并不改变孤子的形状，因此，补偿这些损耗成为光孤子传输的关键技术之一。

目前有两种补偿孤子能量的方法，一种是采用分布式的光放大器的方法，另一种是集总的光放大器法。

（1）分布式放大。

分布式放大是指光孤子在沿整个光纤的传输过程中得以放大的技术，如图3-26所示。通过向普通传输光纤中注入泵浦光，产生喇曼效应，利用受激喇曼增益机制使孤子脉冲得到放大以补偿光纤损耗，当增益系数正好等于光纤损耗系数时，就能实现光孤子脉冲无畸变"透明"传输。

图3-26　分布式放大示意图

在分布式补偿放大孤子系统中，通过设计泵浦功率、掺铒浓度，使喇曼增益系数或铒光纤放大增益系数与光纤损耗系数处处相等，在理论上，光孤子能够稳定地维持在任意长的距离上。然而在实际系统中，不可能处处实现这种精确补偿，因而只能沿光纤每隔一定距离周期性地注入泵浦光，以对喇曼放大提供能量。泵浦距离的大小决定于光纤对光孤子和泵浦光的损耗以及孤子能量被允许偏离初始值的程度，通常典型泵浦距离为40~50km利用受激喇曼散射效应的光放大器是一种典型的分布式光放大器。其优点是光纤自身成为放大介质，然而石英光纤中的受激喇曼散射增益系数相当小，这意味着需要高功率的激光器作为光纤中产生受激喇曼散射的泵浦源，此外，这种放大器还存在着一定的噪声。

（2）集总式放大。

集总式放大如图3-27所示，与非孤子通信系统的放大方法相同，沿光纤线路周期性地接入集总式光纤放大器（EDFA），通过调整其增益来补偿两个光放大器之间的光纤耗损，从而达到使光纤非线性效应所产生的脉冲压缩恰恰能够补偿光纤群色散所带来的影响，以保持光孤子的宽度不变。集总放大方法是通过掺铒光纤放大器实现的，是当前孤子通信的主要放大方法。

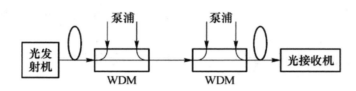

图3-27　集总式放大示意图

在光孤子通信系统中，中继距离在10~30km，与普通光纤通信系统情况下的中继距离50~100km相比要小得多。原因在于集总式EDFA长度很短，孤子脉冲几乎是受到突变式放大，而不是逐渐地、动态地调节，恢复基态孤子。由于光放大器只能在很短的距离上对光孤子进行放大，使其能量达到初始值，而被放大的光孤子仍将会在接下去的传输光纤上动态地调整其宽度，加之整个调整过程中还存在色散因素的影响，因此如果放大器的级数过多，便会造成色散的积累，这样只能通过减小放大器之间的距离来减小在这段距离上孤子脉冲所受到的干扰。然而，使用色散位移光纤，可以增大放大器之间的间距，一般为30~50km，所以在光孤子通信系统中使用色散位移光纤是必要的。

3.4.2　全光信号处理——光再生器

现在的光波系统大部分在电域中完成信号处理。如果信号处理是在发射端和接收端进行的，那么这种方法是可接受的；但是，如果信号处理需要在光网络的中间节点进行，这种方法就不太实用。例如，在某个中间节点处各个波分复用（WDM）信道的交换可能需要改变它的载波波长。信号处理的电域实现需要先用光接收机恢复电比特流，然后用工作在新波长处的光发射机重新生成波分复用信道。全光方法简单地将信道送到一个非线性光学器件（称为波长转换器）中，它可以改变载波波长而不会影响它的数据内容。另一个例子是光再生器，它可以净化并放大光信号，而无须做任何光–电转换。

全光信号处理的一个重要应用是对劣化的光信号进行再生。一个理想的光再生器通过实现三个功能，即再放大、再整形和再定时，将劣化的比特流转换成它的原始形式，这种器件称为3R再生器（3R Regenerator），以强调它们完成所有这三个功能。借用这个术语，光放大器可以归为1R再生器（1R Regenerator），因为它们只是放大比特流。完成前两个功能的器件称为2R再生器（2R Regenerator）。既然2R和3R再生器不得不工作在比比特隙短的时间尺度上，以实现脉冲的再整形和再定时，根据光信号比特率的不同，它们必须工作在10ps或更短的时间尺度上。由于光纤非线性效应的响应时间可达飞秒量级，光再生器经常使用高非线性光纤。然而，人们也在寻求使用半导体光放大器，因为它们需要的功率较低。

3.4.2.1　基于光纤的2R再生器

光纤中所有三种主要的非线性效应，即自相位调制、交叉相位调制和四波混频，都可以用于光再生。1998年，提出基于自相位调制的2R再生器，以实现RZ信号的再生；近年来，这种2R再生器已得到广泛研究。图3-28给出了这种方案的基本思想：在带噪声的失真信号通过高非线光纤传输之前，首先用掺铒光纤放大器对其放大，由于自相位调制引起的频率啁啾，信号频谱在高非线性光纤中被大幅展宽；然后信号通过一个其中心波长可以精心选择的带通滤波器（BPF），由此得到的输出比特流的噪声大幅降低，脉冲特性也得到显著改善。

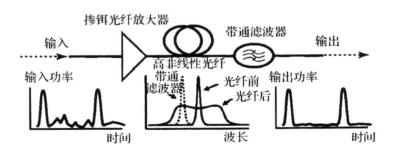

图3-28　基于自相位调制的2R再生器及其对比特流的影响

对其相位被非线性地改变的比特流进行频谱滤波，能在时域中改善信号的质量，乍一看这好像有点奇怪。然而，容易看出为何采用这种方案能从"0"比特中去除噪声。由于"0"比特中的噪声功率相当低，因此在"0"比特期间频谱不会展宽太多；如果光滤波器的通带偏移输入频谱的峰值足够远，则光滤波器将阻隔该噪声。在实际应用中，选择该偏移以使表示"1"比特的脉冲通过光滤波器而无太多失真。"1"比特的噪声也得到降低，因为峰值功率的微小变化不会明显影响脉冲的频谱，导致输出比特流"干净"得多。

如果忽略高非线性光纤内的色散效应，光纤内的自相位调制只影响光场的相位，则有

$$U(L,t) = U(0,t)\exp\left[i\gamma P_0 L_{eff}\left|U(0,t)\right|^2\right]$$

式中，$L_{eff} = \left(1 - e^{-\alpha L}\right)/\alpha$ 是长度为 L 且损耗参数为 α 的光纤的有效长度，P_0 是脉冲的峰值功率，$U(0,t)$ 表示输入比特流的比特模式。由于光滤波器在频域中起作用，则滤波后的光场可以写成

$$U_f(t) = F^{-1}\left\{H_f\left(\omega - \omega_f\right)F\left[U(L,t)\right]\right\}$$

式中，F 是傅里叶变换算符，$H_f\left(\omega - \omega_f\right)$ 是光滤波器的传递函数，ω_f 是光滤波器相对于脉冲载波频率的偏移。

基于自相位调制的再生器的性能取决于三个参数：最大非线性相移 $\phi_{NL} \equiv \gamma P_0 L_{eff}$，光滤波器通带偏移 ω_f，以及光滤波器带宽 $\delta\omega$，其中 $\delta\omega$ 必须足够大以容下整个信号，这样光脉冲的宽度可不受影响。于是，只剩下了两个设计参数：2005年，用高斯脉冲和传递函数也为高斯型的光滤波器对这两个参数的最佳值进行了研究，通常，ϕ_{NL} 不能太大，因为如果频谱太宽，光滤波器引起的损耗就会太大。ϕ_{NL} 的最佳值接近 $3\pi/2$，因为此时自相位调制展宽频谱表现出在脉冲的原始载波频率处有一个深的下陷的双峰结构。注意，$\phi_{NL} = L_{eff}/L_{NL}$，这里 L_{NL} 是非线性长度，因此最佳长度 L_{eff} 接近 $5L_{NL}$。在这种情况下，发现光滤波器通带偏移的最佳值为 $\omega_f = 3/T_0$，这里 T_0 是功率分布为 $P(t) = P_0\exp\left(-t^2/T_0^2\right)$ 的高斯脉冲的半宽度。

只要色散效应可以忽略，以上分析就是正确的。在高比特率下，光脉冲很短，色散效应不可以再忽略不计，然而，必须区分正常色散和反常色散两种情况。20世纪90年代，在孤子系统范畴内研究了反常群速度色散（GVD）的情况，在这种情况下，自相位调制和GVD均发生在传输光纤内部。还考虑过使用其设计

与图3-28所示的设计类似的孤子再生器,它们的不同之处是,对于孤子再生器光滤波器的通带中心位于载波频率处。在正常GVD的情况下,基于自相位调制的再生器是利用其通带中心偏移载波频率的光滤波器设计的,但重要的是将色散效应包括在内。大量理论工作已经表明,2R再生器的优化对色散的大小极其敏感。在40Gbps比特率下进行的实验也表明,输入光纤中的最佳功率取决于光纤长度和光滤波器通带的偏移,为了使这种再生器工作良好,必须对它们进行优化。

采用具有大的$\bar{n}_2$值的非石英光纤,可以大幅减小所需的光纤长度。在2005年的一个实验中,使用了一段2.8m长的硫化物(As$_2$Se$_3$)光纤,这种光纤在1550mm附近表现出大的正色散($\beta_2 > 600\,\mathrm{ps^2/km}$)。然而,结果显示,这样大的$\bar{n}_2$值实际上有助于改善器件的性能而不是妨碍它。大的非线性参数值($\gamma \approx 1200\,\mathrm{W^{-1}/km}$)使需要的峰值功率减小到约为1W,而对于本实验中采用的5.8ps脉冲而言,大的β_2值使色散长度L_D减小到约为18m。在这种条件下,最佳光纤长度接近3m。

在2006年的一个实验中,使用了1m长的氧化铋光纤和可调谐1nm带通滤波器,滤波器的中心波长偏移输入10Gbps比特流的载波波长1.7mm。对于这种在1550mm波长还表现出330ps^2/km的正常色散的短光纤,损耗可以忽略不计(约为0.8dB)。这种光纤的非线性参数y的值接近1100W^{-1}/km。由于高非线性和正常色散,当输入脉冲的峰值功率足够高(约为8W),以至于能引起明显的频谱展宽时,用这种光纤可以较好地实现2R再生器的功能。

交叉相位调制这种非线性现象对光再生也有用。任何将自相位调制和交叉相位调制效应结合起来以产生的非线性器件,都可以用来作为2R再生器。非线性光纤环形镜正是这样的非线性器件,早在1992年,就用它实现光再生,在该实验中,利用交叉相位调制引起的相移改变非线性光纤环形镜的透射率并再生比特流。不久以后,从理论上分析了这种器件,并将它用于孤子系统中脉冲的光再生1W利用通过交叉相位调制改变偏振态的克尔光闸可提供工作在40Gbps比特率下的光再生器。

3.4.2.2　基于半导体光放大器的2R再生器

基于半导体光放大器的波长转换器可以作为2R再生器,因为它们将劣化信号的比特模式转移到新波长的连续光中,完成这一转移过程后,新信号的信噪比要比原始信号的信噪比好得多。因为半导体光放大器还能提供放大和脉冲整形,除了信号波长发生变化，新比特流具有2R再生器提供的所有特性。在2000年的一个实验中，当利用两臂中带有两个半导体光放大器的MZ干涉仪作为波长转换器时，40Gbps劣化信号的光信噪比提高了20dB，在输入和输出端口附近加入另外4个半导体光放大器，以确保转换信号还能被放大。

有几种方案可以在不改变波长的情况下提供2R再生，其中的两种如图3.29所示。在2002年的一个实验中，使用了带有一个2×2多模干涉（MMI）耦合器的半导体光放大器。这种半导体光放大器作为一个定向耦合器，它将低功率信号转移到它的交叉端口；相反，高功率信号不但使半导体光放大器的增益饱和，而且它还出现在直通端口。结果，当"0"比特和"1"比特通过半导体光放大器时，它们的噪声都会下降。图3-29中的第二种方案通过一个光环行器将可饱和吸收体（镀到镜上）与一个半导体光放大器组合在一起，这种器件可起到2R再生器的作用，因为低功率的"0"比特被吸收，而高功率的"1"比特被半导体光放大器反射和放大。可饱和吸收体显著降低了"1"比特的强度噪声。图3-29中的维持光束有助于缩短半导体光放大器的增益恢复时间，以便它可以工作在10Gbps或更高的比特率下。如果利用InGaAsP量子阱（与制作半导体光放大器的材料相同）在反向偏置下的电吸收特性，那么也可将可饱和吸收体与半导体光放大器集成在同一个芯片上。在这种设计方式下，半导体光放大器后接一可饱和吸收体，如有必要，可重复这一级联模式。同前面一样，"0"比特被可饱和吸收体吸收，而"1"比特可通过可饱和吸收体。

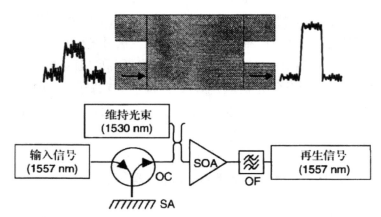

图3-29　基于半导体光放大器的2R再生器的两种设计：上图是带有MMI设计的半导体光放大器；下图是利用光环行器（OC）组合了一个可饱和吸收体（SA）的半导体光放大器，OF代表光滤波器

另一种方案利用了半导体光放大器中的交叉增益饱和，当两个光波被同时放大时，就会发生交叉增益饱和现象。这种方案的新特性是，劣化比特流和波长不同的比特反相副本一同输入半导体光放大器中，这个比特反相副本是通过作为波长转换器的另一个半导体光放大器由原始信号产生的。

3.4.2.3　基于光纤的3R再生器

正如在前面提到的，3R再生器除了再放大和再整形，还具有再定时的功能，以减小输入比特流的定时抖动。20世纪90年代，利用光调制器在孤子系统中实现了此目的；光调制器对3R再生器通常是必需的。从输入数据中提取的电时钟信号驱动光调制器，并提供与每个比特隙的持续时间有关的定时信息。图3-30所示为一个基于自相位调制的3R再生器。对包含周期间距的这种3R再生器的光纤链路的数值模拟表明，定时抖动确实显著减小。早在2002年，就用这种方法将40Ghps信号在400km长的循环光纤环路上传了1000000km，其中用于驱动光调制器的40GHz电时钟是从输入比特流中提取的。2002年的另一个实验在基于光纤的再生器后利用基于半导体光放大器的波长转换器，将40Ghps信号传输了100000km。为减小比特流的定时抖动，已提出几种基于光纤的方案。在其中一种方案中，发现将单个相位调制器与色散光纤相结合，可有效减小定时抖动。在另一种方案中，利用光与门将数据脉冲与时钟脉冲相关。色散补偿光纤与光纤光栅相结合也能有效抑制信道内交叉相位调制效应引起的定时抖动。在一种有趣的方案中，首先用采样光纤光栅将数据脉冲展宽并整形为近似矩形，然后将这些脉冲注入作为光开关并通过窄时钟脉冲驱动的非线性光纤环形镜中。时钟脉冲通过交叉相位调制改变每个数据脉冲的相位，并只将它的中央部分导向输出端口，由此产生定时抖动小得多的再生数据。如果不用光纤光栅，那么这种光开关无法将定时抖动减小太多。

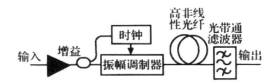

图3-30　基于自相位调制的3R再生器

3R再生器的一个简单设计利用了高非线性光纤（其后置一光滤波器）中的交叉相位调制。

作为可饱和吸收体的电吸收调制器也能通过交叉吸收调制过程消除定时抖动。在这种方案中，首先用2R再生器降低噪声，然后将强数据脉冲和低功率时钟脉冲一起通过可饱和吸收体，当数据流中出现逻辑"1"时，时钟脉冲被吸收，否则被透射。由此得到的输出是几乎没有定时抖动的原始比特流的比特反相副本。

3.4.2.4　基于半导体光放大器的3R再生器

与光纤的情况类似，可以将任意一个基于半导体光放大器的2R再生器与一个调制器（用等于比特率的电时钟驱动）结合在一起，从而得到一个3R再生器。在2009年的一个实验中，将如图3—29所示的2R再生器与一个电吸收调制器相结合，以对输入的43Gbps比特流提供再定时，其中电吸收调制器需要的电时钟是通过时钟恢复电路（由一个40GHz的光电二极管和一个锁相环组成）从输入信号中提取的。通过将这种3R再生器置于长度可在100～300km范围内变化的循环光纤环路内，研究了它的级联性。当环路长度或再生距离为200km或更短时，43Gbps信号可以传输10000km。

读者可能会问，能否用光时钟替代电时钟？早在2001年，就用这种方法实现了3R再生器，如图3—31（a）所示。该器件实质上是一个波长转换器，它用单个半导体光放大器后接一个可在其两臂之间提供一个比特周期的相对延迟的非平衡MZ干涉仪设计而成。波长为　　的光信号和波长为λ_2的光时钟（重复频率等于信号比特率）一同输入半导体光放大器中，当没有信号时（"0"比特期间），时钟脉冲通过器件；当有信号时（"1"比特期间），时钟脉冲被阻隔。结果，输入信号的比特模式被转移到比特反相的这个时钟脉冲上，时钟脉冲现在就起到具有新波长的再生信号的作用。

在两种情况下器件都是作为波长转换器使用的，但要用光时钟（重复频率等于信号比特率）替代连续光

图3—31（b）所示的另一种方案基于同样的想法，但使用的是在其每一条臂中各带有一个半导体光放大器的平衡M2干涉仪。该器件也是一个波长转换器，唯一不同是用重复频率等于信号比特率的光时钟替代了连续光。这种方案的一个优点是，再生发生时没有输入比特模式的反转。这种3R再生器是如何工作的呢？实质上，数据脉冲打开光开关的时间比一个比特隙短，但比它们（数据脉

冲）的宽度长；时钟脉冲与数据脉冲是同步的，这样它们能出现在这一开关窗口内。因为使用了间隔规则的时钟脉冲作为新波长的再生信号，于是在输出端消除了定时抖动。在2002年的实验中，成功使这种器件工作在84Gbps的比特率下。

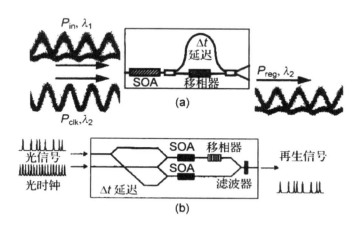

图3-31　基于半导体光放大器的3R再生器的两种设计

光时钟的使用需要一台能以等于输入信号比特率的重复频率工作的锁模激光器，但光时钟的脉冲序列必须与信号的数据脉冲同步，在实际应用中这是一项艰巨的任务。一种替代方法是从输入信号中提取光时钟，近年来，在从输入信号中提取光时钟来实现3R再生器方面已取得很大进展。一个简单的想法是基于频谱滤波的概念：如果将光信号通过一个多峰光滤波器（如FP滤波器），并且该光滤波器相对窄的透射峰恰好以等于信号比特率的间隔分开，则滤波后的频谱将由一个频梳组成，该频梳相当于重复频率等于信号比特率的光脉冲的一个周期序列或光时钟。在2004年的一个实验中，使用可调谐FP滤波器并结合一个半导体光放大器（作为振幅均衡器），提取出具有振幅噪声低（小于0.5%）和定时抖动小（小于0.5ps）的40GHz光时钟。几种其他方案也已用于提取光时钟，其中包括基于电吸收调制器、自脉动DFB激光器或量子点激光器、锁模环形激光器或锁模半导体激光器以及FP型半导体光放大器的那些光时钟提取方案。

3.4.2.5　相位编码信号的再生

到目前为止，本节已经考虑了NRZ或RZ比特流的全光再生，但前面讨论的大部分方案并不适用于相位编码信号的再生，因为它们的工作是基于"0"比特和"1"比特不同的功率电平。最近，已发展了再生RZ-DPSK信号的几种技术。

在2007年的一个实验中，在非线性光纤环形镜的一端利用一个双向掺铒光纤放大器替代定向衰减器，以实现RZ-DPSK信号的再生。其中输入信号在光纤耦合器处被不对称地分成两部分，这样较弱的子脉冲首先通过掺铒光纤放大器放大，而较强的子脉冲在Sagnac环内环行一周后才通过掺铒光纤放大器放大。结果，较弱子脉冲的自相位调制引起的相移大得多，由于输出脉冲的相位被较强的子脉冲设定，非线性光纤环形镜不会使输出脉冲的相位严重失真。

例如，如果非线性光纤提供了反常色散，并在它前面插入一个可饱和吸收体，则信号的相位可以在较长距离上几乎保持不变。在这种情况下，孤子效应和窄带滤波相结合降低了振幅噪声并对RZ脉冲进行了整形，而不会显著影响信号的相位。通过在零色散波长附近泵浦光纤并增加信号功率使参量增益饱和，还可以采用基于四波混频的方法。通过级联四波混频能产生多个闲频，然而，必须设置光滤波器使之选出信号并阻隔所有闲频，以使包含在信号相位中的信息的劣化最小。为了再生RZ-DPSK信号，研究人员还提出了基于交叉相位调制的方案。

以上方案通过降低振幅噪声（同时保留它们的相位）来再生RZ脉冲，但它们不能降低相位噪声。基于四波混频的方法通过利用MZ干涉仪或Sagnac干涉仪的相敏放大完成了这个任务。在2005年的一个实验中，使用6km长的Sagnac环（或非线性光纤环形镜）在100mW的泵浦功率下实现了大于13dB的相敏增益，因为相位噪声降低至足够小，再生RZ-DPSK信号的误码率性能改善了100倍。在后来的实验中，利用同样的光纤环大幅降低了振幅噪声和相位噪声。

用于RZ-DPSK信号的基于光纤的3R再生器的设计如图3-32所示，它在2R再生器的前面加入1bit延迟干涉仪，2R再生器的输出馈入通过从信号中恢复的光时钟（或由脉冲光源获得）驱动的基于光纤的相位调制器中。延迟干涉仪的作用是将输入的RZ-DPSK信号转换成其噪声通过2R振幅再生器降低的RZ-ASK信号，最后用再生的数据流通过光纤中的交叉相位调制，调制时钟脉冲的相位。在2008年的一个实验中，使用2.4km长的高非线性光纤作为相位调制器并结合基于光纤的2R再生器组成3R再生器，这种器件将输入的RZ-DPSK比特流的振幅噪声和相位噪声同时降低。2009年的一个实验表明，该器件还能减小显著影响RZ-DPSK信号的非线性相位噪声的影响。

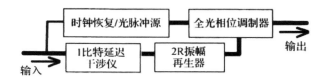

图3-32 用于RZ-DPSK信号的基于光纤的3R再生器的方框图

RZ-DOPSK（归零码-差分正交相移键控）信号的光再生也在实际应用中引起了极大关注，为此目的，在2007年的一个实验中，使用2km长的非线性光纤环形镜再生80Gbps的信号。数值模拟表明，还可以成功地使用相敏放大。图3-32所示的方案甚至可以推广到RZ-DOPSK信号再生的情况，但需要两个延迟干涉仪、两个2R再生器和两个相位调制器，以处理单个符号4个可能的相位。

第4章　传感技术基础

传感器是人类从自然界获取信息的触角。在人类文明的发展进程中，感受、处理外部信息的传感技术占有一定的地位。在古代，感知由人的感官来实现，人观天象而仕农耕，察火色而冶铜铁。自18世纪产业革命以来，尤其是在20世纪信息革命中，传感技术逐渐通过人造器官也就是传感器来实现。

人能够借助五种感官（视、听、嗅、味、触）来接收外部信息，再通过大脑的思维，进而执行不同的动作。人们对传感器的通俗称谓是"电五官"，如果采用计算机控制的自动化装置执行各类操作，那么，计算机就起到了大脑的作用，传感器就起到了五官的作用。人体的器官是非常有效的传感器，例如，人的手指具有的触觉十分灵敏，能够起到多种作用，借助手指人类能够感受物体的冷热、软硬、轻重和外力的大小。与此同时，手指还有一些特殊的手感，例如对织物的手感、对液体黏度的手感等。但人体感官同样存在不足，在许多方面传感器的性能已经凌驾于人的感官之上。

4.1　传感器及其分类

如今人类正处在信息社会，传感器也早已应用到各行各业，在国防、航空、航天、交通运输、能源、机械、石油、化工、轻工、纺织等部门和环境保护、生物医学工程等各个方面都起到了不可替代的作用。例如，在工业领域，可以利用传感器收集各类信息；在铁路领域，可以利用传感器采集机车的状态信息，从而确保动车组的安全高速运行；在航空航天领域，宇宙飞船和飞机也都使用了数以千计的传感器。

除了在国防、工业生产以及高科技产品中，在人们的日常生活中也处处有传感器的身影。例如，人们通过在摩托车防盗器上安装的振动测量传感器来检查摩托车是否被移动或者碰撞，以达到保护摩托车安全的目的；人们通过在手机上安装的触摸屏来达到手写输入的目的……

4.1.1 传感器的定义及其组成

《传感器通用术语》（GB 7665—2005）对传感器的定义：能感受被测量并按照一定的规律转换成可用输出信号的器件或装置。它获取的信息可以为各种物理量、化学量和生物量，而转换后的信息也可以有各种形式。

传感器的定义包含了以下含义。

（1）传感器是测量装置，可以实现检测任务。

（2）它的输入量是某一被测量，可能是物理量，也可能是化学量、生物量等。

（3）它的输出量是某一物理量，这种量要便于传输、转换、处理和显示等，可以是气、光、电等量，目前主要是电物理量。

（4）输出量与输入量有确定的对应关系，且应具有一定的精确度。

由于经传感器转换得到的信号多数是电信号，因此，从狭义上来说，传感器是把外界输入的非电信号转换成电信号的装置。一般也称传感器为变换器、换能器和探测器，其输出的电信号被陆续输送给后续配套的测量电路及终端装置，以便进行电信号的调理、分析、记录或显示等。

传感器通常由直接响应于被测量的敏感元件和产生可用信号输出的转换元件以及相应的转换电路组成，其组成框图如图4-1所示。

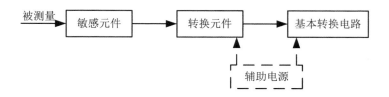

图4-1 传感器的组成

实际上，有些传感器很简单，有些则较复杂。最简单的传感器由一个敏感元件（兼转换元件）组成，它感受被测量时直接输出电量，如热电偶传感器等。

有些传感器由敏感元件和转换元件组成，因转换元件的输出已是电量，故无须转换电路，如压电式加速度传感器等。有些传感器的转换元件不止一个，被测量要经过若干次转换。

敏感元件与转换元件在结构上常是安装在一起的，为了减小外界的影响，转换电路也希望和它们安装在一起，不过由于空间的限制或者其他原因，转换电路常装入电箱中。不少传感器要在通过转换电路后才能输出电信号，从而决定了转换电路是传感器的组成部分之一。

随着集成电路制造技术的发展，现在已经能把一些处理电路和传感器集成在一起，构成集成传感器。进一步的发展是将传感器和微处理器相结合，将它们装在一个检测器中，形成一种新型的"智能传感器"。它将具有一定的信号调理、信号分析、误差校证、环境适应等能力，甚至具有一定的辨认、识别、判断的功能。这种集成化、智能化的发展无疑对现代工业技术的发展将发挥重要的作用。

传感器除了需要敏感元件和转换元件两部分，还需要转换电路的原因是进入传感器的信号幅度是很小的，而且混杂有干扰信号和噪声，需要相应的转换电路将其变换为易于传输、转换、处理和显示的物理量形式。另外，除一些能量转换型传感器外，大多数传感器还需外加辅助电源，以提供必要的能量，有内部供电和外部供电两种形式。

4.1.2　传感器的功能

传感器的作用就是测量。没有传感器，就不能实现复杂测量；没有测量，也就没有科学技术。传感器的功能主要表现在以下两个方面。

（1）信息收集。

信息收集是指将被测量按照一定的规律转换成可用输出信号，从而达到有效控制的目的。例如，现在小区门口使用的车牌自动识别系统的摄像头就属于此类传感器。

（2）信号数据的转换。

把以文字、符号、代码、图形等多种形式记录在纸或胶片上的信号数据转换成计算机、传真机等易处理的信号数据，或者读出记录在各种媒体介质上的信息并进行转换。例如，CD机上的信息读出磁头就是一种传感器。

4.1.3 传感器的分类

一般来说，测量同一种被测参数可以采用的传感器有多种。反过来，同一个传感器也可以用来测量多种被测参数。而基于同一种传感器原理或同一类技术可制作多种被测量的传感器，因此传感器产品多种多样。传感器种类繁多，功能各异。由于同一被测量可用不同转换原理实现探测，利用同一种物理法则、化学反应或生物效应可设计制作出检测不同被测量的传感器，故传感器有不同的分类法。常用的分类方法有如下几种。

4.1.3.1 按传感器的工作原理分类

按传感器的工作原理可将传感器分为物理量传感器、化学量传感器、生物量传感器、MEMS传感器和集成传感器五大类。

物理量传感器比较多，如基于光、电、声、磁、热等效应进行工作的传感器。被测信号量的微小变化都将转换成电信号。可以将传感器分为电阻式传感器（被测对象的变化引起了电阻的变化）、电感式传感器（被测对象的变化引起了电感的变化）、电容式传感器（被测对象的变化引起了电容的变化）、应变电阻式传感器（被测对象的变化引起了敏感元件的应变，从而引起电阻的变化）、压电式传感器（被测对象的变化引起了电荷的变化）、热电式传感器（被测对象温度的变化引起了输出电压的变化）等。

化学量传感器是基于化学吸附、选择性化学反应等进行工作的传感器。将各种化学物质的特性（如气体、离子、电解质浓度、空气湿度等）的变化定性或定量地转换成电信号，如离子敏传感器、气敏传感器、湿敏传感器和电化学传感器。

生物量传感器是基于酶膜、线粒体电子传递系统粒子膜、微生物膜、抗原膜等对生物物质的分子结构具有选择性识别功能的原理而进行工作的传感器。

常见传感器的品种和工作原理列于表4–1。

表4-1　传感器的品种及工作原理

传感器品种	工作原理	可被测定的非电学量
敏力电阻半导体传感器、热敏电阻半导体传感器	阻值变化	力、重量、压力、加速度、温度、湿度、气体
电容传感器	电容量变化	力、重量、压力、加速度、液面、湿度
感应传感器	电感量变化	力、重量、压力、加速度、转矩、磁场
霍尔传感器	霍尔效应	角度、力、磁场
压电传感器、超声波传感器	压电效应	压力、加速度、距离
热电传感器	热电效应	烟雾、明火、热分布
光电传感器	光电效应	辐射、角度、位移、转矩

4.1.3.2　按检测过程中对外界能源的需要与否分类

按是否依靠外界能源工作进行分类，可将传感器分为有源传感器和无源传感器。有源传感器的敏感元件工作不需要外加电源；无源传感器工作时需外加电源。例如，测量温度的热敏电阻就是无源传感器。而压电式传感器、热电偶就是有源传感器。

有源传感器也称为能量转换型传感器或换能器，能将一种能量形式直接转变成另一种，不需要外接的能源或激励源[见图4-2（a）]，如超声波换能器、热电偶、光电池等。

与有源传感器相反，无源传感器不能直接转换能量形式，但它能控制从另一输入端输入的能量或激励能[见图4-2（b）]，故其也称为能量控制型传感器。大部分传感器（如湿敏电容传感器、热敏电阻传感器等）都属于这类。由于需要为敏感元件提供激励源，无源传感器通常比有源传感器有更多的引线，传感器的总体灵敏度受到激励信号幅度的影响。此外，激励源的存在可能增加在易燃易爆气体环境中引起爆炸的风险，在某些特殊场合应用的话需要引起足够的重视。

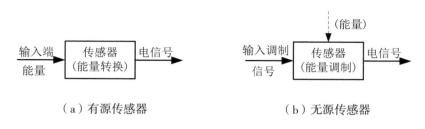

（a）有源传感器　　　　　　　　　　（b）无源传感器

图4-2　传感器的信号流程

4.1.3.3　按传感器输出信号的类型分类

按照传感器输出信号的类型，传感器可分为模拟式与数字式两类。

（1）模拟式传感器。

模拟传感器——将被测量的非电学量转换成模拟电信号，其输出信号中的信息一般以信号的幅度表达。

（2）数字式传感器。

数字传感器——将被测量的非电学量转换成数字输出信号（包括直接和间接转换）。数字传感器不仅重复性好，可靠性高，而且不需要模数转换器（ADC），比模拟信号更容易传输。由于敏感机理、研发历史等多方面的原因，目前真正的数字传感器种类非常少，许多所谓的数字传感器实际只是输出为频率或占空比的准数字传感器。

准数字传感器——将被测量的信号量转换成频率信号或短周期信号输出（包括直接或间接转换）。准数字传感器输出为矩阵波信号，其频率或占空比随被测参量变化而变化。由于这类信号可以直接输入微处理器内，利用微处理器的计数器即可获得相应的测量值，因此准数字传感器与数字集成电路具有很好的兼容性。

开关传感器——当一个被测量的信号达到某个特定的阈值时，传感器相应地输出一个设定的低电平或高电平信号。

4.1.3.4　接传感器是利用场的定律还是利用物质的定律进行分类

按传感器是利用场的定律还是利用物质的定律进行分类，可将传感器分为结构型传感器和物质型传感器。二者组合兼有两者特征的传感器称为复合型传感器。场的定律是关于物质作用的定律，如动力场的运动定律、电磁场的感应定律、光的干涉现象等。利用场的定律做成的传感器有电动式传感器、电容式传感器、激光检测器等。物质的定律是指物质本身内在性质的规律，如弹性体遵从的胡克定律，晶体的压电性，半导体材料的压阻、热阻、光阻、湿阻、霍尔效应等。利用物质的定律做成的传感器有压电式传感器、热敏电阻、光敏电阻、光电二极管、光电晶体管等。

4.1.3.5 按传感器制造工艺分类

不同的传感器制造工艺不尽相同，按制造工艺，可将传感器分为MEMS集成传感器、薄膜传感器、厚膜传感器和陶瓷传感器等。

MEMS集成传感器的制造工艺与生产硅基半导体集成电路的标准工艺相同，制造过程中，会把用于初步处理被测信号的部分电路都集成在同一芯片上。

薄膜传感器是由沉积在介质衬底（基板）上相应敏感材料的薄膜形成的。使用混合工艺时，同样可将部分电路制造在此基板上。

厚膜传感器是利用相应材料的浆料涂覆在陶瓷基片上制成的，基片通常是由Al_2O_3制成的，需要进行热处理，使厚膜成形。

陶瓷传感器采用标准的陶瓷工艺或其某种变种工艺（溶胶−凝胶等）生产。

后两种传感器的生产工艺具有许多共同之处，在某些方面，可以认为厚膜工艺是陶瓷工艺的一种变形。每种工艺技术都有优点和缺点。由于研究、开发和生产所需的资本不同等原因，可以根据实际情况选择不同类型的传感器。本书所罗列的只是一部分传感器的类型，随着我国工业化程度的提高，又出现了许多新型的传感器，在此本书不做更深的探讨。

4.2 信息获取与信息感知

4.2.1 信息获取

所谓信息获取是指人类从自然界或潜在的信息源获取信息，经感知、转换、处理、传输、识别、理解、判断、归纳等过程，转化为人们认识信息源运动状态与方式的依据。人类依靠五官获取信息，而传感器作为五官的延伸，成为获取信息的工具。

传感器能够感受规定的被测量并按照一定规律转换成可用输出信号的器件或装置，通常由敏感元件和转换元件组成。敏感元件是感知信源信息的部分；转换元件是指传感器中能将敏感元件感受到的信息转换成适于传输或测量的电信号的部分。所以，传感器的任务是感知信息，是遵循一定的规律将信源的信号转换成便于识别和分析处理的物理量或信号的装置。大多数传感器是将各种自然信息转换成电气量，如电压或电流信号等。

4.2.2 传感器涉及的基础理论

4.2.2.1 自然规律是传感技术的理论依据

传感器的任务是信息感知，其理论依据是涉及实现感受并转换信息、增强感受信息、提升识别理解信息能力的各种自然规律，以及物理、化学、生物、数学等学科中与信息提取相关的定律、定理。它们可以归纳为四个方面：

（1）自然界普遍适用的自然规律。

（2）物质相互作用的效应原理。

（3）实现效应的功能材料。

（4）相关技术学科的前沿技术。

传感技术的核心部件传感器一般包括敏感元件、转换元件以及相应的转换处理电路，本章只讨论涉及与敏感元件、转换元件直接相关的基础理论。

4.2.2.2 传感理论基础

传感器要正确执行其功能，获得良好的性能，必须遵守和利用多种自然科学规律。凡是不符合自然科学规律的，是不可能制成传感器的。归纳已有传感器的情况，涉及的自然定律和基础理论有：

（1）自然界普遍适用的自然规律。

①守恒定律。它包括能量守恒定律、动量守恒定律、电荷守恒定律等。

②关于场的定律。它包括动力场的运动定律、电磁场感应定律和光的电磁场干涉定律等。

③物质定律。它包括力学、热学、梯度流动的传输和量子现象等。

④统计物理学法则。

（2）物质相互作用的效应原理及功能材料。

功能材料是传感器技术的一个重要基础，由于材料科学的进步，在制造各种材料时，人们可以控制它的成分，从而可以设计与制造出各种用于传感器的功能材料。传感器功能材料是指利用物理效应和化学、生物效应原理制作敏感元件的基体材料，是一种结构性的功能材料，其性能与材料组成、晶体结构、显微组织和缺陷密切相关。传感器性能、质量在很大程度上取决于传感器功能材料。物质的各种效应，归根结底都是物质的能量变换的一种方式。传感器就是通过感受这种具体能量变换中释放出来的信息，感知被测对象的运动状态与方式。

传感技术涉及材料的研究开发工作，可以归纳为下述三个方向：

①在已知的材料中探索新的现象、效应和反应，然后使它们能在传感器技术中得到实际使用。

②探索新的材料，应用那些已知的现象、效应和反应来改进传感器技术。

③在研究新型材料的基础上探索新现象、新效应和反应，并在传感器技术中加以具体实施。

（3）测量及误差理论。

传感器是一种测量器件，一个理想的传感器我们希望它们具有线性的输入输出关系。但由于敏感元件材料的物理性质缺陷和处理电路噪声等因素的影响，实际传感器输入输出总是存在非线性关系，存在着各式各样的误差。在测量系统中，传感器作为前端器件，其误差将直接影响测量系统的测量精度，所以传感器与测量及误差理论息息相关。

（4）信息论、系统论与控制论。

信息论是由美国数学家香农创立的，它是用概率论和数理统计方法，从量的方面来研究系统的信息如何获取、加工、处理、传输和控制的一门科学。信息论认为，系统正是通过获取、传递、加工与处理信息而实现其有目的的运动的。信息论能够揭示人类认识活动产生飞跃的实质，有助于探索与研究人们的思维规律，推动与进化人们的思维活动。

系统论是研究系统的模式、性能、行为和规律的一门科学。它为人们认识各种系统的组成、结构、性能、行为和发展规律提供了一般方法论的指导。

控制论则为人们对系统的管理和控制提供了一般方法论的指导——它是数学、自动控制、电子技术、数理逻辑、生物科学等学科和技术相互渗透而形成的综合性科学。为了正确地认识并有效地控制系统，必须了解和掌握系统的各种信息的流动与交换，信息论为此提供了一般方法论的指导。

系统理论目前已经显现出几个值得注意的趋势和特点。第一，系统论与控制论、信息论、运筹学、系统工程、电子计算机和现代通信技术等新兴学科相互渗透、紧密结合的趋势；第二，系统论、控制论、信息论，正朝着"三归一"的方向发展，现已明确系统论是其他两论的基础；第三，耗散结构论、协同学、突变论、模糊系统理论等新的科学理论，从各方面丰富发展了系统论的内容，有必要概括出一门系统学作为系统科学的基础科学理论。

（5）非线性科学理论。

非线性科学是一门研究各类系统中非线性现象的共同规律的一门交叉科学。非线性科学目前有六个主要研究领域，即混沌、分形、模式形成、孤立子、元胞自动机和复杂系统，而构筑多种多样学科的共同主题乃是所研究系统的非线性。由于学科的交叉性，非线性科学和一些新学术如突变论、协同论、耗散结构论有相通处，并从中吸取有用的概念理论。但非线性现象很多，实正的非线性科学只考虑那些机制比较清楚，现象可以观测、实验，且通常还有适当的数学描述和分析工具的研究领域。随着科学技术的发展，这个范围将不断扩大。

非线性理论在传感器方面的成功应用体现在混沌传感和模糊传感。

4.3　传感器的基础效应

从原理上讲，传感器都是以物理、化学及生物的各种规律或效应为基础的，因此了解传感器所基于的各种效应，对学习、研究和使用各种传感器是非常必要的。本节将介绍一些传感器的主要基础效应。

4.3.1　物质效应与物性型传感器

物性型传感器是利用某些物质（如半导体、陶瓷、压电晶体、强磁性体和超导体）的物理性质随外界待测量的作用而发生变化的原理制成的。它利用了诸多的效应（包括物理效应、化学效应和生物效应）和物理现象，如利用材料的压阻、湿敏、热敏、光敏、磁敏、气敏等效应，把应变、湿度、温度、位移、磁场、煤气等被测量变换成电量。而新原理、新效应（如约瑟夫逊效应）的发现和利用，新型材料的开发和应用，使传感器得到很大发展，并逐步成为传感器发展的主流。因此，了解传感器所基于的各种效应，对传感器的深入理解、开发和使用是非常必要的。表4-2列出了主要物性型传感器所基于的效应及所使用的材料。

表4-2　物性型传感器的基础效应及所使用的材料

检测对象	类型	所利用的效应	输出信号	传感器或敏感元件举例	主要材料
光	量子型	光导效应	电阻	光敏电阻	可见光：CdS；CdSe，a—Si:H
					红外：PbS，InSb
		光生伏特效应	电流电压	光敏二极管、光敏三极管、光电池	Si，Ge，InSb（红外）
				肖特基光敏二极管	Pt—Si
		光电子发射效应	电流	光电管，光电倍增管	Ag—O—Cs，Cs—Sb
		约瑟夫逊效应	电压	红外传感器	超导体

续表

检测对象	类型	所利用的效应	输出信号	传感器或敏感元件举例	主要材料
光	热型	热释电效应	电荷	红外传感器，红外摄像管	$BaTiO_3$
机械量	电阻式	电阻应变效应	电阻	金属应变片	康铜，卡玛合金
		压阻效应		半导体应变片	Si，Ge，Gap，InSb
	压电式	压电效应	电压	压电元件	石英，压电陶瓷，PVDF
		正、逆压电效应	频率	声表面波传感器	石英，ZnO+Si
	压磁式	压磁效应	感抗	压磁元件；力、扭矩、转矩传感器	硅钢片，铁氧体，坡莫合金
	磁电式	霍尔效应	电压	霍尔元件；力、压力、位移传感器	Si，Ge，GaAs，InAs
	光电式	光电效应	—	各种光电器件；位移、振动、转速传感器	石英、玻璃、塑料
湿度	热电式	赛贝克效应	电压	热电偶	$Pt—PtRh_{10}$，$NiCr—NiCu$，$Fe—NiCu$
		约瑟夫逊效应	噪声电压	绝对温度计	超导体
		热释电效应	电荷	驻极体温敏元件	$PbTiO_3$，PVF_2，TGS，$LiTaO_3$
	压电式	正、逆压电效应	频率	声表面波温度传感器	石英
	热型	热磁效应	电场	Nernst红外探测器	热敏铁氧体，磁钢

续表

检测对象	类型	所利用的效应	输出信号	传感器或敏感元件举例	主要材料
磁	磁电式	霍尔效应	电压	霍尔元件	Si，Ge，GaAs，InAs
				霍尔IC，MOS霍尔IC	Si
		磁阻效应	电阻	磁阻元件	Ni–Co合金，InSb，InAs
			电流	Pin二极管，磁敏晶体管	Ge
		约瑟夫逊效应	噪声电压	超导量子干涉器件（SQUID）	Pb，Sn，Nb—Ti
	光电式	磁光法拉第效应	偏振光面偏转	光纤传感器	YAG，EuO，MnBi
		磁光克尔效应			MnBi
放射线	光电式	放射性效应	光强	光纤射线传感器	加钛石英
	量子型	PN结光生伏特效应	电脉冲	射线敏二极管，pin二极管	Si，Ge，渗Li的Ge，Si
		肖特基效应	电流	肖特基二极管	Au—Si

4.3.2　光电效应

光照射到物质上，引起物质的电性质发生变化，这类光变致电的现象被人们统称为光电效应。光电效应分为光电子发射效应、光电导效应和阻挡层光电效应（又称光生伏特效应）。前一种现象发生在物体表面，称为外光电效应；后两种现象发生在物体内部，称为内光电效应。

4.3.2.1　外光电效应

在光照射下，物质内部的电子受到光子的作用，吸收光子能量而从表面释

放出来的现象称为外光电效应。被释放的电子称为光电子，所以外光电效应又称为电子发射效应。外光电效应是由德国物理学家赫兹于1887年发现的，而对它正确的解释由爱因斯坦提出。基于外光电效应的光电器件有光电管、光电倍增管等。

4.3.2.2　内光电效应

在光照射下，物体的电阻率发生改变或产生光生电动势的现象称为内光电效应，它多发生于半导体内。根据工作原理的不同，内光电效应分为光电导效应和光生伏特效应两类。

4.3.3　电光效应

在外电场的作用下，物质的光学特性（如折射率）发生改变的现象，如某些各向同性的透明物质在电场作用下其光学特性受外电场影响而发生各向异性变化的现象统称为电光效应。电光效应包括泡克耳斯（Pockels）效应和克尔（Kerr）效应。

4.3.3.1　泡克耳斯效应

1893年，德国物理学家F.C.A.泡克耳斯提出了泡克耳斯效应。一些晶体在纵向电场（电场方向与光的传播方向一致）的影响下，其各向异性会发生变化，从而形成了双折射现象，称为电致双折射。泡克耳斯通过实验（图4-3）证实了压电晶体的两个主折射率之差为

$$n_e - n_0 = rE$$

式中，r 为比例常数；两主折射率 n_e、n_0 之差与外电场强度 E 成正比，故泡克耳斯效应亦称线性电光效应。

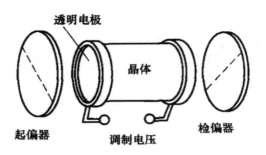

图4-3 纵向泡克耳斯实验装置

4.3.3.2 克尔效应

1875年，英国物理学家J.克尔提出了克尔效应。在光照射条件下有各向同性的透明物质，在与入射光垂直的方向上加以高电压会出现双折射现象，也就是说一束入射光分成"寻常"和"异常"两束出射光，该现象称为电光克尔效应，因为两个主折射率的差值与电场强度的平方成正比，那么此效应又称为平方电光效应。实验证明两个主折射率 n_e、n_0 之差 Δn 为

$$\Delta n = n_e - n_0 = KE^2$$

式中，K为克尔常数；E为电场强度。

4.3.3.3 光弹效应

光弹效应也叫应力双折射效应，对某些非晶体物质（如环氧树脂、玻璃）施加一机械力，该物质会产生各向异性的性质。例如，对弹性体施加外力或振动使其发生形变，会改变弹性体的折射率，从而得到双折射性质的效应。

4.3.4 磁光效应

置于外磁场的物体，在光和外磁场的作用下，其光学特性发生变化的现象称

为磁光效应。它包括法拉第效应、磁光克尔效应、科顿–穆顿效应、塞曼效应和光磁效应等。

4.3.4.1　法拉第效应

1845年，M.法拉第发现平面偏振光（即线偏振光）通过带磁性的透光物体或通过在纵向磁场（磁场方向与光传播方向平行）作用下的非旋光性物质时，其偏振光面发生偏转。它是由于磁场作用使直线偏振光分解成传播速度各异的左旋和右旋两圆偏振光，因此从物质端面出射的合成偏振光将发生偏转。上述现象称为磁光法拉第效应或磁致旋光效应，也称法拉第旋转或磁圆双折射效应。

法拉第效应有许多重要的应用，如用来分析碳氢化合物，因每种碳氢化合物有各自的磁致旋光特性；用于光纤通信系统中的礁光隔离器，减少光纤中器件表面反射光对光源的干扰；利用法拉第效应的弛豫时间不大于10^{-10}s量级的特点，可制成磁光调制器和磁光效应磁强计等。

4.3.4.2　磁光克尔效应

1876 年，英国科学家J.克尔发现入射的线偏振光在已磁化的物质表面发生反射，振动面会发生旋转，这种现象称为磁光克尔效应。磁光克尔效应包括极向、横向和纵向三种（图4-4），也就是物质的磁化强度与反射表面垂直、与表面平行而与入射面垂直、与表面和入射面平行三种。极向和纵向磁光克尔效应的磁致旋光都与磁化强度成正比，一般极向的效应最强，纵向次之，横向不存在显著的磁致旋光。

4.3.4.3　科顿–穆顿效应

1907年，A.科顿和H.穆顿在液体中发现，当光的传播方向与磁场垂直时，平行于磁场方向的线偏振光的相速不同于垂直于磁场方向的线偏振光的相速而产生双折射现象，这称为科顿–穆顿效应，或磁致双折射效应。

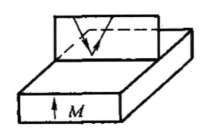
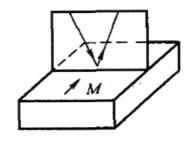

（a）物质的磁化强度与反射表面垂直　　　　（b）与表面平行而与入射面垂直

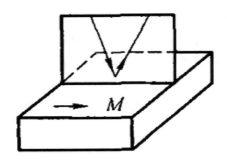

（c）与表面和入射面平行

图4-4　三种磁光克尔效应

4.3.4.4　塞曼效应

1896年，荷兰物理学家P.塞曼发现，当光源放在足够强的磁场中时，光源发出的每条光谱线，都分裂成若干条偏振化的光谱线，分裂的谐线条数随能级的类别而不同的现象。这称为塞曼效应。塞曼效应验证了原子磁矩的空间量子化，为原子结构的研究打下了基础，被认为是19世纪末20世纪初物理学最重要的发现之一。

4.3.4.5　光磁效应

光磁效应是磁光效应的逆效应。在光辐射情况下，物质的磁性（如磁化率、

磁晶各向异性、磁滞回线等）发生变化的现象称为光磁效应，亦称光诱导磁效应。光磁效应是光感生的磁性变化，也称光感效应。这个效应的许多应用正在研究之中。

4.3.5　磁电效应

将材质均匀的金属或半导体通电并置于磁场中产生各种物理变化，这些变化统称为磁电效应。磁电效应包括电流磁效应和狭义的磁电效应。电流磁效应是指磁场对通有电流的物体引起的电效应，如磁阻效应和霍尔效应；狭义的磁电效应是指物体由电场作用产生的磁化效应（称作电致磁电效应）或由磁场作用产生的电极化效应（称作磁致磁电效应）。

4.3.5.1　霍尔效应

霍尔效应是物质在磁场中表现的一种特性，它是由于运动电荷在磁场中受到洛伦兹力作用而产生的结果。

1879 年由德国物理学家E. H.霍尔首先发现，金属或半导体薄片置于磁感应强度为B的磁场中，磁场方向垂直于薄片，当有电流流过薄片时在垂直于电流和磁场的方向上将产生电动势E_H，这种现象称为霍尔效应。

如图4–5所示，以N型半导体薄片为例，将半导体薄片置于磁感应强度为B的磁场中，磁场方向垂直于薄片。当有电流I从ab方向通过该薄片时，薄片上的电子将受到洛伦兹力F_B的作用，电子向d侧堆积，而在相对的另一侧面c上因缺少电子而出现等量的正电荷，从而在cd方向上产生电场，相应的电动势为E_H。使电子受到与洛伦兹力方向相反的电场力F_E的作用。

半导体中电子受到的洛伦兹力F_B为

$$F_B = evB$$

半导体中电子受到的电场力F_E为

$$F_E = eE_H$$

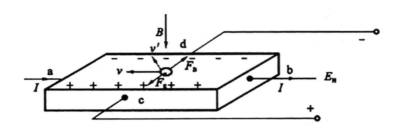

图4-5　霍尔效应原理图

　　半导体中电子积累越多，受到的电场力 F_E 越大，而洛伦兹力不变，最后当 $|F_E| = |F_B|$ 时，电子积累达到动态平衡，此时cd两侧建立的电动势 E_H 即为霍尔电动势。经过计算，霍尔电动势可用下列式子表示：

$$E_H = K_H IB$$

式中，K_H 为霍尔元件的灵敏度，它表示霍尔元件在单位磁感应强度和单位激励电流作用下霍尔电动势的大小，与霍尔薄片材料和尺寸有关。

　　若磁感应强度B不垂直于半导体薄片，而是与薄片法线成某一角度 θ，则此时霍尔电动势表示为

$$E_H = K_H IB\cos\theta$$

　　由上式可以看出，当磁场与霍尔元件垂直，霍尔元件灵敏度 K_H 不变，通过霍尔元件的电流I保持不变时，霍尔电动势 E_H 只与磁感应强度B有关，则通过测量 E_H 的值，便可以测得B的值。由此可以制作成测量与磁感应强度相关的传感器。

　　同理，当磁感应强度B不变，霍尔元件灵敏度 K_H 不变，通过霍尔元件的电流I保持不变时，霍尔电动势 E_H 只与磁感应强度B与霍尔元件的法线方向的夹角 θ 有关，则通过测量 E_H 的值，便可以测得 θ 值。由此可以制作成测量角度相关的传感器。

4.3.5.2　磁阻效应

　　1857年英国物理学家威廉·汤姆森发现，当通以电流的半导体或金属薄片置

于与电流垂直或平行的外磁场中时，其电阻会随外加磁场变化而变化，这种现象称之为磁阻效应。在磁场作用下，半导体片内电流分布是不均匀的，改变磁场的强弱会影响电流密度的分布，故表现为半导体片的电阻变化。

$$\frac{\Delta \rho}{\rho_0} = K \mu^2 B^2 \left[1 - f \left(\frac{L}{b} \right) \right]$$

其中，ρ_0 为零磁场时的电阻率；$\Delta \rho$ 为磁感应强度为 B 时电阻率的变化量；K 为比例因子；μ 为电子迁移率；B 为磁感应强度；L 为磁敏电阻的长；b 为磁敏电阻的宽；$f \left(\frac{L}{b} \right)$ 为形状效应系数。

同霍尔效应一样，磁阻效应也是由于载流子在磁场中受到洛伦兹力而产生的。与霍尔效应有区别，霍尔电势是指垂直于电流方向的横向电压，而磁阻效应是指沿电流方向的电阻变化。

磁阻效应与材料的性质及几何形状有关，一般电子迁移率越大的材料，磁阻效应越显著，而元件的长宽比越小，磁阻效应越大。

4.3.6　热电效应和热释电效应

4.3.6.1　热电效应

热电效应是温差电效应的俗称。它是温差转换成电的物理效应，通常指塞贝克效应，其逆效应有珀耳帖效应和汤姆逊效应。

（1）塞贝克效应。

该效应由德国物理学家托马斯·约翰·塞贝克于1921年发现。塞贝克效应又称作第一热电效应，是指由于温差而产生的热电现象。如图4-6所示，在两种金属A和B组成的回路中，如果使两个接触点的温度不同，则在回路中将出现电流，称为热电流，或温差电流，产生电流的电动势称

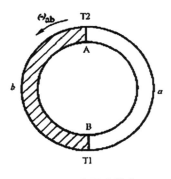

图4-6　塞贝克效应

为温差电动势，其数值与导体或半导体的性质及两结点的温差有关。这种现象称为塞贝克效应，也称为温差电效应或热电效应。温差电动势亦称为塞贝克电动势。它由两部分电势组成：

①两种导体的接触电势，称珀耳帖电势。

②单一导体的温差电势，称汤姆逊电势。

两种金属导体接触时，自由电子由密度大的导体向密度小的导体扩散，直至动态平衡而形成，在接触处两侧失去电子而带正电，得到电子的带负电，从而得到稳定的接触电势。

单一导体的温差电势是由于自由电子在高温端具有较大的动能，向低温端扩散而形成的。高温端失去电子面带正电，低温端得到电子而带负电。

因此，两种金属导体A、B组成的闭合回路，当结点温度分别为T_2、T_1时，温差电效应产生的电动势为

$$E_{AB}\left(T_2,\ T_1\right)=\frac{k}{e}\left(T_2-T_1\right)\ln\frac{n_A}{n_B}+\int_{T_0}^{T}\left(\sigma_A-\sigma_B\right)\mathrm{d}T$$

式中，k为波尔兹曼常数，$k=1.38\times10^{-23}\mathrm{J/k}$；$e$为电子电荷量，$e=1.602\times10^{-19}\mathrm{C}$；$n_A$，$n_B$为金属材料A、B的自由电子密度；$\sigma_A$，$\sigma_B$为金属A、B的汤姆逊系数。

在一定温度范围内，温差电动势E为

$$E=\alpha\left(T_2-T_1\right)$$

式中，α为塞贝克系数；T_1，T_2为闭合回路两结点的温度。

（2）珀耳帖效应。

珀耳帖效应又称作热电第二效应，由法国科学家珀耳帖于1834年首先发现。当电流流过两种导体组成的闭合回路时（图4-7），一结点处变热（吸热），另一结点处变冷（放热），或当电流以不同方向通过金属与导体相接触处时，其接触处或发热或吸热，这种现象称为珀耳帖效应，所放出或吸收的热量，称为珀耳帖热量。珀耳帖效应是塞贝克效应的逆效应。

如果通过的电流为I，则吸收或放出的热量Q_P为

$$Q_P=\beta I$$

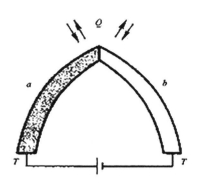

图4-7　珀耳帖效应

式中，β为珀耳帖系数。β的大小取决于所用的两种金属的种类和环境温度。它与塞贝克系数之间的关系为

$$\beta = \alpha T$$

式中，T为环境的热力学温度。

利用珀耳帖效应可以制作半导体电子致冷元件。

（3）汤姆逊效应。

汤姆逊效应又称为第三热电效应，是导体两端有温差时产生电势的现象。同一种金属组成闭合回路或一种广半导体（见图4-8），保持回路两侧或半导体两端有一定的温度差ΔT，并通以电流I时，回路的温度转折处（或半导体整体）产生比例于$I\Delta T$的吸热或发热，这种现象叫汤姆逊效应。由汤姆逊效应产生的热流量，称汤姆逊热，用符号Q_T表示

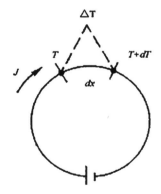

图4-8　汤姆逊效应

$$Q_T = \mu I \Delta T$$

式中，μ为汤姆逊系数；ΔT为温差。

μ的符号取决于电流的方向，当电流从高温处流向低温处为正，效应呈发热状态；反之为负，效应呈吸热状态。

汤姆逊系数与塞贝克系数之间的关系是

$$\frac{\mu}{T} = \frac{\mathrm{d}\alpha}{\mathrm{d}T}$$

4.3.6.2　热释电效应

晶体受热产生温度变化时，其原子排列将发生变化，晶体自然极化，在其两表面产生电荷的现象。这种由于热变化而产生的电极化现象称为热释电效应。

热释电效应产生的电荷$\Delta\theta$与温度T的关系为

$$\Delta\theta = \lambda A\Delta T$$

式中，λ为热释电系数，其大小取决于晶体的材料；A为晶体受热表面积。

能产生热释电效应的晶体称为热释电体，又称为热电元件。热电元件常用的材料有单晶（$LiTaO_3$等）、压电陶瓷（PZT等）及高分子薄膜（PVF_2等）。

4.3.7　压电、压阻和磁致伸缩效应

4.3.7.1　压电效应

压电效应是材料中一种机械能与电能互换的现象。压电效应有两种，正压电效应和逆压电效应。

（1）正压电效应。

正压电效应是一种机械能转变为电能的效应。当对压电材料施以外力，比如压力时，材料体内的电偶极矩会因压缩而变短。此时压电材料为抵抗这一变化会在材料表面产生正负电荷，以保持原状，如图4-9所示。

（2）逆压电效应。

当在电介质的极化方向施加电场时，某些电介质在一定方向上将产生机械变形或机械应力，当外电场撤去后，变形或应力也随之消失，这种物理现象称为

逆压电效应。其应变的大小与电场强度的大小成正比，方向随电场方向变化而变化。

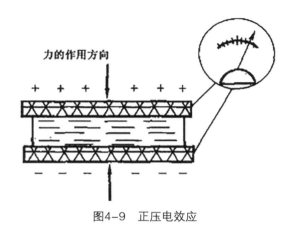

图4-9 正压电效应

当在压电材料表面施加电场时，因电场作用时材料体内的电偶极矩会被拉长，压电材料为抵抗这一变化会沿电场方向拉伸，如图4-10所示。

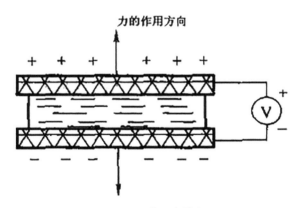

图4-10 逆压电效应

由物理学知，一些离子型晶体的电介质（如石英、酒石酸钾钠、钛酸钡等）不仅在电场力作用下，而且在机械力作用下，都会产生极化现象。为了对压电材料的压电效应进行描述，表明材料的电学量（D、E）力学量（T、S）行为之间的量的关系，建立了压电方程。正压电效应中，外力与因极化作用而在材料表面聚集的电荷量成正比。即

$$D = dT \text{ 或 } \sigma = dT$$

式中，D、σ为电位移矢量、电荷密度，即单位面积的电荷量，C/m^2；T为应力，即单位面积作用的应力，N/m^2；d为正压电系数，C/N。

逆压电效应中，外电场作用下的材料应变与电场强度成正比。即

$$S = d'E$$

式中，S为应变，即应变ε或微应变$\mu\varepsilon$；E为外加电场强度，V/m；d'为逆压电系数，C/N。

对于多维压电效应，d'为d的转置矩阵。

压电材料是绝缘材料。把压电材料置于两金属极板之间，构成一种带介质的平行板电容器，金属极板收集正压电效应产生的电荷。由物理学知，平行板电容器中

$$D = \varepsilon_r \varepsilon_0 E$$

式中，ε_r为压电材料的相对介电常数；ε_0为真空介电常数$\varepsilon_0 = 8.85\text{pF}/\text{m}$。

那么可以计算出平行板电容器模型中正压电效应产生的电压为：

$$U = Eh = \frac{d}{\varepsilon_r \varepsilon_0} Th$$

式中，h为平行板电容器极板间距。

人们常用$g = \dfrac{d}{\varepsilon_r \varepsilon_0}$表示压电电压系数。

例如，压电材料钛酸铅$d=44\text{pC/N}$，$\varepsilon_r =600$。取$T=1000\text{N}$，$h=1\text{cm}$，则$U=828\text{V}$。当在该平行板电容器模型上加1kV电压时，$S = 4.4\ \mu\varepsilon$。

具有压电性的电介质（称压电材料），能实现机-电能量的相互转换。压电材料是各项异性的，即不同方向的压电系数不同，常用矩阵向量d表示，6×3维。进而有电位移矩阵向量D，1×3维；应力矩阵向量T，1×6维；应变矩阵向量S，1×6维；电场强度矩阵向量E，1×3维。用向量形式可以对压电材料和压电效应在空间上进行统一描述。实际上对于具体压电材料，压电系数中的元素多数为零

或对称，人们可以在压电效应最大的主方向上，"一维"地进行压电传感器设计。

利用压电效应可以制成压电传感器、压电超声波探头、压电表面波（SAW）传感器及压电陀螺等。利用正压电效应可将力、压力、振动、加速度等非电量转换为电量，利用逆压电效应可将电能转换为机械波，制成超声波发生器、声发射传感器、频率高度稳定的晶体振荡器等。

（3）石英晶体的压电效应。

石英晶体是最常用的压电晶体之一。图4-11（a）所示为左旋石英晶体的理想外形，它是一个规则的正六面体。石英晶体有3个互相垂直的晶轴，如图4-11（b）所示。其中纵向Z轴称为光轴，它是用光学方法确定的。Z轴上没有压电效应。经过晶体的棱线，并且垂直于光轴的X轴称为电轴；同时垂直于X轴与Z轴的Y轴称为机械轴。

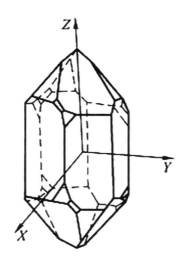
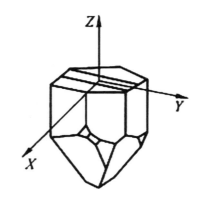

（a）左旋石英晶体的理想外形　　　　（b）石英晶体的直角坐标系

图4-11　石英晶体

石英晶体的压电效应与其内部结构有关。具体来说，是由晶格在机械力的作用下发生变形所产生的。石英晶体的化学分子式为SiO_2，每个晶体单元中含有3个硅离子和6个氧离子。每个硅离子有4个正电荷，每个氧离子有2个负电荷。为了更加直观地解释石英晶体的压电效应，可以把与Z轴垂直的硅离子和氧离子，投影在垂直于晶体Z轴的XY平面上，该投影等效为图4-12（a）中的正六边形排列。图中，"⊕"为Si^{4+}，"⊖"为O^{2-}。

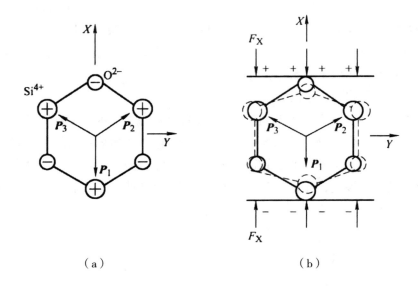

（a）　　　　　　　　　　　（b）

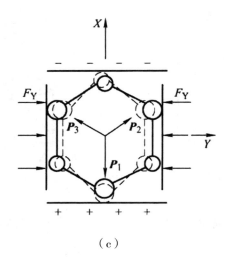

（c）

图4-12　石英晶体的压电效应

当石英晶体未受力时，正负离子（即Si^{4+}和O^{2-}）恰好位于正六边形的顶角上，形成3个互成120°夹角的电偶极矩P_1、P_2、P_3（其中P_1、P_2、P_3为矢量），如图4-12（a）所示。电偶极矩$P=ql$，q为电荷量，l为正、负电荷之间的距离，电偶极矩方向由负电荷指向正电荷。由于正、负电荷中心重合，则电偶极矩的矢量和等于零，即 $P_1 + P_2 + P_3 = 0$。这时石英晶体表面不带电，晶体整体呈电中性。

当石英晶体受到沿 X 轴方向的压力 F_X 作用时，晶体沿着 X 轴方向将产生压缩变形，正、负离子的相对位置也随之变化，如图4-12（b）中虚线所示。此时，正、负电荷中心不再重合，电偶极矩 P_1 在 X 轴方向上分量减小，而电偶极矩 P_2 和 P_3 在 X 轴方向上分量增大，故总的电偶极矩不再等于零，即 $(P_1 + P_2 + P_3)_X > 0$，在 X 轴的正向晶体表面上出现正电荷。电偶极矩在 Y 轴方向分量和仍等于零（因为 P_1 在 Y 轴方向上分量为零，P_2 和 P_3 在 Y 轴方向上分量大小相等，方向相反），即 $(P_1 + P_2 + P_3)_Y = 0$，故在 Y 轴方向晶体表面上不会出现电荷。同时，由于电偶极矩 P_1、P_2、P_3 在 Z 轴方向的分量均为零，即 $(P_1 + P_2 + P_3)_Z = 0$，所以在 Z 轴方向晶体表面上也不存在电荷。这种作用力沿 X 轴方向，而在垂直于 X 轴晶体表面产生电荷的压电效应现象称为"纵向压电效应"。

当石英晶体受到沿 Y 轴方向的压力 F_Y 作用时，晶体沿着 Y 轴方向将产生压缩变形，如图4-12（c）中虚线所示。此时，情况与图4-12（b）中类似，电偶极矩 P_1 增大，P_2 和 P_3 减小，则电偶极矩在 X 轴方向的分量为 $(P_1 + P_2 + P_3)_X < 0$，在 X 轴的正向晶体表面上出现负电荷，电荷极性与图4-12（b）中恰好相反。同样地，在垂直于 Y 轴和 Z 轴方向的晶体表面上不会出现电荷。这种作用力沿 Y 轴方向，而在垂直于 X 轴晶体表面产生电荷的压电效应现象称为"横向压电效应"。

当石英晶体受到沿 Z 轴方向的力时，因为晶体在 X 轴和 Y 轴都不会产生形变，正、负电荷的中心始终保持重合，电偶极矩在 X 轴和 Y 轴上的矢量和始终等于零。所以，沿 Z 方向施加作用力时，石英晶体将不会产生压电效应。

当作用力 F_X 和 F_Y 方向相反时，电荷的极性将随之改变。如果石英晶体的各个方向同时受到均等的作用力，石英晶体将保持电中性。所以，石英晶体没有体积变形的压电效应。

（4）压电陶瓷的压电效应。

压电陶瓷是人工制造的多晶压电材料。它是由无数细微的电畴组成的。这些电畴实际上是分子自发形成并有一定极化方向的小区域，因而存在一定的电场。自发极化的方向完全是任意排列的，如图4-13（a）所示。在无外电场作用时，从整体上看，这些电畴的极化作用会被相互抵消，因此，原始的压电陶瓷呈电中性，不具有压电效应。

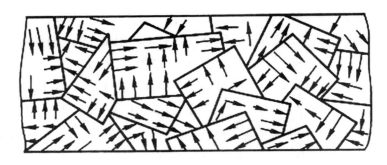

（a）未极化情况

极
化
方
向

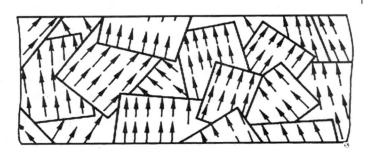

（b）极化后情况

图4-13　钛酸钡压电陶瓷的电畴结构示意图

　　为了使压电陶瓷具有压电效应，必须进行极化处理。所谓极化处理，就是在一定温度下对压电陶瓷施加强电场，电畴的极化方向发生转动，趋向于外电场的方向，如图4-13（b）所示。这个方向就是压电陶瓷的极化方向。

4.3.7.2　电致伸缩效应

　　电介质材料在电场作用下，都会发生与电场强度的平方（或极化强度的平方）成比例的应变现象，只是强弱不同而已。这种物理效应称为电致伸缩效应。一些铁电陶瓷材料具有较强的电致伸缩效应。利用这种效应做成微位移计在精密

机械、光学显微镜、天文望远镜和自动控制等方面有重要用途。

电致伸缩效应与逆压电效应都是电能转换成机械能的效应，但电致伸缩效应与电场方向无关，其应变大小与电场强度的平方成正比，而逆压电效应则与电场方向有关，其应变与电场强度成正比，当外加电场反向时，产生的应变也同时反向。

4.3.7.3　压阻效应

对半导体材料施加外力或应力时，其电阻率会发生改变，这一现象称为压阻效应。由于半导体材料受到外力作用，其内部的原子点阵排列随之改变，也就是晶格间距改变，禁带宽度发生变化，使载流子迁移率及载流子浓度都发生变化，最终导致电阻率的变化。

压阻效应与材料类型、晶体取向、掺杂浓度及温度有关。电阻（或电阻率）的相对变化率等于沿某晶向的压阻系数与沿该晶向应力的积，即等于压阻系数乘应变材料的弹性模量。

$$\frac{\Delta R}{R} = \frac{\Delta \rho}{\rho} = \pi_\mathrm{L}\sigma = \pi_\mathrm{L}E\varepsilon$$

式中，ρ、$\Delta\rho$为电阻率和电阻率的变化量；E为材料的弹性模量；π_L为沿某晶向L的电阻系数；σ、ε为晶向L的应力、应变。

利用压阻效应可以制成压力、应力、应变、速度、加速度传感器，从而将力学信号转换成电信号。

4.3.7.4　磁致伸缩效应

（1）磁致伸缩效应。

某些铁磁体、合金和铁氧体，它的磁场和机械变形互相转化的现象称为磁致伸缩效应。

磁致伸缩是指一切伴随着强磁性物质的磁化状态变化而产生的长度和体积的变化。由于物体的磁化状态是其中原子间距离的函数，当磁化状态发生改变时，原子间距离也会发生变化，这就是对磁致伸缩效应的简单理解，实际材料的磁致伸缩表现是相当复杂的。磁致伸缩可分为两种，一种叫线性磁致伸缩，另一种称为体积磁致伸缩。但通常情况下，提到磁致伸缩都是指线性磁致伸缩而言。

基于磁致伸缩效应可制成电声器件、超声波发生器、光纤式传感器、应力传感器和转矩传感器等。

①线性磁致伸缩是指磁体在磁场中磁化时，在磁化方向伸长或缩短。对于长度为L的磁体，其伸长或缩短的量为ΔL，则比值$\Delta L/L$（也就是应变）便是磁致伸缩的值，常用A表示。一般材料的A值随磁化场的增加而增加直到饱和，称为饱和磁致伸缩，以A_s表示。在磁化方向伸长的材料，$A>0$，称为正磁致伸缩；在磁化方向缩短的材料，$A<0$，称为负磁致伸缩。

单品体的磁致伸缩是各向异性的，在不同方向的磁致伸缩的饱和值A是不同的。对于多晶体来说，如果试样中含有足够多的晶粒，并且各个品粒的方向是无规则取向的，也就是说在理想多晶体的情况下，其在任何方向的饱和磁致伸缩值应等于各个晶粒的不同方向的饱和磁致伸缩的平均值A_s。产生线性磁致伸缩的物理原因，通常认为是由于自旋和轨道的相互耦合造成。

②由外加磁场的磁化而引起铁磁体的体积变化，称为磁致体积效应。在较弱磁场下铁磁体发生线性磁致伸缩，例如对于正磁致伸缩材料，在平行于磁化方向伸长而在垂直于磁化方向缩短，而磁体的体积是几乎不变的。但是在很强的磁化场中，也就是顺磁磁化过程时，会发生体积的变化，这种变化是近似各向同性的。

（2）逆磁致伸缩效应。

磁致伸缩材料在外力的作用下，内部会发生形变，成圣应力，不同磁畴间的界限会产生移动，磁畴磁化强度矢量转动，进而改变了材料的磁化强度和磁导率。这种由于应力使磁性材料性质发生改变的现象称为压磁效应，也称为逆磁致伸编效应。

一个具有正磁致伸缩的铁磁棒，当沿其长度方向施加一弹性张力时，则试样的磁导率升高，反之，一个负磁致伸缩的磁棒在受到拉力时其磁导率下降。其原因是由于试样内各磁畴中存在磁致伸缩应变，在外力作用下，为使应力和磁致伸缩作用的弹性能为最小，磁畴中的磁化方向也随之改变。从而改变了磁化状态，

（3）威德曼效应。

在铁磁杆上施加纵向磁场和环形磁场（即通纵向电流时），不仅会改变杆件的长度，还会使杆件发生扭曲，这一效应称为威德曼效应。它是磁致伸缩效应的一个特例。

当给铁磁杆施加纵向电流时，并使杆件拉伸、压缩或扭曲，会产生纵向磁化现象，在杆的圆周方向上的线圈内会有电流产生，此种由于杆件扭曲或受到纵向力而产生输出电压的现象称为逆威德曼效应。利用威德曼效应可制作扭矩传感器和力传感器。

4.4 传感器的性能与标定

在现代化生产和科学实验中，传感器能否准确地完成检测任务，关键在于传感器的基本特性。传感器的基本特性受它内部结构参数的影响，对于不同传感器来说，其内部结构参数各有不同，所具有的基本特性也各不相同，这会直接影响最终的测量结果。对于高精度的传感器来说，自身具有优良的基本特性，才能保证信号无失真地转换。根据输入信号随时间的变化情况，传感器的输入量可分为静态量和动态量，相应的基本特性为静态特性和动态特性。

4.4.1 传感器的静态特性

静态特性是指当输入量为定值或变化相当缓慢时传感器的输入输出特性。

4.4.1.1 传感器的静态数学模型

传感器的静态数学模型是在输入量为静态量时，描述输出量与输入量关系的数学模型。

传感器的静态数学模型一般可用多项式来表示，即

$$y = a_0 + a_1 x + a_2 x^2 + a_3 x^3 + \cdots + a_n x^n \qquad (4-1)$$

式中，x为传感器输入量；y为传感器输出量；a_0为输入量为零时的输出量，即零位输出量，一般$a_0=0$；a_1为线性项的待定系数，即线性灵敏度；a_2，a_3，…，a_n为非线性项的待定系数。

当不考虑零位输出量时，静态特性曲线过原点，一般分为4种情况，如图4-14所示。

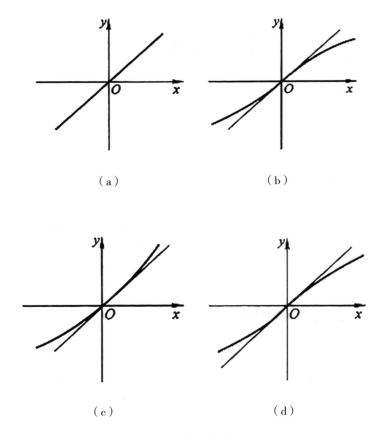

（a）   （b）

（c）   （d）

图4-14　静态特性曲线

（1）理想线性特性。

当$a_2=a_3=\cdots=a_n=0$时，静态特性曲线是一条过原点的直线，直线上所有点的斜率相等，如图4-14（a）所示。此时，传感器的数学模型为

$$y = a_1 x$$

（4-2）

其基本特性为理想的线性特性。

（2）非线性项仅有奇次项。

当式（4-1）中非线性项的偶次项为零时，即

$$y = a_1 x + a_3 x^3 + a_5 x^5 + \cdots \qquad (4-3)$$

此时传感器的静态特性曲线关于原点对称，在原点附近具有较宽的线性范围，如图4-14（b）所示。这是比较接近理想特性的非线性特性，差动式传感器具有这种特性，可以消除电气元件中的偶次分量，显著地改善非线性，并可使灵敏度提高1倍。

（3）非线性项仅有偶次项。

当式（4-1）中非线性项的奇次项为零时，即

$$y = a_1 x + a_2 x^2 + a_4 x^4 + \cdots \qquad (4-4)$$

此时传感器的静态特性曲线过原点，但不具有对称性，线性范围比较窄，如图4-14（c）所示。传感器设计时很少采用这种特性。

（4）普遍情况。

当式（4-1）中非线性项既有奇次项又有偶次项时，即

$$y = a_1 x + a_2 x^2 + a_3 x^3 + \cdots + a_n x^n \qquad (4-5)$$

此时传感器的静态特性曲线过原点，但不具有对称性，如图4-14（d）所示。

实际运用时，目前普遍利用校准数据获得多项式系数的最佳估计值，以此来建立传感器的数学模型。

4.4.1.2 静态特性的曲线表示法

要使传感器和计算机联机使用，将传感器的静态特性用数学方程表示是必不可少的，但是，为了直观地、一目了然地看出传感器的静态特性，使用图线（静态特性曲线）来表示静态特性显然是较好的方式。

图线能表示出传感器特性的变化趋势以及何处有最大或最小的输出，传感器灵敏度何处高和何处低。当然，也能通过其特性曲线，粗略地判别出传感器是线性传感器还是非线性传感器。

绘制曲线的步骤大体如下：选择图纸、为坐标分度、描数据点、描曲线、加注解说明。通常，传感器的静态特性曲线可绘制在直角坐标中，根据需要，可以采用对数或半对数坐标。x轴永远表示被测量，y轴则永远代表输出量。坐标的最小分格应与传感器的精度级别相应。分度过细，超出传感器的实际精度需要，将会造成曲线的人为起伏，表现出虚假精度和读出无效数字；分度过粗，将降低曲线的读数精度，曲线表现得过于平直，可读性大为削弱。

4.4.1.3　传感器的静态特性指标

传感器的静态特性指标包括灵敏度，线性度、迟滞、重复性和漂移等。

（1）灵敏度。

灵敏度是传感器静态特性的一个重要指标，一般用传感器输出量的增量与被测输入量的增量之比来表示，即

$$K = \frac{\Delta y}{\Delta x}$$

式中，Δy 为输出量的增量；Δx 为输入量的增量。

显然K值越大，表示传感器越灵敏。对于线性传感器，其灵敏度在整个测量范围内为常量，即$K = a_1 =$ 常数，如图4-15（a）所示。如果检测系统的输入输出特性为非线性，则灵敏度不是常数，而是随输入量的变化而改变的，应以$K = \frac{\mathrm{d}y}{\mathrm{d}x}$ 表示传感器在某一工作点的灵敏度，如图4-15（b）所示。在实际使用中，因为需额外添加辅助电源的传感器的输出量直接受供给传感器的电源电压的影响，所以灵敏度也与电源电压有关。灵敏度是一个有单位的量，其单位决定于传感器输出量的单位和输入量的单位以及有关的电源电压的单位。例如，当某位移传感器的电源电压为1V，每1mm位移变化引起的输出电压变化为100mV时，那么灵敏度为100mV／（mm·V）。

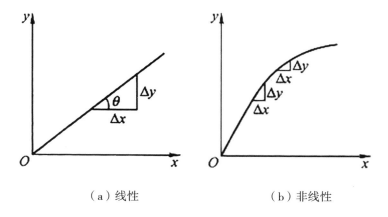

（a）线性　　　　　　　　（b）非线性

图4-15　传感器的灵敏度

例4-1　某压电式压力传感器的灵敏度为10pC/MPa，后接灵敏度为0.08V/pC的电荷放大器，最后用灵敏度为25mm/V的笔式记录仪记录信号。试求系统总的灵敏度，并求当被测压力变化 $\Delta p = 8\text{MPa}$ 时笔在记录纸上的偏移量 Δy。

解：系统为压电式压力传感器、电荷放大器和笔式记录仪3个环节的串联，因此总的灵敏度等于3个环节灵敏度的乘积，即

$$K = K_1 K_2 K_3 = 10 \times 0.008 \times 25 \text{mm} / \text{MPa} = 2\text{mm} / \text{MPa}$$

根据灵敏度的定义，当被测压力变化 $\Delta p = 8\text{MPa}$ 时，记录笔在记录纸上的偏移量 Δy 为

$$\Delta y = K\Delta p = 8 \times 2\text{mm} = 16\text{mm}$$

（2）线性度。

当传感器的输入量与输出量成正比时，说明两者呈线性关系。此时，显示仪表的刻度均匀，在整个测量区域内灵敏度不变，也不用采取线性化措施。在实际应用中，大部分传感器的输入量与输出量呈不同程度的非线性，表示为

$$y = a_0 + a_1 x + a_2 x^2 + a_3 x^3 + \cdots + a_n x^n$$

式中，y 为输出量；x 为输入量；a_0 为零点输出；a_1 为理论灵敏度；

$a_2 = a_3 = \cdots = a_n$ 为非线性项系数。

各项系数不同，导致特性曲线的形状各不相同。理想特性方程为 $y = a_1 x$，是一条经过原点的直线，传感器的灵敏度为一常数。当特性方程中仅含有奇次非线性项，即 $y = a_1 x + a_3 x^3 + a_5 x^5 + \cdots$ 时，特性曲线关于坐标原点对称，且输入量算在相当大的范围内具有较宽的准线性。当非线性传感器以差动方式工作时，可以消除电气元件中的偶次分量，显著地改善线性范围，并可使灵敏度提高一倍。

线性度（Linearity）指的是传感器真实的特性曲线与拟合直线的最大偏差与传感器满量程范围内的输出量的比值，它可用下式表示，且多取其正值

$$\gamma_L = \frac{\Delta L_{max}}{y_{max} - y_{min}} \times 100\%$$

式中，ΔL_{max} 为最大非线性误差；y_{max} 为量程最大值；y_{min} 为量程最小值。

求取拟合直线的方法有很多种，对于不同的拟合直线，得到的非线性误差也不同。由传感器输出起始点与满量程点相连得到的直线可作为拟合直线，该直线也称作端基理论直线，采用此方法产生的线性度为端基线性度。设计者和使用者总是希望非线性误差越小越好，即希望仪表的静态特性接近于直钱，这是因为线性仪表的刻度是均匀的，容易标定，不容易引起读数误差。

（3）迟滞。

迟滞（Hysteresis）也称为回差或变差，指的是传感器正向特性曲线和反向特性曲线的不一致程度，如图4-16所示。具体来说，同一数值的输入信号，若传感器选择完全相反的行程，得到的输出信号不同。造成这一问题的原因是传感器敏感元件材料的物理性质和机械零部件的缺陷。例如，弹簧在受到的拉力变大（输入量增大）时长度增加，当拉力逐渐减小（输入量减小）时长度又会变短，直至外力消失恢复原状。如果对其测量就会发现，在相同作用力的情况下，拉力逐渐增加时与拉力逐渐减小时的弹簧长度变化曲线并不相同。这种不同就是所谓的迟滞现象。迟滞的大小通常由整个检测范围内的最大迟滞值 ΔH_{max} 与理论满量程输出 Y_{FS} 之比的百分数表示，即

$$\gamma_H = \pm \frac{\Delta H_{max}}{Y_{FS}} \times 100\%$$

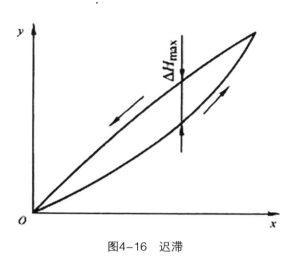

图4-16 迟滞

迟滞会引起重复性和分辨力变差，导致测量盲区，故一般希望迟滞越小越好。

导致迟滞现象的原因：传感器敏感元件材料的弹性滞后、运动部件摩擦、传动机构的间隙、紧固件松动等。

（4）重复性。

重复性指的是在某种相同的工作条件下，输入量按同一方向做全量程连续多次变化时，得到的特性曲线不相同的程度，如图4-17所示。重复性误差为随机误差，常用标准偏差表示，也可用正反行程中的最大偏差表示，即

$$\gamma_R = \pm \frac{(2\sim3)\sigma}{Y_{FS}} \times 100\%$$

或

$$\gamma_R = \pm \frac{\Delta R_{max}}{2Y_{FS}} \times 100\%$$

式中，σ为最大超调量；ΔR_{max}为同一方向做全量程连续多次变化时，输出值的最大偏差。

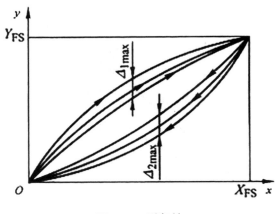

图4-17　重复性

（5）漂移。

漂移是指在外界干扰的情况下，在一定的时间间隔内，传感器输出量发生与输入量无关的变化程度，包括零点漂移和温度漂移。

零点漂移指的是在无输入量的情况下，间隔一段时间进行测量，其输出量偏离零值的大小。其值为

$$\delta_0 = \frac{\Delta Y_0}{Y_{FS}} \times 100\%$$

式中，ΔY_0 为最大零点偏差。

温度漂移指的是温度发生改变时传感器输出量的偏离程度。一般用单位温度变化时，输出最大偏差与满量程的比值表示，即

$$\delta_t = \frac{\Delta_{max}}{Y_{FS} \cdot \Delta T} \times 100\%$$

式中，Δ_{max} 为输出最大偏差；ΔT 为温度变化范围。

（6）分辨力。

分辨力表示传感器能够检测到输入量变化的能力。当输入量缓慢变化且超过某一增量时，传感器才能够检测到输入量的变化，这个输入量的增量就被称为传感器的分辨力。当输入量变化小于这个增量时，传感器无任何反应。对于数字式

传感器，分辨力是指能引起输出数字的末位数发生变化所对应的输入增量。有时也用分辨力与满量程输入值的百分比表示，称为分辨率。零点附近的分排力称为阈值。

4.4.2 传感器的动态特性

4.4.2.1 传感器的动态数学模型

传感器的动态数学模型比静态数学模型要复杂得多，要准确地建立传感器的动态数学模型是非常困难的。在工程应用上大多采取一些近似的措施，把传感器看作不变线性传感器，用常系数线性微分方程建立其数学模型，即

$$
\begin{aligned}
&a_n \frac{\mathrm{d}^n y(t)}{\mathrm{d}t^n} + a_{n-1} \frac{\mathrm{d}^{n-1} y(t)}{\mathrm{d}t^{n-1}} + \cdots + a_1 \frac{\mathrm{d}y(t)}{\mathrm{d}t} + a_0 y(t) \\
&= b_m \frac{\mathrm{d}^m x(t)}{\mathrm{d}t^m} + b_{m-1} \frac{\mathrm{d}^{m-1} x(t)}{\mathrm{d}t^{m-1}} + \cdots + b_1 \frac{\mathrm{d}x(t)}{\mathrm{d}t} + b_0 x(t)
\end{aligned}
\tag{4-6}
$$

式中，$x(t)$ 为输入量的时间函数；$y(t)$ 为输出量的时间函数；n、m 为输入量与输出量的微分阶次；$a_i(i=1,2,\cdots,n)$、$b_j(j=1,2,\cdots,m)$ 为由传感器结构确定的常数。

大多数传感器的动态特性都可归属于零阶、一阶和二阶系统，尽管实际上存在更高阶次的复杂系统，但是在一定条件下，都可以用上述三种系统的组合来进行分析。

（1）零阶系统。

由式（4-6）可知，由于零阶传感器的系数只有 a_0 和 b_0，故零阶传感器的微分方程为

$$
a_0 y(t) = b_0 x(t)
\tag{4-7}
$$

能用式（4-7）来表示动态特性的传感器称为零阶传感器系统（简称零阶系统）。零阶系统具有理想的动态特性，无论被测量随时间如何变化，输出信号都

不会失真，在时间上也无任何滞后。因此，零阶系统又称为比例系统。

（2）一阶系统。

由式（4-6）可知，如果除了 a_0、a_1、b_0 之外，其他系数均为零，那么系统就变成了一阶传感器，则一阶传感器的微分方程为

$$a_1 \frac{\mathrm{d}y(t)}{\mathrm{d}t} + a_0 y(t) = b_0 x(t) \qquad （4-8）$$

式（4-8）通常写为

$$\tau \frac{\mathrm{d}y(t)}{\mathrm{d}t} + y(t) = Kx(t) \qquad （4-9）$$

式中，τ 为传感器的时间常数，$\tau = a_1 / a_0$；K 为传感器的静态灵敏度，$K = b_0 / a_0$。

能用式（4-9）描述其动态特性的传感器就称为一阶系统，也称为惯性系统。时间常数 τ 具有时间量纲，它反映传感器惯性的大小，静态灵敏度则说明其静态特性。

对式（4-9）进行拉普拉斯变换，得

$$(\tau s + 1) Y(s) = K X(s) \qquad （4-10）$$

则传递函数为

$$H(s) = \frac{Y(s)}{X(s)} = \frac{K}{\tau s + 1} \qquad （4-11）$$

频率响应函数为

$$H(\mathrm{j}\omega) = \frac{Y(\mathrm{j}\omega)}{X(\mathrm{j}\omega)} = \frac{K}{\mathrm{j}\omega\tau + 1} \qquad （4-12）$$

幅频特性为

$$A(\omega) = \frac{K}{\sqrt{(\omega\tau)^2 + 1}} \qquad （4-13）$$

幅值相对误差为

$$\gamma = \left| \frac{A(\omega) - K}{K} \right| \times 100\% = \left| \frac{1}{\sqrt{(\omega\tau)^2 + 1}} - 1 \right| \times 100\% \qquad (4-14)$$

相频特性为

$$\phi(\omega) = \arctan(-\omega\tau) = -\arctan(\omega\tau) \qquad (4-15)$$

当 $\omega\tau \ll 1$ 时，$A(\omega) = K$，说明传感器的输出与输入为线性关系，即时间常数 τ 越小，频率特性越好；当 $\omega\tau$ 很小时，$\phi(\omega) \approx -\omega\tau$，所以相位差与角频率 ω 呈线性关系，这时测试是无失真的，$y(t)$ 能真实反映输入 $x(t)$ 的变化规律。

若输入为阶跃函数，幅值为 A，则式（4-9）的解为

$$y(t) = KA\left(1 - e^{-\frac{t}{\tau}}\right) \qquad (4-16)$$

由式（4-16）可知，当 $t \to \infty$ 时，$y=KA$，即一阶传感器的稳态响应输出是输入的 K 倍，暂态响应是一个指数函数；当 $t = \tau$ 时，有

$$y(\tau) = KA\left(1 - e^{-1}\right) = 0.632KA \qquad (4-17)$$

此时，响应曲线值达到稳态值的63.2%，所对应的时间即为时间常数 K。K 越小，响应时间越短，响应曲线越接近于阶跃曲线。

例4-2 有一只湿度传感器，其微分方程为 $30\frac{dy}{dt} + 3y = 0.18x$。式中，$y$ 为输出电压，单位为mV；x 为输入湿度，单位为RH。试求传感器的时间常数和静态灵敏度。

解：将该湿度传感器微分方程两边同除以3，得

$$10\frac{dy}{dt} + y = 0.06x$$

与式（4-9）相比可知，传感器的时间常数 τ=10s，静态灵敏度 K=0.06mV/RH。
（3）二阶系统。

二阶系统的微分方程为

$$a_2 \frac{d^2 y(t)}{dt^2} + a_1 \frac{dy(t)}{dt} + a_0 y(t) = b_0 x(t) \qquad (4-18)$$

该系统的表达式通常写为

$$\frac{d^2 y(t)}{dt^2} + 2\varsigma\omega_n \frac{dy(t)}{dt} + \omega_n^2 y(t) = \omega_n^2 K x(t) \qquad (4-19)$$

式中，K 为传感器的静态灵敏度系数，$K = b_0 / a_0$；ζ 为传感器的阻尼系数，$\varsigma = a_1 / (2\sqrt{a_0 a_2})$；$\omega_n$ 为传感器的固有频率，$\omega_n = \sqrt{a_0 / a_2}$。

例4-3 某压电式加速度计动态特性的微分方程为

$$\frac{d^2 q}{dt^2} + 3.0 \times 10^3 \frac{dq}{dt} + 2.25 \times 10^{10} q = 11.0 \times 10^{10} a$$

式中，q 为输出电荷量，pC；a 为输入加速度，m/s^2。试确定该加速度计的静态灵敏度系数 K、测量系统的固有频率 ω_n 及阻尼系数 ζ。

解：该加速度计为二阶系统，其微分方程的基本形式如式（4-18）所示，此式与已知微分方程式比较可得：

静态灵敏度系数

$$K = b_0 / a_0 = 11.0 \times 10^{10} / (2.25 \times 10^{10}) \, pC / (m/s^2) \approx 4.89 \, pC / (m/s^2)$$

固有振荡频率

$$\omega_n = \sqrt{a_0 / a_2} = \sqrt{2.25 \times 10^{10} / 1} \, rad / s = 1.5 \times 10^5 \, rad / s$$

阻尼系数

$$\varsigma = a_1 / (2\sqrt{a_0 a_2}) = 3.0 \times 10^3 / (2\sqrt{2.25 \times 10^{10} \times 1}) = 0.01$$

4.4.2.2　传感器的动态特性指标

尽管大部分传感器的动态特性可以近似地用一阶或者二阶系统来描述，但实际的传感器往往比上述的数学模型要复杂。因此，动态响应特性一般并不能直接给出其微分方程，而是通过动态响应试验，得到传感器的阶跃响应曲线或者频率响应曲线，利用曲线的某些特征值来表示其动态响应特性。

（1）与阶跃响应有关的动态特性指标。

当给静止的传感器输入一个单位阶跃函数信号时，即

$$u(t) = \begin{cases} 0, t \le 0 \\ 1, t > 0 \end{cases}$$

其输出特性称为阶跃响应特性。

为表征传感器的动态特性，常用以下几项指标来衡量阶跃响应特性，如图4-18所示。

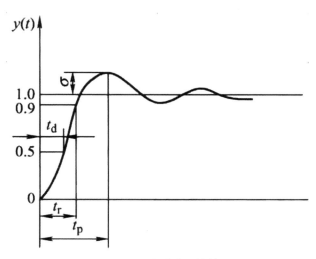

图4-18　阶跃响应特性

①最大超调量 σ_p。指响应曲线偏离阶跃曲线（稳态值）的最大值。若稳态值为1，则最大百分比超调量为

$$\sigma_{\mathrm{p}}\% = \frac{y\left(t_{\mathrm{p}}\right) - y\left(\infty\right)}{y\left(\infty\right)} \times 100\% \qquad （4\text{-}20）$$

最大超调量能说明传感器的相对稳定性。

②延迟时间 t_{d}。阶跃响应达到稳态值50%所需要的时间。

③上升时间 t_{r}。上升时间有以下几种定义：第一种定义为，响应曲线从稳态值的10%上升到90%所需要的时间。第二种定义为，响应曲线从稳态值的5%上升到95%所需要的时间。第三种定义为，响应曲线从零到第一次到达稳态值所需要的时间。

对有振荡的传感器常用上述第三种定义，对无振荡的传感器常用第一种定义。

④峰值时间 t_{p}。响应曲线到第一个峰值所需要的时间。

这些是时域响应的主要指标。对于一个传感器，并不需要把每一个指标都提出来。往往根据具体的要求只提出几个需要的性能指标就可以了。

（2）与频率响应有关的动态特性指标。

在采用正弦输入研究传感器频域动态特性时，常用幅频特性和相频特性来描述传感器的动态特性，其重要指标是频带宽度，简称带宽。

在定常线性系统中，拉普拉斯变换为广义的傅里叶变换，即取 $s = \sigma + \mathrm{j}\omega$ 中的 $\sigma = 0$，则 $s = \mathrm{j}\omega$，即拉普拉斯变换局限于 s 平面的虚轴，则得到傅里叶变换。因此，对式（4-6）的输出进行拉普拉斯变换得

$$Y\left(s\right) = \int_{0}^{\infty} y\left(t\right) \mathrm{e}^{-st} \mathrm{d}t \qquad （4\text{-}21）$$

把 $s = \mathrm{j}\omega$ 代入式（4-21）得

$$Y\left(\mathrm{j}\omega\right) = \int_{0}^{\infty} y\left(t\right) \mathrm{e}^{-\mathrm{j}\omega t} \mathrm{d}t \qquad （4\text{-}22）$$

同样有

$$X\left(\mathrm{j}\omega\right) = \int_{0}^{\infty} x\left(t\right) \mathrm{e}^{-\mathrm{j}\omega t} \mathrm{d}t \qquad （4\text{-}23）$$

则

$$H(j\omega) = \frac{Y(j\omega)}{X(j\omega)} = \frac{b_m(j\omega)^m + b_{m-1}(j\omega)^{m-1} + \cdots + b_0}{a_n(j\omega)^n + a_{n-1}(j\omega)^{n-1} + \cdots + a_0} \tag{4-24}$$

$H(j\omega)$ 称为传感器的频率响应函数，也称为频率响应或频率特性。频率响应是一种特殊的传递函数。传感器的频率响应 $H(j\omega)$ 是在初始条件为零时，输出的傅里叶变换与输入的傅里叶变换的比值，是在"频域"对系统传递信息特性的描述。

频率响应函数 $H(j\omega)$ 是一个复变函数，可以表示为指数形式，即

$$H(j\omega) = \frac{Y(j\omega)}{X(j\omega)} = \frac{Y}{X}e^{j\omega} = A(\omega)e^{j\omega} \tag{4-25}$$

其中

$$A(\omega) = |H(j\omega)| = \frac{Y}{X}$$

若以 $H_R(\omega) = \mathrm{Re}\left[\dfrac{Y(j\omega)}{X(j\omega)}\right]$，$H_1(\omega) = \mathrm{Im}\left[\dfrac{Y(j\omega)}{X(j\omega)}\right]$ 分别表示 $H(j\omega)$ 的实部和虚部，则

$$A(\omega) = |H(j\omega)| = \sqrt{\left[H_R(\omega)\right]^2 + \left[H_1(\omega)\right]^2} \tag{4-26}$$

$A(\omega)$ 称为传感器的幅频特性或传感器的动态灵敏度。$A(\omega)$ 表示传感器的输出与输入的幅值比与输入信号频率的关系。

频率特性的相位角为

$$\phi(\omega) = \arctan\left[\frac{H_1(\omega)}{H_R(\omega)}\right] = \arctan\left\{\frac{\mathrm{Im}\left[\dfrac{Y(j\omega)}{X(j\omega)}\right]}{\mathrm{Re}\left[\dfrac{Y(j\omega)}{X(j\omega)}\right]}\right\} \tag{4-27}$$

$\phi(\omega)$ 为传感器的输出信号相位随频率变化的关系。对于传感器，ϕ 多是负

值，表示传感器的输出滞后于输入的相位角度，且 ϕ 随 ω 变化，因而称为传感器的相频特性。

4.4.3　传感器的标定

为了保证传感器具有更好的准确性和可靠性，应全方位地检定新研制或生产的传感器的技术性能，在此过程中使用标准器具对传感器进行准确定度，该过程即为标定。

4.4.3.1　传感器的静态标定

进行静态标定是为了确定传感器静态特性指标，主要工作内容是通过进行实验确定传感器输入—输出实际特性曲线。

传感器静态标定的过程中，一要确定静态标定条件，所确定的条件即为标定规程所规定的标准，进行标定时必须满足此条件；二要建立静态标定系统，标定系统中的标定仪器其精度要高于别标定传感器。图4-19所示为应变式测力传感器的静态标定系统。图中测力仪产生标准力，这个力可以是由标准砝码产生的基准测力仪、杠杆式测力仪或液压式测力仪所测定的量值、标准测力计或标准测力传感器读取的标准力值。高精度稳压电源向应变式测力传感器输入稳定的供桥电压，输入电压有数字电压表1测量，传感器的输出电压由数字电压表2测量。

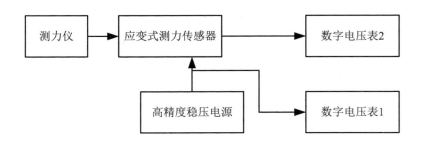

图4-19　应变式测力传感器的静态标定系统

4.4.3.2 传感器的动态标定

进行传感器动态标定是为了确定传感器的动态特性。传感器的动态特性常表示为传递函数。确定了传递函数，便能够得到传感器的阶跃响应和频率响应特性。因而可以说进行传感器动态标定的本质为确定传感器传递函数。

对于一阶环节，只要知道其时间常数；对于二阶环节，只要知道其阻尼比ξ和固有频率ω_0，其传递函数便可确定。所以，确定一、二阶环节传递函数的问题，最终归结为确定环节的τ、ξ、ω_0值的问题。这里讨论在传感器基本参数未知的情况下，τ、ξ、ω_0的实验测试法。目前，一般采用阶跃响应法进行测试，即给被测环节输入阶跃信号，测其阶跃响应曲线，进而计算τ或ξ、ω_0的方法。

（1）一阶环节τ值的阶跃测定法。

一阶环节的阶跃响应函数式为

$$y(t) = AK\left(1 - \mathrm{e}^{-\frac{t}{\tau}}\right)$$

式中，A为阶跃输入量；K为系统的灵敏度系数。

则得

$$1 - \frac{Y(t)}{AK} = \mathrm{e}^{-\frac{t}{\tau}} \tag{4-28}$$

设

$$Z(t) = \ln\left[1 - \frac{Y(t)}{AK}\right] \tag{4-29}$$

则

$$Z(t) = -\frac{t}{\tau} \tag{4-30}$$

上式表明，如果被测试的为一阶环节，那么$Z(t)$与t应成线性关系。若在$Z(t)$与t坐标中作出$Z(t)$直线，则其斜率为$-1/\tau$。

因此，首先在环节的阶跃响应曲线上测取稳态值AK及若干对$[t，Y(t)]$值；然后代入式（4-29）求取对应的$Z(t)$值；再作$Z(t)$-t曲线，如图4-20所示。

若所有点基本分布在一条直线上，说明该环节为一阶环节，可由式（4-31）确定τ值。

$$\tau = \frac{\Delta t}{\Delta Z} \qquad (4-31)$$

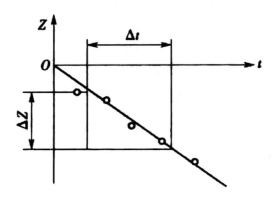

图4-20　$Z(t)-t$ 曲线

（2）二阶环节ξ和ω_0的阶跃测定法。

①阻尼系数ξ的测定法。

二阶环节一般均设计为$\xi=0.7\sim0.8$的欠阻尼系统，二阶系统的阶跃响应函数式为

$$Y(t) = -\frac{e^{-\xi\omega_0 t}}{\sqrt{1-\xi^2}} K \sin\left(\sqrt{1-\xi^2}\,\omega_0 t + \phi\right) + K \qquad (4-32)$$

式中，$\phi = \arcsin\sqrt{1-\xi^2}$，响应的振动角频率$\omega_d$为

$$\omega_d = \omega_0\sqrt{1-\xi^2} \qquad (4-33)$$

振动周期为

$$T_d = 2\pi / \omega_d \qquad (4-34)$$

a_1出现的时间为半周期，即$t = T_d / 2 = \pi / \omega_d$，将$t$代入式（4-32）得最大过

冲量 a_1 为

$$a_1 = K e^{-\left(\xi \delta \sqrt{-\xi^2} \right)} \qquad\qquad （4-35）$$

所以

$$\xi = \dfrac{\ln \dfrac{a_1}{K}}{\sqrt{\pi^2 + \left(\ln \dfrac{a_1}{K} \right)^2}} \qquad\qquad （4-36）$$

或

$$\xi = \sqrt{\dfrac{1}{\sqrt{\left(\dfrac{\delta}{\ln \dfrac{a_1}{K}} \right)^2 + 1}}} \qquad\qquad （4-37）$$

因此，只要由二阶传感器阶跃响应曲线上测得最大过冲量 a_1，然后代入式（4-37）便可求得阻尼比 ξ。

② ω_0 的测定法。

由式（4-34）可知，振动周期 $T_d = 2\pi / \omega_d$，又由式（4-33）知欠阻尼系统响应的振动角频率 $\omega_d = \omega_0 \sqrt{1-\xi^2}$，将 T_d 与 ω_d 两式综合整理可得

$$\omega_0 = \dfrac{\dfrac{2\pi}{T_d}}{\sqrt{1-\xi^2}} \qquad\qquad （4-38）$$

即首先在二阶系统阶跃曲线上测取振动周期 T_d，将 T_d 和 ξ 值代入式（4-38），便可求得系统的固有角频率 ω_0。

4.5 传感器的选用原则

4.5.1 对传感器的一般要求

传感器在测量与控制系统中具有十分重要的地位，其必须具备快速、准确、可靠以及信息转换成本较低等特点。因此，对于不同原理和结构的传感器来说，其使用环境、条件和目的各不相同，需要达到的技术指标也各不一样，但是在一般要求上都应满足下面几点。

（1）容量充足。传感器的工作范围或量程足够大，具有良好的过载能力。

（2）与测量或控制系统的匹配性能高，具有较高的转换灵敏度和良好的线性程度。

（3）反应快、精度适当、工作可靠性高。传感器的可靠性、静态精度和动态特性直接影响到传感器的工作性能，因此对这些方面的要求是最为基本的要求。传感器需要采用检测功能来实现不同的技术目的，部分传感器是在动态条件下运行，若精度较低、动态特性不好或发生故障，那么会直接干扰工作的开展。在系统或设备上通常安装了不止一个传感器，若其中一个发生故障，则会直接影响全局，这在实际应用中会造成不可估计的损失。

（4）适用性和适应性强，几乎不会影响被测量的状态，不容易被其他外界因素影响，安全系数高等。抗干扰能力也是一个必不可少的要求，因为在实际使用过程中不可避免地会遇到许多其他干扰因素，这就需要传感器能够具有一定的适应能力，同时在恶劣环境下使用也要达到一定的安全性。

（5）使用经济，即成本低、寿命长，易于使用、维修和校准。

4.5.2 传感器的选择原则

在选择传感器时，应从以下几方面着手。

4.5.2.1 测量对象与测量环境确定传感器的类型

在建立测控系统时，应依据测量对象的特点和具体的测量环境来选择传感器，主要应注意如下几点：量程的大小、被测位置对传感器体积的要求、测量方式、信号的引出方法、传感器的来源与价格等。通过对上述几方面的分析，就可以确定选择哪种类型的传感器，在此基础上，进一步确定传感器的具体性能指标。

4.5.2.2 灵敏度

一般情况下，在传感器的线性范围内，会要求传感器具有较高的灵敏度，以便于后期进行信号处理。不过需要强调的一点是，当传感器的灵敏度较高时，外部与测量无关的信号也极易被采集到，再经过放大处理后会干扰测量精度。因此，折旧需要传感器具有较高的信噪比，这样才可以减小外界干扰信号的影响。

4.5.2.3 频率响应特性

被测量的频率范围与传感器的频率响应特性有关，应保证在得到的频率范围内保持不失真的测量条件。传感器具有的频率响应越高，可测的信号频率范围就越宽。与此同时，也要求传感器的延迟时间尽可能短。在动态条件下进行测量时，需依据信号的特点（稳态、瞬态、随机等），来确定相应的响应特性，从而降低误差大小。

4.5.2.4 线性范围

选择好使用哪种传感器后，便需要考虑量程是否达到相应的要求。传感器具备的线性范围越宽，则量程就越大，而且也具有一定的测量精度。传感器并不能确保达到绝对的线性，但在需要的测量精度较低的情况下，在一定的范围内，能够把非线性误差较小的传感器近似看作是线性的，从而便于后续测量。

4.5.2.5 稳定性

对于传感器来说，其稳定性不仅与自身结构有关，更与传感器的工作环境密不可分。折旧要求传感器对环境具有较强的适应能力。在选择传感器时，也应全面调查其使用环境，选择与环境相匹配的传感器，或者采取相应的措施来降低环境对工作情况造成的影响。某些场合使用的传感器需要长期使用并且不会经常更换或标定，这时选择的传感器必须具备更高的稳定性，能够长期正常使用。

4.5.2.6　精度

传感器的精度越高，其价格就越昂贵，考虑到成本原因，传感器的精度只需要能够满足整个测量系统的精度要求，不需要选得太高。因此便可以在实现同一测量要求的传感器中选一个更加经济实用的传感器。如果测量是为了进行定性分析，那么可以选择重复精度高的传感器，不需要选择绝对量值精度高的传感器；如果测量是为了进行定量分析，需要得到精确的测量值，应选择准确度等级能满足要求的传感器。

第5章 光电传感技术

光电式传感器是基于光电效应把光信号转换成电信号的装置。光电式传感器可用来测量光学量或测量已先行转换为光学量的其他被测量，然后输出电信号。光电式传感器的核心部件是光电器件，测量光学量时，光电器件作为敏感元件使用；而测量其他物理量时，它作为转换元件使用。光电式传感器具有非接触、精度高、反应快、可靠性好、分辨率高等优点。近年来，随着各种新型光电器件的不断涌现，特别是激光技术和图像技术的迅猛发展，光电传感器已经成为传感器领域的重要角色，在非接触测量领域占据绝对的统治地位。目前，光电传感器已经在国民经济和科学技术各个领域得到广泛的应用，并发挥着越来越重要的作用。

5.1　光电效应及光电器件

光子是具有能量的粒子，每个光子的能量可表示为

$$E = hv$$

式中，h为普朗克常数，$h=6.626 \times 10^{-34} \text{J} \cdot \text{s}$；$v$为光的频率。

根据爱因斯坦假设：一个光子的能量只给一个电子。因此，如果一个电子要从物体中逸出，必须使光子能量E大于表面逸出功 A_0，这时，逸出表面的电子具有的动能可用光电效应方程表示为

$$E_k = \frac{1}{2}mv^2 = hv - A_0$$

式中，m为电子的质量；v为电子逸出初始速度。

根据光电效应方程，当光照射在某些物体上时，光能量作用于被测物而释放出电子，这种现象称为光电效应。光电效应中所放出的电子叫光电子。光电效应一般分为外光电效应和内光电效应两大类。根据光电效应可以做出相应的光电转换元件，简称光电器件或光敏器件，它是构成光电式传感器的主要部件。

5.1.1 外光电效应型光电器件

5.1.1.1 光电管及其基本特性

（1）结构。

光电管有真空光电管和充气光电管（或称电子光电管和离子光电管）两类。两者结构相似，如图5-1所示。真空光电管由一个阴极和一个阳极构成，并且密封在一只真空玻璃管内。阴极装在玻璃管内壁上，其上涂有光电发射材料；阳极通常用金属丝弯曲成矩形或圆形，置于玻璃管的中央。光电管的阴极受到适当的光线照射后发射电子，这些电子被具有一定电位的阳极吸引，在光电管内形成空间电子流。如果在外电路中串入适当阻值的电阻，则在此电阻上将有正比于光电管中空间电流的电压降，其值与照射在光电管阴极上光的亮度呈函数关系。

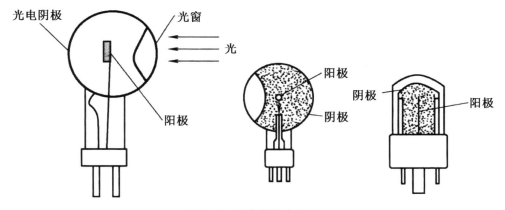

图5-1 光电管基本结构

充气光电管的玻璃泡内充入惰性气体，如氩、氖等。当电子在被吸向阳极的过程中，运动着的电子对惰性气体进行轰击，并使其产生电离，会有更多的自由电子产生，从而提高了光电转换灵敏度。

（2）主要性能。

①光电管的伏安特性。

在一定的光照射下，对光电器件的阴极所加电压与阳极所产生的电流之间的关系称为光电管的伏安特性。真空光电管和充气光电管的伏安特性分别如图5-2

（a）、（b）所示。由图可见，阳极电流随着光照强度（光通量）的增加而增加，阴极所加电压的增加也有助于阳极电流的增大。

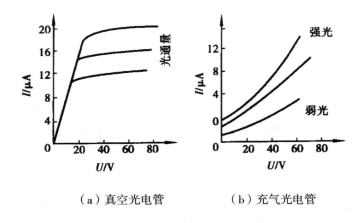

（a）真空光电管　　　　　（b）充气光电管

图5-2　光电管的伏安特性

②光电管的光照特性。

当光电管的阳极和阴极之间所加电压一定时，光通量与光电流之间的关系为光电管的光照特性。其特性曲线如图5-3所示。曲线1表示氧铯阴极光电管的光照特性，光电流与光通量呈线性关系。曲线2为锑铯阴极的光电管光照特性，它呈非线性关系。光照特性曲线的斜率（光电流与入射光光通量之比）称为光电管的灵敏度。

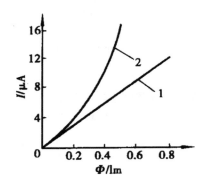

图5-3　光电管的光照特性

③光电管的光谱特性。

保持光通量和阴极电压不变，光电管阳极电流与光波长之间的关系称为光谱特性。由于光电阴极对光谱有选择性，所以光电管对光谱也有选择性。具有不同光电阴极材料的光电管，有不同的红限频率，适用于不同的光谱范围。如图5-4所示，曲线1、2分别为铯阴极、锑钯阴极对应不同波长光线的灵敏度，曲线3为多种成分（锑、钾、钠、铯等）阴极的光谱特性曲线。所以，对各种不同波长区域的光，应选用不同材料的光电阴极，以使其最大灵敏度在需要检测的光谱范围内。

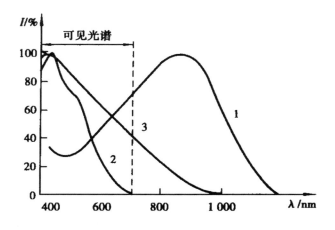

图5-4 光电管的光谱特性

5.1.1.2 光电倍增管及其基本特性

（1）结构。

当入射光很微弱时，普通光电管产生的光电流很小，只有零点几微安，不容易被探测。这时常用光电倍增管对电流进行放大，图5-5所示为光电倍增管内部结构示意图。

光电倍增管（Photo Multiplier Tube，简称PMT）由光阴极、次阴极（倍增极）以及阳极三部分组成。阴极材料一般是半导体光电材料锑铯，收集到的电子数是阴极发射电子数的10^5~10^6倍。次阴极一般是在镍或铜–铍的衬底上涂上锑铯材料，次阴极的形状及位置要正好能使轰击进行下去，在每个次阴极间均依次增大加速电压，次阴极多的可达30级。阳极是最后用来收集电子的，它输出的是电压脉冲。光电倍增管是灵敏度极高，响应速度极快的光探测器，其输出信号在很大范围内与入射光子数成线性（正比）关系。

图5-5　光电倍增管内部结构示意图

（2）主要参数。

①倍增系数M。

倍增系数M等于各倍增电极的二次电子发射系数δ的乘积。如果n个倍增电极的δ都一样，则阳极电流为

$$I = iM = i\delta^n$$

式中，I为光电阳极的光电流；i为光电阴极发出的初始光电流；δ为倍增电极的电子发射系数；n为光电倍增极数（一般9~11个）。

光电倍增管的电流放大倍数为

$$\beta = I / i = \delta^n = M$$

倍增系数M与所加电压有关，反映倍增极收集电子的能力，一般M在10^5~10^8范围内。如果电压有波动，倍增系数也会波动。一般阳极和阴极之间的电压为1000~2500V范围内。两个相邻的倍增电极的电位差在50~100V范围内。对所加的电压越稳定越好，这样可以减少M的统计涨落，从而减小测量误差。

②光电阴极灵敏度和光电倍增管总灵敏度。

一个光子在阴极上所能激发的平均电子数叫作光电阴极的灵敏度。入射一个光子在阴极上，最后在阳极上能收集到的总的电子数叫作光电倍增管的总灵敏度，该值与加速电压有关。光电倍增管的最大灵敏度可达10A/lm，极间电压越

高，灵敏度越高。但极间电压也不能太高，太高反而会使阳极电流不稳。另外，由于光电倍增管的灵敏度很高，所以不能受强光照射，否则易于损坏。

③暗电流。

一般在使用光电倍增管时，必须把它放在暗室里避光使用，使其只对入射光起作用。但是，由于环境温度、热辐射和其他因素的影响，即使没有光信号输入，加上电压后阳极仍有电流，这种电流称为暗电流。暗电流主要是热电子发射引起，它随温度增加而增加。不过暗电流通常可以用补偿电路加以消除。

④光电倍增管的光谱特性。

光电倍增管的光谱特性与相同材料的光电管的光谱特性很相似。

5.1.2　内光电效应型光电器件

内光电效应是指在光线作用下，物体的导电性能发生变化或产生光生电动势的现象。这种效应可分为因光照引起半导体电阻率变化的光导效应（某些半导体材料在入射光能量的激发下产生电子–空穴对，致使材料电特性改变的现象）和因光照产生电动势的光生伏特效应两种。

基于光导效应的光电器件有光敏电阻；基于光生伏特效应的光电器件有光电池；此外，光敏二极管、光敏三极管也是基于内光电效应。

5.1.2.1　光敏电阻

光敏电阻又称光导管，是一种均质半导体器件。它具有灵敏度高、光谱响应范围宽；体积小、质量轻、机械强度高；耐冲击、耐振动、抗过载能力强和寿命长等特点，被广泛地用于自动化技术中。

（1）光敏电阻的结构和工作原理。

当入射光照到半导体上时，若光电导体为本征半导体材料，而且光辐射能量又足够强，则电子受光子的激发由价带越过禁带跃迁到导带，在价带中就留有空穴，在外加电压下，导带中的电子和价带中的空穴同时参与导电，即载流子数增多，电阻率下降。由于光的照射，使半导体的电阻变化，所以称为光敏电阻。

如图5–6（a）所示为单晶光敏电阻的结构图。一般单晶的体积小，受光面积也小，额定电流容量低。为了加大感光面，通常采用微电子工艺在玻璃（或陶瓷）基片上均匀地涂敷一层薄薄的光电导多晶材料，经烧结后放上掩蔽膜，蒸镀上两个金（或铟）电极，再在光敏电阻材料表面覆盖一层漆保护膜（用于防止周围介质的影响，但要求该漆膜对光敏层最敏感的波长范围内的光线透射率最大）。大面积感光面光敏电阻的表面结构大多采用图5-6（b）的梳状电极结构，这样可得到比较大的光电流。图5-6（c）为光敏电阻的测量电路。

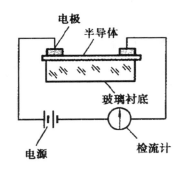  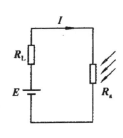

（a）单晶光敏电阻的结构图　　　（b）梳状电极结构　　　（c）光敏电阻的测量电路

图5-6　光敏电阻的结构

　　光敏电阻的选用取决于它的主要参数和一系列特性，如暗电流、光电流、光敏电阻的伏安特性、光照特性、光谱特性、频率特性、温度特性以及光敏电阻的灵敏度、时间常数和最佳工作电压等。

　　（2）光敏电阻的主要参数和基本特性。

　　①光敏电阻的伏安特性。

　　在一定照度下，光敏电阻两端所加的电压与光电流之间的关系称为伏安特性。硫化镉光敏电阻的伏安特性曲线如图5-7所示。由曲线可知，在给定的电压下，光电流的数值将随光照增强而增大，其电压-电流关系为直线，即其阻值与入射光量有关。

　　②光敏电阻的光照特性。

　　光敏电阻的光照特性用于描述光电流和光照强度之间的关系，绝大多数光敏电阻光照特性曲线是非线性的，如图5-8所示。不同光敏电阻的光照特性是不相同的。光敏电阻一般在自动控制系统中用做开关式光电信号转换器而不宜用做线性测量元件。

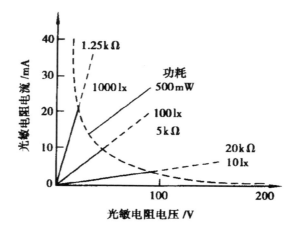

图5-7　硫化镉光敏电阻的伏安特性

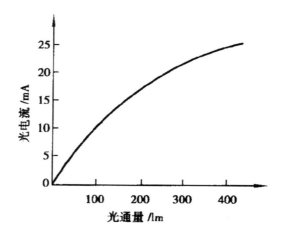

图5-8　光敏电阻的光照特性

③光敏电阻的光谱特性。

光敏电阻的相对灵敏度与入射波长的关系称为光谱特性。几种常用光敏电阻材料的光谱特性如图5-9所示。从图中看出，对于不同材料制成的光敏电阻，其光谱响应的峰值是不一样的，即不同的光敏电阻最敏感的光波长是不同的，从而决定了它们的适用范围是不一样的。

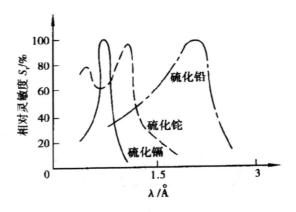

图5-9　光敏电阻的光谱特性

④光敏电阻的响应时间和频率特性。

实验证明，光敏电阻的光电流不能随着光照量的改变而立即改变，即光敏电阻产生的光电流有一定的惰性，这个惰性通常用时间常数来描述。时间常数为光敏电阻自停止光照起到电流下降为原来的63%所需要的时间，因此，时间常数越小，响应越迅速。但大多数光敏电阻的时间常数都较大，这是它的缺点之一。不同材料的光敏电阻有不同的时间常数，因此其频率特性也各不相同。

如图5-10所示为硫化镉和硫化铅光敏电阻的频率特性。硫化铅的使用频率范围最大，其他都较差。目前正在通过改进生产工艺来改善各种材料光敏电阻的频率特性。

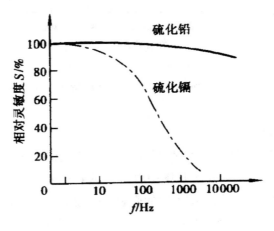

图5-10　频率特性

⑤光敏电阻的温度特性。

光敏电阻的光谱响应、灵敏度和暗电阻都要受到温度变化的影响。受温度影响最大的例子是硫化铅光敏电阻。其光谱响应的温度特性曲线如图5-11所示。

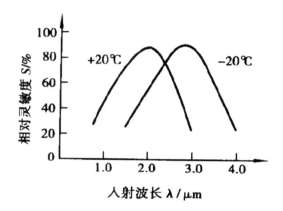

图5-11 硫化铅光敏电阻的温度特性

随着温度的上升，其光谱响应曲线向左（即短波的方向）移动。因此，要求硫化铅光敏电阻在低温、恒温的条件下使用。

5.1.2.2 光电池

（1）光电池原理。

光电池又称称太阳能电池，是利用光生伏特效应把光能直接转换成电能的光电器件。一般能用于制造光电阻器件的半导体材料均可用于制造光电池，例如，硒光电池、硅光电池、砷化镓光电池等。

光电池结构如图5-12（a）所示。硅光电池是在一块N型硅片上，用扩散的方法掺入一些P型杂质形成PN结。当入射光照射在PN结上时，若光子能量 hv 大于半导体材料的禁带宽度 E，则在PN结内附近激发出电子-空穴对，在PN结内电场的作用下，N型区的光生空穴被拉向P型区，P型区的光生电子被拉向N型区，结果使P型区带正电，N型区带负电，这样PN结就产生了电位差，若将PN结两端用导线连接起来，电路中就有电流流过，电流方向由P型区流经外电路至N型区。若将外电路断开，就可以测出光生电动势。

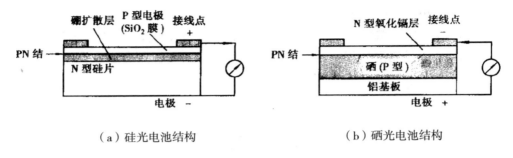

（a）硅光电池结构　　　　　　　　　　　　（b）硒光电池结构

图5-12　光电池结构示意图

硒光电池是在铝片上涂硒（P型），再用溅射的工艺，在硒层上形成一层半透明的氧化镉（N型）。在正、反两面喷上低融合金作为电极，如图5-12（b）所示。在光线照射下，镉材料带负电，硒材料上带正电，形成光电流或电动势。

光电池的表示符号、基本电路及等效电路如图5-13所示。

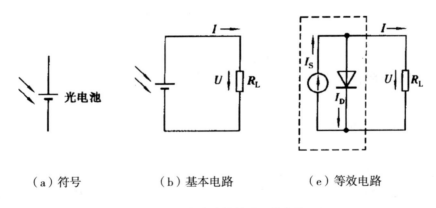

（a）符号　　　　　　（b）基本电路　　　　　（e）等效电路

图5-13　光电池的符号及其电路

（2）光电池特性。

①光谱特性。

硅和硒光电池的光谱特性如图5-14（a）所示。由图可知，①光电池对不同波长的光的灵敏度是不同的。硅光电池的光谱响应波长范围为0.4~1.2μm，而硒光电池为0.38~0.75μm，相对而言，硅电池的光谱响应范围更宽。硒光电池在可见光谱范围内有较高的灵敏度，适宜测可见光。②不同材料的光电池的光谱响应峰值所对应的入射光波长也是不同的。硅光电池在0.8μm附近，硒光电池在0.5μm

附近。因此，使用光电池时对光源应有所选择。

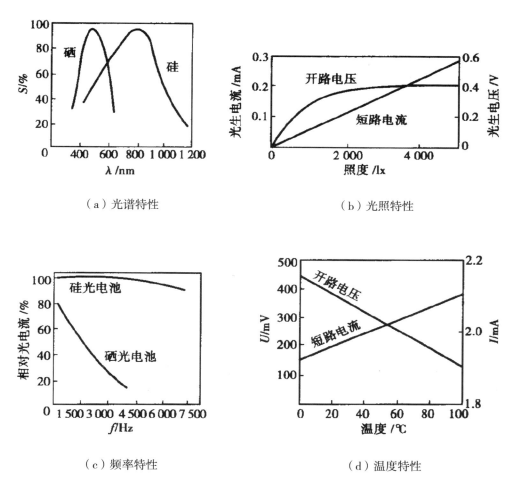

（a）光谱特性

（b）光照特性

（c）频率特性

（d）温度特性

图5-14　光电池的基本特性

②光照特性。

光电池在不同光照度下，其光电流和光生电动势是不同的，它们之间的关系称为光照特性。硅光电池的开路电压和短路电流（外接负载相对于它的内阻很小时的光电流）与光照关系如图5-14（b）所示。由图可知，短路电流在很大范围内与光照度成线性关系，而开路电压（负载电阻无穷大时）与光照度的关系是非线性的，在2000lx照度时趋于饱和，因此光电池作为测量元件时，应把它作为电流源来使用，使其接近短路工作状态，以利用短路电流与光照度间线性关系的特点，不能作电压源。在应用光电池时，所用负载电阻大小应根据光照的具体情况来决定。

③频率特性。

光电池的PN结面积大，极间电容大，因此频率特性较差。图5-14（c）分别给出硅光电池和硒光电池与光的调制频率之间的关系特性，由图可见，硅光电池有较好的频率特性和较高的频率响应，因此一般在高速计算器中采用。

④温度特性。

光电池的温度特性用于描述光电池的开路电压和短路电流随温度变化的情况。温度特性将影响测量仪器的温漂和测量或控制的精度等。

硅光电池在1000lx光照下的温度特性曲线如图5-14（d）所示，由图可以看出：开路电压随温度的升高而快速下降，短路电流却随温度升高而增加，（在一定温度范围内）它们都与温度成线性关系。温度对光电池的工作影响较大，当它作为测量元件时，最好保证温度恒定，或采取温度补偿措施。

5.1.2.3　光敏二极管和光敏三极管

大多数半导体二极管和三极管都是对光敏感的，当二极管和三极管的PN结受到光照射时，通过PN结的电流将增大，因此，常规的二极管和三极管都用金属罐或其他壳体密封起来，以防光照。而光敏二极管和光敏三极管则必须使PN结能接收最大的光照射。光电池与光敏二极管、光敏三极管都是PN结，它们的主要区别在于后者的PN结处于反向偏置，无光照时反向电阻很大、反向电流很小，相当于截止状态。当有光照时将产生光生的电子-空穴对，在PN结电场作用下电子向N区移动，空穴向P区移动，形成光电流。

（1）光敏管的结构和工作原理。

光敏二极管是一种PN结型半导体器件，与一般半导体二极管类似，其PN结装在管的顶部，以便接受光照，上面有一个透镜制成的窗口，可使光线集中在敏感面上。其工作原理和基本使用电路如图5-15所示。

光敏三极管（或称光敏晶体管）是一种NPN型三极管，其结构与普通三极管很相似，只是它的基极做得很大，以扩大光的照射面积，且其基极往往不接引线。光敏三极管是兼有光敏二极管特性的器件，它在把光信号变为电信号的同时又将信号电流放大，光敏三极管的光电流可达0.4~4mA，而光敏二极管的光电流只有几十微安，因此光敏三极管有更高的灵敏度。图5-16给出了它的结构和基本使用电路。

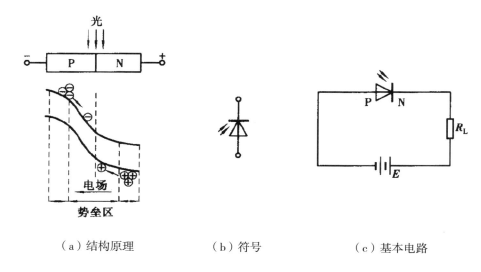

（a）结构原理　　　　　（b）符号　　　　　（c）基本电路

图5-15　光敏二极管的工作原理和基本使用电路

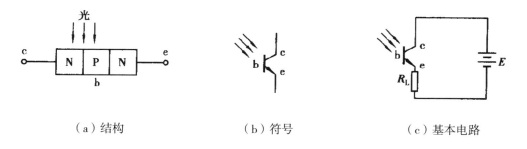

（a）结构　　　　　（b）符号　　　　　（c）基本电路

图5-16　光敏三极管的结构和基本电路

（2）光敏管的基本特性。

①光谱特性。

光谱特性是指光敏晶体管在照度一定时，输出的光电流（或相对光谱灵敏度）随入射光的波长而变化的关系。如图5-17所示为硅和锗光敏晶体管的光谱特性曲线。对一定材料和工艺制成的光敏管，必须对应一定波长范围（即光谱）的入射光才会响应，这就是光敏管的光谱响应。从图中可以看出，硅光敏晶体管适用于0.4~1.1μm波长，最灵敏的响应波长为0.8~0.9μm；而锗光敏晶体管适用于0.6~1.8μm的波长，其最灵敏的响应波长为1.4~1.5μm。

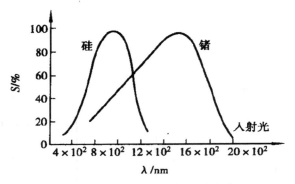

图5-17　光敏晶体管的光谱特性

由于锗光敏晶体管的暗电流比硅光敏晶体管大，故在可见光作光源时，都采用硅管；但是，对红外光源探测时，则锗管较为合适。光敏二极管、光敏三极管几乎全用锗或硅材料做成。由于硅管比锗管无论在性能上还是在制造工艺上都更为优越，所以目前硅管的发展与应用更为广泛。

②伏安特性。

伏安特性是指光敏晶体管在照度一定的条件下，光电流与外加电压之间的关系。如图5-18所示为光敏二极管、光敏三极管在不同照度下的伏安特性曲线。由图可见，光敏三极管的光电流比相同管型二极管的光电流大100倍。此外，从曲线还可看出，在零偏压时，二极管仍有光电流输出，而三极管则没有，这是因为光敏二极管存在光生伏特效应的原因。

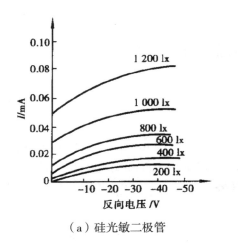

（a）硅光敏二极管

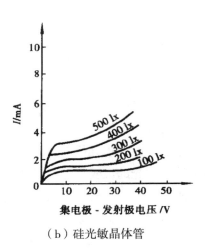

（b）硅光敏晶体管

图5-18　光敏管伏安特性

③光照特性。

光敏晶体管的光照特性如图5-19所示，从图中可以看出光照度越大，产生的光电流越强。

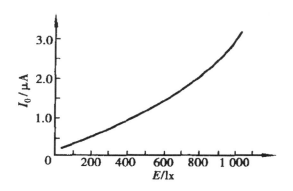

图5-19 光敏晶体管的光照特性图

④频率特性。

光敏晶体管的频率特性是光敏晶体管输出的光电流（或相对灵敏度）与光强变化频率的关系。图5-20给出了硅光敏三极管的频率特性曲线。

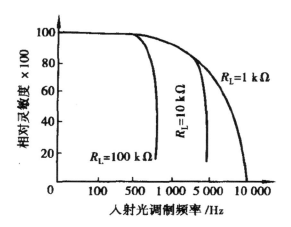

图5-20 光敏晶体管的频率特性

5.1.3 光电器件的应用

利用光电器件进行非电量检测过程中，按信号接收状态可分为模拟式和脉冲式两大类。模拟式光电传感器的工作原理：基于光电器件的光电特性，其光通量随被测量而变，光电流是被测量的函数。其通常有吸收式、反射式、遮光式、辐射式4种基本形式。

（1）吸收式。被测物置于光学通路中，光源的部分光通量由被测物吸收，剩余的透射到光电器件上。透射光的强度取决于被测物对光的吸收大小，而吸收的光通量与被测物的透明度有关，因此常用来测量物体的透明度、浑浊度等。

（2）反射式。光源发出的光投射到被测物上，被测物把部分光通量反射到光电器件上。反射光通量取决于反射表面的性质、状态和与光源之间的距离。利用这个原理可制成表面粗糙度和位移测试仪等。

（3）遮光式。光源发出的光通量经被测物遮去其一部分，使作用在光电器件上的光通量发生改变，改变的程度与被测物在光学通路中的位置有关。利用这个原理可以制成测量位移的位移计等。

（4）辐射式。被测物本身就是光辐射源，发射的光通量直接射向光电器件，也可以经过一定的光路后作用到光电器件上。利用这种原理可制成光电比色高温计。

脉冲式光电传感器的作用方式是使光电器件的输出仅有2种稳定状态，即"通"和"断"的开关状态，所以也称为光电器件的开关运用状态。

如图5-21所示的光电转速计，是光电器件的典型应用。它是将转速变换为光通量的变化，再经过光电器件转换成电量的变化，根据其工作方式又可分为直射式和反射式两种。

直射式光电转速传感器的结构如图5-21（a）所示。它由转盘（开孔圆盘）、光源（发光二极管）、光敏器件（光电二极管）及缝隙板等组成，转盘的输入轴与被测轴相连接。光源发出的光通过转盘和缝隙板照射到光电二极管上并被光电二极管接收，将光信号转为电信号输出。

反射式光电转速传感器的结构如图5-21（b）所示。当间隔数一定时，电脉冲便与转速成正比，电脉冲送至数字测量电路，即可计数显示。

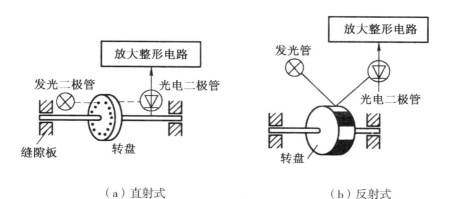

（a）直射式　　　　　　　　（b）反射式

图5-21 光电转速传感器结构

如图5-22所示为利用光的全反射原理实现液位控制的光电式液位传感器的原理图。如图5-23所示为光电式纬线探测器原理电路。

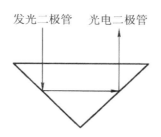

图5-22 光电式液位传感器原理图

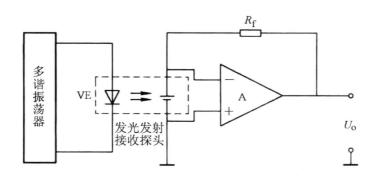

图5-23 光电式纬线探测器原理电路

5.2 光纤传感器

光导纤维（opticalfiber）简称光纤，最早应用于通信，随着光纤技术的发展，光纤传感器得到进一步的发展。光纤传感器具有良好的电绝缘性，可用于高压送电设备高电压下的电场和电流测量；光纤可进行极低损失的光传播，不受来自天线和电器设备等电磁性噪声的干扰，可成为远距离传感系统的传输通路；光纤以光为媒介，无电火花，又具有优良的电绝缘性，可用于化学药品处理或煤矿、石油及天然气储存等危险易燃、易爆的场合。与其他传感器相比，光纤传感器灵敏度高、相应速度快、动态范围大、防电磁干扰、超高电绝缘、防燃、防爆、体积小、材料资源丰富、成本低，可以制成任意形状的光纤传感器。

5.2.1 光纤的结构和传输原理

5.2.1.1 光纤的结构

光纤是采用石英玻璃和塑料等光折射率高的介质材料制成极细的纤维状结构，如图5-24所示。

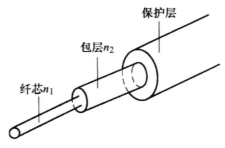

图5-24 光纤结构

光纤中心的圆柱体叫作纤芯，围绕着纤芯的圆形外层叫作包层。纤芯具有大折射率，一般直径为几微米至几百微米，材料主体为二氧化硅。为了提高纤

芯的折射率，光纤一般都掺杂微量的其他材料（如二氧化锗等）。围绕纤芯的是有较小折射率的玻璃包层，包层可以是折射率稍有差异的多层，其总直径为 $100\sim200\mu m$。为了增强抗机械张力和防止腐蚀，在包层外面还常有一层保护套，多为尼龙材料。光纤的导光能力取决于纤芯和包层的性质，而光纤的机械强度由保护套维持。

5.2.1.2　光纤的传输原理

信息在光纤中的传输是依靠光作为载体进行的。为了能使传输中的光随光纤本身弯曲并能远距离传输而减少衰减，就必须使进入光纤的光在纤芯和包层的界面上产生全内反射。光纤传输的基础是基于光的全内反射，如图5-25所示。

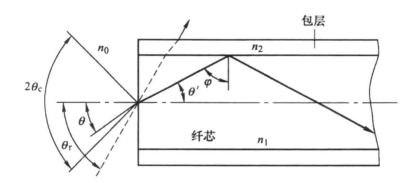

图5-25　光纤的传输原理

对于两个端面均为光滑平面的圆柱形光纤，当光纤的直径比光的波长大很多时，光线以与圆柱轴线成 θ 角的方向射入其中一个端面，根据光的折射定律，在光纤内折射（折射角为 θ'），然后再以 φ 角入射至纤芯与包层的界面。若要在界面上发生全反射，纤芯与界面的光线入射角 φ 应大于临界角 θ_c，并在光纤内部以同样的角度反复逐次反射，直至传播到另一端面。

为满足光在光纤内的全内反射，光入射到光纤端面的临界入射角 θ_c 应满足

$$n_1 \sin\theta' = n_1 \sin\left(\frac{\eth}{2} - \theta_c\right) = n_1 \cos\theta_c = n_1 \left(1 - \sin^2\varphi_c\right)^{\frac{1}{2}} = \left(n_1^2 - n_2^2\right)^{\frac{1}{2}}$$

所以

$$n_0 \sin \theta_c = \left(n_1^2 - n_2^2 \right)^{\frac{1}{2}}$$

实际工作时，需要光纤弯曲，但只要满足全反射条件，光线仍继续前进。

一般光纤所处环境为空气，则 $n_0 = 1$。要在界面上产生全反射，则在光纤端面上的光线入射角应满足

$$\theta \leq \theta_c = \arcsin \left(n_1^2 - n_2^2 \right)^{\frac{1}{2}}$$

即

$$\sin \theta_c = \left(n_1^2 - n_2^2 \right)^{\frac{1}{2}}$$

由此可知，无论光源发射功率有多大，只有入射光处于 $2\theta_c$ 的光锥内，光纤才能导光，如入射角过大，经折射后不能满足要求，光线便从包层逸出而产生漏光。通常将 $\sin \theta_c$ 定义为光纤的数值孔径，用 NA 表示。显然，数值孔径反映纤芯接收光量的多少。一般希望有大的数值孔径，这有利于提高耦合效率，但数值孔径过大，会造成光信号畸变，所以要适当选择数值孔径的数值。数值孔径由光纤材料的折射率决定，而与光纤的几何尺寸无关。

5.2.1.3　光的调制技术

光的强度调制技术的基本原理是用外界信号改变光的强度，通过测量光的强度来间接实现对外界信号的测量。

光的频率调制是指被测量对光纤中传输的光波频率进行调制，频率的偏移反映了被测量的大小。多普勒法是目前使用较多的调制方法，在实际应用中适合测量血流、气流和其他液体的流速、运动粒子的速度等。

光的波长调制是外界信号通过一定方式改变光纤中传输光的波长，测量波长的变化即可检测到被测量的变化，这种调制方式称为光的波长调制。光波长调制的方法主要有选频和滤波法，常用的有FP干涉式滤光、里奥特偏振双折射滤光

和光纤光栅滤光等。

5.2.2 光纤传感器的组成与分类

5.2.2.1 光纤传感器的组成

光纤传感器由光源、敏感元件（光纤或非光纤的）、光探测器、信号处理系统以及光纤等组成，如图5-26所示。由光源发出的光通过源光纤引到敏感元件，被测参数作用于敏感元件，在光的调制区内，使光的某一性质受到被测量的调制，调制后的光信号经光纤耦合到光探测器，将光信号转换为电信号，最后经信号处理系统就可得到所需要的被测量。光源与光纤耦合时，总是希望在光纤的另一端得到尽可能大的光功率，它与光源的光强、波长及光源发光面积等有关，也与光纤的粗细、数值孔径有关。

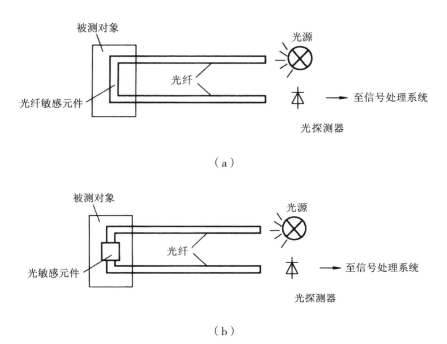

图5-26 光纤传感器的组成

5.2.2.2 光纤传感器的分类

光纤传感器的类型较多，大致可以分为功能性和非功能型两大类。

功能型光纤传感器又称全光纤型传感器，光纤在其中不仅是导光媒介，也是敏感元件，光在光纤内受被测量调制。这种类型的传感器结构紧凑、灵敏度高，但是，需要特殊的光纤和先进的检测技术，因此成本高。它典型的例子如光纤陀螺、光纤水听器等。

非功能型光纤传感器又称传光型传感器，光纤在结构中仅仅起导光作用，光照在光敏元件上受被测量调制。此类光纤传感器无须特殊光纤和特殊处理技术，比较容易实现，成本低，但是灵敏度也较低，适用于对灵敏度要求不高的场合，是目前使用较多的光纤传感器。

5.2.3 光纤传感器的应用

5.2.3.1 光纤温度传感器

（1）辐射温度计。

它是利用非接触方式检测来自被测物体的热辐射方法，若采用光导纤维将热辐射引导到传感器中，可实现远距离测量；利用多束光纤可对物体上多点的温度及其分布进行测量；可在真空、放射线、爆炸性和有毒气体等特殊环境下进行测量。400~1600℃的黑体辐射的光谱主要由近红外线构成。采用高纯石英玻璃的光导纤维在1.1~1.7μm的波长带域内显示出低于1dB/km的低传输损失，所以最适合于上述温度范围的远距离测量。

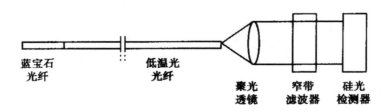

图5-27 探针型光纤温度传感器

图5-27为可测量高温的探针型光纤温度传感器系统。将直径为0.25~1.25μm、长度为0.05~0.3m的蓝宝石纤维接于光纤的前端，蓝宝石纤维的前端用Ir（铱）的溅射薄膜覆盖。这可看作黑体空洞，从而满足黑体辐射公式的热辐射传入光纤。用这种温度计可检测具有0.1μm带宽的可见单色光（λ=0.5~0.7μm），从而可测量600~2000℃范围的温度。

（2）荧光发射型光纤温度传感器。

荧光发射型光纤温度传感器的结构如图5-28（a）所示。若将来自发光二极管的波长为0.74μm的可见光从多模光纤的一端照射到用外延GaAlAs层保护的GaAs单晶上，则发出如图5-28（b）所示光谱的荧光。波长为0.83~0.9μm范围内的荧光，其发射强度随温度的升高而减小，但对于波长范围在0.9μm以上的几乎不变。利用两种光纤使发射荧光在上述两个波长范围内分离，利用两个光电二极管测定二者的强度比。此强度比不依赖于激发光的强度，仅依赖于温度。所以，由测得的光强度比就可知道温度。此种方式的测量精度达0.1℃。

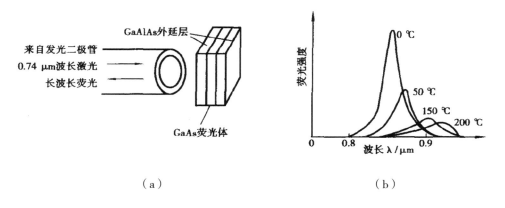

（a）　　　　　　　　　　　　　（b）

图5-28　荧光发射型光纤温度传感器的结构

（3）光强调制型光纤传感器。

如图5-29所示是一种光强调制型光纤传感器。它利用了多数半导体材料的能量带隙随温度的升高几乎线性减小的特性。如图5-30所示，半导体材料的透光率特性曲线边沿的波长 λ_g 随温度的增加而向长波方向移动。如果适当地选定一种光源，它发出的光的波长在半导体材料工作范围内，当此种光通过半导体材料时，其透射光的强度将随温度T的增加而减小，即光的透过率随温度升高而降低。

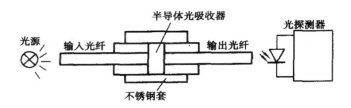

图5-29　光强调制型光纤温度传感器

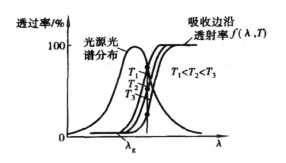

图5-30　半导体的光透过率特性

敏感元件是一个半导体光吸收器（薄片），光纤用于传输信号。当光源发出的光以恒定的强度经光纤到达半导体光吸收器时，透过吸收器的光强受薄片温度调制（温度越高，透过的光强越小），然后透射光再由另一根光纤传到光探测器。它将光强的变化转化为电压或电流的变化，达到传感温度的目的。

这种传感器的测量范围随半导体材料和光源而变，通常在−100~300℃，响应时间大约为2s，测量精度在±3℃。目前，国外光纤温度传感器可探测到2000℃高温，灵敏度达到±1℃，响应时间为2s。

5.2.3.2　光纤压力传感器

光纤压力传感器主要有强度调制型、相位调制型和偏振调制型三类。强度调制型光纤压力传感器大多是基于弹性元件受压变形，将压力信号转换成为位移信号进行测量，因此常用于位移的检测；相位调制型光纤压力传感器利用光纤本身作为敏感元件；偏振调制型光纤压力传感器主要是利用晶体的光弹性效应。

（1）采用弹性元件的光纤压力传感器。

此类型的光纤压力传感器都是利用弹性体的受压形变，将压力信号转换成位移信号，从而对光强进行调制的。图5-31所示的是膜片反射式光纤压力传感器示意图。它在Y形光纤束前端放置一片感压膜片，当膜片受压变形时，光纤与膜片之间的距离发生变化，从而使输出的光强受到调制。

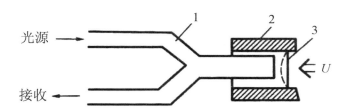

图5-31　膜片反射式光纤压力传感器

1—Y 形光纤；2—壳体；3—膜片

这种光纤压力传感器的结构简单、体积小、使用方便，但光源不稳或长期使用后会导致反射率下降，影响测量精度，可以特殊结构的光纤束改善膜片反射式光纤压力传感器的性能。

（2）光弹性式光纤压力传感器。

晶体在受压后，其折射率发生变化，从而呈现双折射的现象称为光弹性效应。利用此效应可以构造光弹性式光纤压力传感器，其结构如图5-32所示。其中，LED发出的光经起偏器后变成直线偏振光。当有与入射光偏振方向呈45°的压力作用于晶体时，发生双折射现象，从而使出射光变成椭圆偏振光。由检偏器检测出与入射光偏振方向相垂直方向上的光强，即可测出压力的变化。

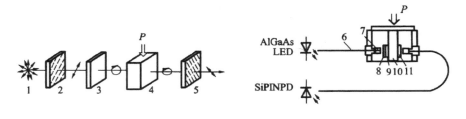

（a）检测原理　　　　　　　　　（b）传感器结构

图5-32　光弹性式光纤压力传感器的结构

1—光源；2，8—起偏器；3，9—1/4 波长板；
4，10—光弹性元件；5，11—检偏器；6—光纤；7—自聚焦透镜光弹性式光纤压力传感器的1/4波长板用于提供一个偏置，提高系统的灵敏度。为了获得更高的精度和稳定度，还有另外一种检测的方法，其结构图如图5-33所示。输出光可以用偏振分光镜分别检测出两个相互垂直方向上的偏振分量，并将用"差/和"电路处理这两个分量，使输出与光源强度、光纤损耗无关。这种结构的传感器在光弹性元件上加上质量块后，也可以用于振动和加速度的检测。

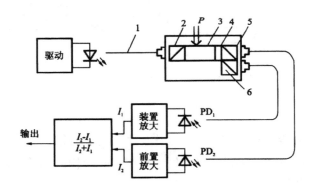

图5-33 光弹性式光纤压力传感器的另一结构

（3）微弯式光纤压力传感器。

微弯式光纤压力传感器式基于光纤的微弯效应，即由压力引起变形器产生位移，使光纤弯曲而调制光的强度。图5-34给出了两种用于声压检测的微弯式光纤水听器的探头结构。图5-34（a）中，光纤从两块变形器中穿过。上面的变形板与弹性聚碳酸酯薄膜相连，随着声压的作用产生位移；下面的固定变形板固定在探头的十字底座上，在可调节螺钉的帮助下，可以给光纤施加初始压力，设置传感器的直流工作点。图5-34（b）所示的结构中，光纤绕在一个有凹槽的圆柱体上，光纤向凹槽内弯曲，使得输出光强受到调制作用。这种结构的特点是可以增加光纤在圆柱体上的圈数，提高传感器的灵敏度。因此，这种结构的传感器的灵敏度和分辨率比一般的微弯式光纤压力传感器的有明显的提高。

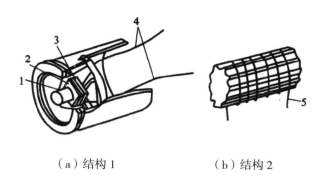

（a）结构1　　　　　　　（b）结构2

图5-34　微弯式光纤水听器的探头结构

1—聚碳酸酯薄膜；2—可动变形板；3—固定变形板；4，5—光纤

5.2.3.3　光纤图像传感器

图像光纤是由数目众多的光纤组成一个图像单元（或像素单元），典型数目为0.3万~10万股，每一股光纤的直径约为10μm，图像经图像光纤传输的原理如图5-35所示。在光纤的两端，所有的光纤都是按同一规律整齐排列的。投影在光纤束一端的图像被分解成许多像素，然后，图像是作为一组强度与颜色不同的光点传送，并在另一端重建原图像。

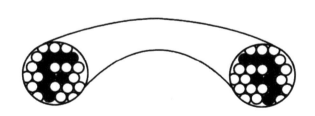

图5-35　光纤图像传输

工业用内窥镜用于检查系统的内部结构，它采用光纤图像传感器，将探头放入系统内部，通过光束的传输在系统外部可以观察监视，如图5-36所示。光源发出的光通过传光束照射到被测物体上，通过物镜和传像束把内部图像传送出来，以便观察、照相，或通过传像束送入CCD器件，将图像信号转换成电信号，送入微机进行处理，可在屏幕上显示和打印观测结果。

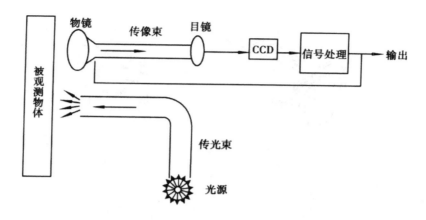

图5-36　工业用内窥镜系统原理

5.2.3.4　光纤振动传感器

如图5-37所示，两个发光二极管以很高的频率相互交替地把λ_1、λ_2两光波通过光导纤维传输到终端，并投射到振动敏感元件M上。M是由透射率随波长而异的两枚滤光片F_1、F_2构成的。F_1和F_2间的交界线位置依振动状态（振幅、频率）而变，于是，可由测定光敏元件接受到的信号光强而知振动状态。

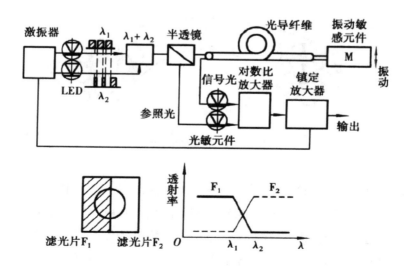

图5-37　光纤振动传感器

5.3　红外传感器

　　随着科学技术的发展，红外传感技术正在向各个领域渗透，特别是在测量、家用电器、安全保卫等方面得到了广泛的应用。近年来，性能优良的红外光电器件大量出现。以大规模集成电路为代表的微电子技术的发展，使红外线的发射、接收以及控制的可靠性得以提高，从而促进了红外传感器的迅速发展。

5.3.1　红外传感器的工作原理

　　红外线是一种不可见光，波长为$0.75 \sim 100\mu m$，是介于可见光和微波之间的电磁波，和电磁波一样，以波的形式在空间传播。

　　红外辐射的物理本质是热辐射，温度越高，辐射红外线越多，辐射能量越强。辐射源根据其几何尺寸、距离远近可视为点源或面源，红外辐射源的基准是黑体炉。

　　工程上把红外线占据的电磁波谱中的位置分为近红外、中红外、远红外和极远红外4个波段（图5-38）。由于红外波长比无线电波波长长，因此红外仪器的空间分辨力比雷达的高。另外，红外波长比可见光的波长长，因此红外线透过阴霾的能力比可见光的强。

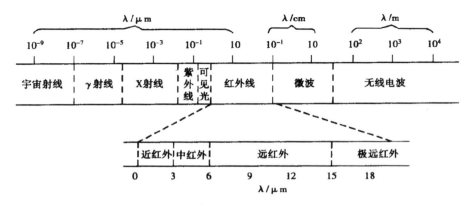

图5-38　电磁波谱与红外波段划分

5.3.2　红外辐射传感器的分类

红外辐射传感器是将红外辐射能量的变化转换为电量变化的一种传感器，也常称红外探测器。按照探测机理不同，红外辐射传感器可以分为热传感器（热电型）和光子传感器（量子型）两大类。

红外热传感器的工作是利用辐射热效应。热探测器在吸收红外能量后，产生温度变化，再由接触型测温元件测量温度变量，从而输出电信号。温度变化引起的电效应与材料特性有关，而且热探测器的响应频段宽，响应范围可以扩展到整个红外区域。

通常红外热传感器吸收红外辐射后温度升高，可以使探测材料产生温差电动势、电阻率变化、自发极化强度变化等，而这种变化与吸收的红外辐射能量成一定的关系，测量出这些物理量的变化就可以测定被吸收的红外辐射能的大小，从而得到被测非电量的值。

热电偶传感器、热敏电阻传感器和热释电传感器都属于红外热传感器或热探测器。对于热释电探测器的敏感元件的尺寸，应尽量减小体积，可以减小灵敏面（提高电压响应率）或减小厚度（提高电流响应率），从而减小热容，提高探测率。

红外光子传感器的工作原理是基于光电效应，通过改变电子能量状态引起电学现象。常用的光子效应有光电效应、光生伏特效应、光电磁效应和光电导效应。红外光子传感器的主要特点是灵敏度高、响应速度快、响应频率高，但需要在低温下才能工作，故需要配备液氮、液氦等制冷设备。

5.3.3　红外辐射传感器的应用

目前红外辐射传感器普遍应用于红外测温、红外遥测、红外摄像机、夜视镜等，红外摄像管成像、电荷耦合器件（CCD）成像是目前较为成熟的红外成像技术。另外，工业上的红外无损检测是通过测量热流或热量来检测、鉴定金属或非金属材料的质量和内部缺陷的。红外监控报警器、自动门、自动水龙头等是日常生活中常见的红外传感器的应用实例。

5.3.3.1　红外测温

利用红外辐射测温的测量过程不影响被测目标的温度分布，可用于对远距离、带电及其他不能直接接触的物体进行温度测量。其测量响应速度快，适宜对高速运动的物体进行测量，不仅灵敏度高，能分辨微小的温度变化，而且测温范围宽。

比色温度计是通过测量热辐射体在两个或两个以上波长的光谱辐射亮度之比来测量温度的，是一种不需要修正读数的红外测温计。

比色温度计的结构分为单通道和双通道两种。单通道又可分为单光路和多光路两种，双通道又有带光调制和不带光调制之分，如图5-39所示。所谓单通道和双通道，是针对在比色温度计中使用探测器的个数。单通道是只用一只探测器接收两种波长光束的能量，双通道是用两只探测器分别接收两种波长光束的能量。所谓单光路和双光路，是针对光束在进行调制前或调制后是否由一束光分成两束进行分光处理。没有分光的称为单光路，分光的称为双光路。

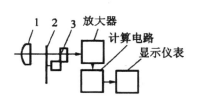

（a）单光路单通道式

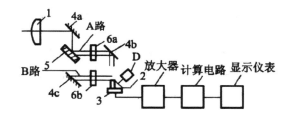

（b）双光路单通道式

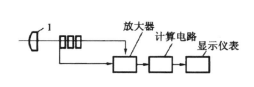

（c）不带光调制双通道式

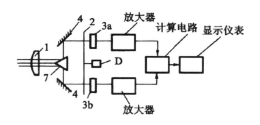

（d）带光调制双通道式

图5-39　比色温度计原理结构图

图5-40是一个非接触激光红外测温仪的简单原理框图。测温系统主要由下列几部分组成：红外光透镜系统、红外滤光片、红外激光器、光电检测器、微处理器和共轭光学测距仪。

工作时由红外光的透镜系统汇集其视场内的目标红外辐射能量，视场的大小由测温仪的光学零件以及位置决定。目标红外线在到达光电检测器时，红外滤波片把红外线波长滤波成为光电检测器的理想波长。红外辐射聚焦在光电检测仪上并转变为相应的电信号。红外激光器是用于在测量过程中对被测对象的瞄准作用。为了获得精确的温度读数，测温仪与测试目标之间的距离必须在合适的范围之内，共轭光学测距仪测定仪器到目标的距离。在定测量距离时，应确保目标直径等于或大于受测的光点尺寸。所谓"光点尺寸"就是测温仪测量点的面积。距离目标越远，光点尺寸就越大。整个系统还配备了LED显示器（用于显示真实的目标温度和其他相关参数）、RS232数字输出接口。微处理机用于数学计算和存储工作参数（如辐射率值、周围环境辐射值及最新的目标温度读数）。

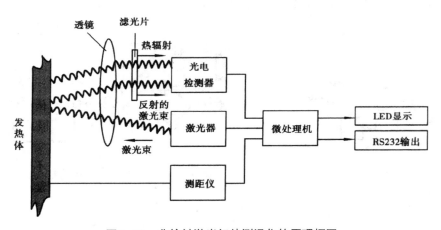

图5-40 非接触激光红外测温仪的原理框图

5.3.3.2 被动式人体移动检测仪

在自然界，任何高于绝对零度（-273℃）的物体都将产生红外光谱，不同温度的物体，其释放的红外能量的波长是不一样的，因此红外波长与温度的高低是相关的。其结构原理如图5-41所示。

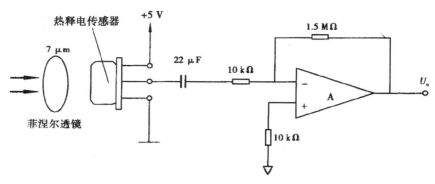

图5-41 简单的人体移动检测电路

被动式人体移动检测仪的工作原理是：当有人进入传感器监测范围时，传感器监测范围内温度有 ΔT 的变化，热释电效应导致在两个电极上产生电荷 ΔQ，即在两电极之间产生一微弱的电压 ΔV。由于它的输出阻抗极高，在传感器中有一个场效应管进行阻抗变换。由于热释电效应所产生的电荷 ΔQ 会被空气中的离子所结合而消失，当环境温度稳定不变时，$\Delta T=0$，则传感器无输出。当人体进入检测区，通过菲涅尔透镜，热释电红外传感器就能感应到人体温度与背景温度的差异信号 ΔT，则有相应的输出；若人体进入检测区后不动，则温度没有变化，传感器也就没有输出。因此，被动式人体移动检测仪的红外探测的基本概念就是感应移动物体与背景物体的温度的差异。

5.3.3.3　红外线气体分析

红外线气体分析仪是利用不同气体对红外波长的电磁波能量具有特殊吸收特性的原理而进行气体成分和含量分析的仪器（图5-42）。

图5-43是工业用红外线气体分析仪的结构原理图。该分析仪由红外线辐射光源、滤波气室、红外探测器及测量电路等部分组成。工业过程红外线分析仪选择性好、灵敏度高、测量范围广、精度较高、响应速度快，对能吸收红外线的 CO、CO_2、CH_4、SO_2 等气体、液体都可以进行分析。它广泛应用于大气检测、大气污染、燃烧、石油及化工过程、热处理气体介质、煤炭及焦炭生产等过程中的气体检测。此外，红外线气体分析仪器还可用于水中微量油分的测定、医学中肺功能的测定，以及在水果、粮食的储藏和保管等农业生产应用中。

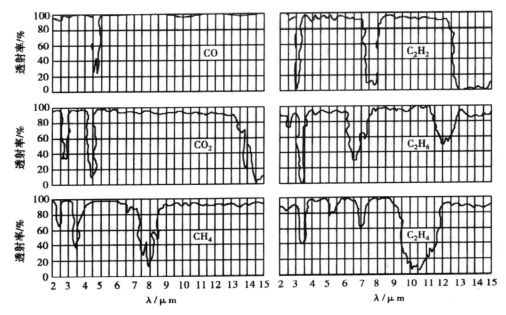

图5-42 不同气体对红外线的透射光谱

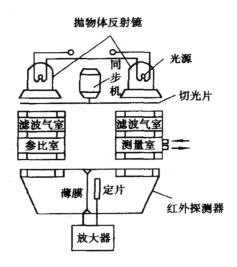

图5-43 红外线气体分析仪结构原理图

5.4　光电传感器的应用

　　光电式传感器属于形态比较小的电子设备，用于测试它收到的光的强度变化。很早时候的光电传感器是一种形态很小的金属材质的圆柱形设备，发射器上有一个校准镜头，它把光聚合投射到接收器上，接收器输出电缆和真空管放大器连接到一起。在金属圆筒中设置一个小的白炽灯，它就是光源。早期的光电式传感器就是这些形态小巧但极其牢固的白炽灯传感器。

5.4.1　光电耦合器

　　光电耦合器是把发光元件和光电传感器一起密封放在一个容器内构成的转换元件，其结构如图5-44所示。

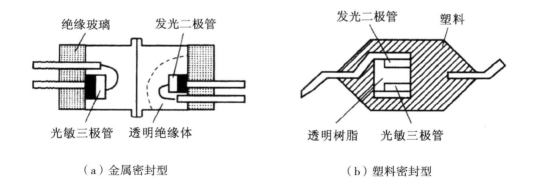

（a）金属密封型　　　　　　　　　　（b）塑料密封型

图5-44　光电耦合器的结构

　　图5-44（a）运用金属的容器和玻璃绝缘的形式，使它们的中间部位连接起来，使用环焊来确保发光二极管和光敏三极管牢固连接，从而改善其灵敏度。

　　图5-44（b）运用双列直插式塑料封装的形式。先把管芯安装在管脚上，然

后使用透明树脂加固中间部位，以起到聚集光的作用，所以这类形式的灵敏度更高。

光电耦合器的构成样式有很多种，常见形式如图5-45所示。

图5-45（a）样式构造简易、成本低，一般都用于运行频率在50kHz以下的部件内。

图5-45（b）样式是运用了高速开关管组成的高速光电耦合器，适合用在频率比较高的部件中。

图5-45（c）样式是运用了放大三极管组成的高传输效率的光电耦合器，适合用在直接驱动和较低频率的部件中。

图5-45（d）样式是运用了功能器件组成的高速、高传输效率的光电耦合器。

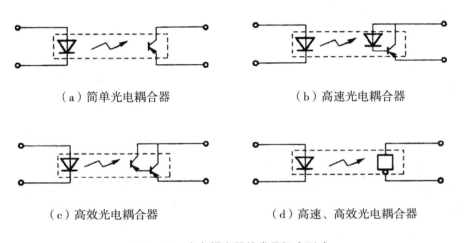

（a）简单光电耦合器　　　　　　　　（b）高速光电耦合器

（c）高效光电耦合器　　　　　　　　（d）高速、高效光电耦合器

图5-45　光电耦合器的常见组合形式

5.4.2　光电式浊度计

在进行浊度检测时，光电式传感器一般使用透射式的测试方法。透射式光电式传感器是把发光管和光敏三极管等，以相对的方向安装在中间有槽的支架上。如果槽内无东西，发光管放射的光径直照在光敏三极管的窗口上，于是形成了输

出电流，如果槽内有东西，正好阻挡光线，光敏三极管就不会形成电流，由此就可以辨别槽内有没有东西。根据这一原理，可以用于光电调控、光电计算和度量等电路中。

组成吸收式烟尘浊度监测系统的原理框，如图5-46所示。若要对烟尘中给人体带来最大危险的亚微米颗粒浊度以及在水蒸气与二氧化碳减少条件下对光源衰减所带来的影响进行测试，在光源的选取上需选择波长在400～700nm的白炽光，即可见光。至于光检测器光谱的响应限度在400～600nm的光电管，随着浊度的变化，亦能够获得相应的电信号。

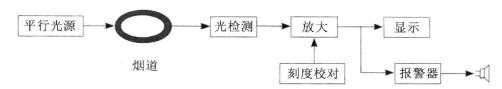

图5-46　吸收式烟尘浊度监测系统的组成原理框图

如图5-47所示，除能够检测烟雾的浊度外，光电式浊度计亦能够在溶液的浑浊度、成分以及颜色等方面进行化学分析。其工作原理如下。

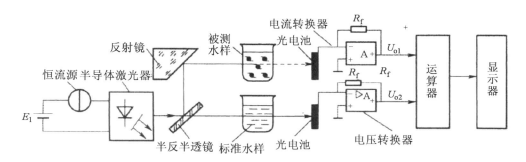

图5-47　光电式溶液浊度监测系统

（1）光源放射出的光线穿透半透镜分成两道相等强度的光线，一道光线径直抵达光电池作为被测水样的浊度的比较信号；另外一道穿透过被测样品水抵达光电池，样品介质吸取了其中的部分光线，样品水越污浊，光线减弱的数量就越大，抵达光电池的光通量就越小。

（2）两个信号都转变成电压信号U_1和U_2，采用除法运算电路计算出U_1、U_2

的比值，这个比值可以经过A/D转换，然后用微处理器对其进一步处理可获得被测水样的浊度。

（3）系统监测的效果经显示器显示出来。

5.4.3　光电式带材跑偏检测器

光电式带材跑偏检测器的主要功能是测验带材加工进程中出现位置偏差的状况。如果带材的方位与正确的位置产生跑偏，边缘的位置常常与传送机械出现撞击，容易产生卷边，形成废品。如图5-48所示，为光电式带材跑偏检测器的工作原理。

光源放射的光线经过透镜1完成向平行光束的转变，然后向透镜2射去，再于光敏电阻R_1上聚集。平行光束抵达透镜2的这一过程中，被测带材会阻挡一部分的光线，缩减到达光敏电阻时光通量的大小。

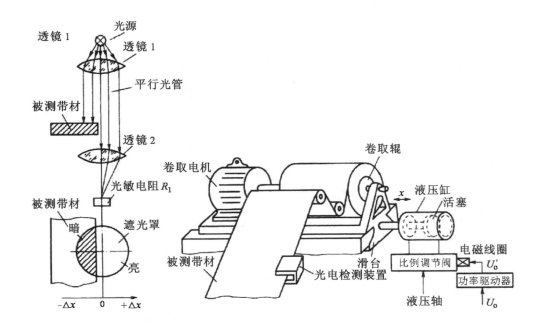

图5-48　光电式带材跑偏检测器工作原理图

第6章 视觉传感技术

视觉传感技术是传感技术七大类中的一个，视觉传感器是指通过对摄像机拍摄到的图像进行图像处理，来计算对象物的特征量（面积、重心、长度、位置等），并输出数据和判断结果的传感器。视觉传感器是整个机器视觉系统信息的直接来源，主要由一个或者两个图形传感器组成。有时还要配以光投射器及其他辅助设备。视觉传感器的主要功能是获取足够的机器视觉系统要处理的最原始图像。

6.1 概　述

6.1.1　生物视觉与机器视觉

生物视觉功能建立在生物组织和器官的基础上。在视觉通路中，信息的传输和处理是同时进行的，涉及的组织器官大都同时具有传输和处理功能。视觉信息的传输过程和处理过程是紧密耦合的，并且系统结构具有自组织的特点，而生物视觉系统则是一个结构复杂、功能强大、高度智能的信息系统。

鉴于生物视觉系统的强大功能，模拟并构造与生物视觉通路相对应的人工视觉系统，实现类似生物视觉功能一直是研究者努力追求的目标。生物视觉系统极其复杂，模拟仿真生物视觉系统，即使是其中极小部分都非常困难，一个重要因素是生物视觉系统包含有理解和认知内容，它们构成了视觉信息处理的一部分，并且和信息的传输、处理相互作用。迄今为止，已经有很多研究工作关注于生物视觉，人们从神经生物学、解剖学、心理学和认知科学等不同角度研究生物视觉的组织结构和处理机制，也取得了卓有成效的结果，但这些工作基本停留在揭示生物视觉主要处理流程的阶段，对于更深层次本质问题的认识还远远不够，运用计算机视觉刻意模仿生物视觉还存在巨大困难。

严格意义上，机器视觉和计算机视觉的研究对象和研究方法是不同的，计算机视觉试图揭示生物视觉机理，属人工智能领域，是基础研究；而机器视觉是应用计算机视觉研究的部分成果，是数字成像技术、图像处理技术和计算机技术的集成应用技术，着重于对获取图像利用计算机强大的数据处理能力进行自动分析处理，提供一个可供机器或自动化设备识别和利用的结果。

机器视觉应用背景广泛，在农业生产、工业制造、医疗仪器、智能交通、航空航天等诸多领域，机器视觉都发挥着越来越重要的作用。如农产品分拣分类、制造过程中的测量与质量控制、自动化设备（机器人）的视觉自动引导、零件及产品缺陷检测、交通监测与管理、跟踪与自导等。

6.1.2　Marr计算机视觉理论

20世纪70年代中后期，D.Marr教授在美国麻省理工学院创建了一个视觉理论研究小组，逐步形成了较系统的视觉计算理论。按照Marr的理论，视觉的基本功能是通过感知到的二维图像，提取三维环境场景信息，该信息是指场景中三维物体的形状和空间位置的定量信息。Marr将视觉过程区分为三个阶段：图像+要素图→2.5维图→三维表示。第一阶段，称为早期视觉，由输入二维图像获得要素图。要素图由图像中的边缘点、线段、拐点、纹理等基本几何元素或图像特征组成，目的是从原始二维图像数据中抽取重要信息，减少数据量；第二阶段，称为中期视觉，由要素图获取2.5维图。所谓2.5维图是一个形象的说法，意指不完整的三维信息描述，是指在以观测者为中心的坐标系下的三维形状和位置，当人眼观测环境场景时，观测者对三维物体的描述是在其自身坐标系中进行的，且这种观测角度是部分的，非全周视角的，观测的结果虽然包含了深度信息，但还不是真正意义上的三维表示，称为2.5维图；第三阶段，称为后期视觉，由输入图像、要素图和2.5维图获得环境场景的三维表示。真正的三维表示是在以物体为中心的坐标系中进行的，是完整的、全周视角的。

在Marr视觉计算理论的指导下，计算机视觉的研究有了明确的思路和具体的内容，对于推动计算机视觉研究的发展做出了重要贡献，取得了很大成功，同时也暴露了一些缺陷。按Marr理论，视觉过程被看作是物理成像过程的逆过程，物理成像过程是三维场景到二维图像的投影变换过程，这是一个复杂的过程，诸多因素的参与会对最终二维图像产生影响，使得相同的三维场景会产生截然不同的三维图像，主要的因素包括：

（1）物理成像过程在数学上是一个透视投影过程，深度和被视线遮挡的信息被丢弃了，使得相同场景在不同视角下得到的二维图像是完全不同的，并且因为必然的视线遮挡，部分场景内容无法反映在二维图像中。

（2）二维图像是依靠图像灰度（亮度）来反映视觉信息的，在成像过程中，图像灰度不仅由三维场景中的物体的位置、姿态、相互关系等有用信息决定，场景中的照明条件、获取图像的摄像机特性（光谱、分辨率、畸变、噪声等）等很多无关因素（部分还是不确定性的）都会和有用信息综合在一起生成二维图像。

视觉过程作为物理成像过程的逆过程，必须从受到多种因素作用的最终二维图像中，提取还原三维场景中的有用信息，这将是非常困难的，特别是在定量分析时，难度更大。

6.2　图像传感器

6.2.1　摄像管工作原理

摄像管有许多种，但主要工作原理基本相同。

光电摄像管包含镶嵌板、集电环和电子枪三个基本部分。镶嵌板的绝缘表面嵌着成千上万个银制的小银圆点，其上镀一层特别的物质，例如铯（光电材料），每一个铯点的作用就像一个小光电管一样。用光线照射光电管，电子被打出，光线越强，失去的电子越多。电子带负电荷，当光电管失去电子，就带正电荷，投影在镶嵌板上的图像，将变成一幅正电荷的分布图。小光电管所放出的电子，由集电环收集，移出光电摄像管。电子枪由电灯丝及带小孔的金属片组成，灯丝用于发射电子，从灯丝发出的电子有一部分穿过小孔，成为电子束，电子束被互相垂直的两套金属极板控制，第一对金属极板上施加适当的交变电压，使电子束沿上下方向扫描，第二对金属极板上施加适当的交变电压使电子束左右扫描。电子束从镶嵌板上的左上角开始扫起，从左到右、自上而下地扫过整个镶嵌板。扫描时，由电子枪发射的电子束补充了光电管上因为光线照射损失的电子，形成一电脉冲，电脉冲与照射到光电管的光线强度成正比，当电子束逐个扫描镶嵌板上的各光电管时，便形成一系列电脉冲。这些电脉冲被增强后用来调制电视载波，合成的电视信号在电视接收机中引起电子运动，使显像管中扫描电子束的强弱发生变化，当它打到电视显像管机的屏幕上时，就使荧光屏再现出电视图像。

6.2.2　电荷耦合摄像器件工作原理

电荷耦合器件CCD（Charge Coupled Device）传感器是由许多感光单元组成，通常以百万像素为单位。由高感光度的半导体材料制成的电荷耦合器件，能够把光信号转变成电荷信号。当光线照射到CCD表面时，感光单元就会将入射光强的大小以电荷数量的多少反映出来，这样所有感光单元所产生的信号叠加在一起就构成了一幅完整的图像。

（1）光电荷的产生。

CCD传感器采用光注入方式，当光照射到CCD硅片上时，栅极附近的半导体内就会产生电子空穴对，其多数载流子被栅极电压所排斥，少数载流子则被收集在势阱中形成信号电荷。

（2）电荷的存储。

CCD的基本单元是MOS（金属氧化物–半导体）结构，其作用是将产生的光电荷进行存储。图6-1（a）中，栅极G电压为零，P型半导体中的空穴（多数载流子）的分布是均匀的；图6-1（b）中，施加了正偏压 U_G（此时 U_G 小于P型半导体的阈值电压 U_{th}），在图6-1（a）中的空穴中就产生了耗尽区；施加的电压继续增加，则耗尽区将进一步向半导体内延伸，如图6-1（c）所示，当 $U_G > U_{th}$ 时，用 Φ_S 表示半导体与绝缘体界面上的电势，Φ_S 变得很高，将半导体内的电子（少数载流子）吸引到表面，形成一层电荷浓度很高但很薄的反型层。

表面势 Φ_S 与反型层的电荷浓度 Q_{INV}、栅极电压 U_G 有关，Φ_S 与QINV呈反比例线性关系。由于氧化物与半导体的交界面处的势能最低，电子被加有栅极电压的MOS结构吸引过去，在没有反型层时，势阱的深度和 U_G 成正比例关系，如图6-2（a）的情况；当反型层电荷填充势阱时，表面势收缩，如图6-2（b）所示；随着反型层电荷浓度的继续增加，势阱被填充更多，此时表面不再束缚多余的电子，电子将产生"溢出"现象，如图6-2（c）所示。

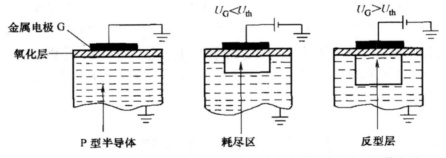

（a）栅极电压为零（b）栅极电压小于阈值电压（c）栅极电压大于阈值电压

图6-1　单个CCD栅极电压变化对耗尽区的影响

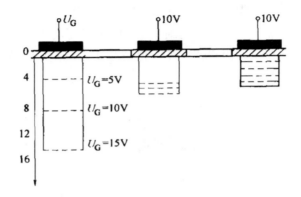

（a）空势阱（b）填充 1/3 的势阱（c）全满势阱

图6-2　势阱

（3）电荷的转移。

图6-3表示CCD势阱中电荷的转移，图中CCD的四个电极靠得很近，假定在偏压为10V的（1）电极下面的深势阱中，其他电极加有大于阈值的较低电压（例如2V），如图6-3（a）所示；一定时刻后，（2）电极由2V变为10V，其余电极保持不变，如图6-3（b）所示；（1）、（2）电极靠得很近（间隔只有几微米），它们各自的对应势阱合并在一起，原来在（1）电极下的电荷变为（1）、（2）两个电极共有，如图6-3（c）所示；（1）电极上电压由10V变为2V，（2）电极上10V不变，如图6-3（d）所示，电荷转移到（2）电极下的势阱中；（1）电极下的电荷就转移到（2）电极下，如图6-3（e）所示，由此深势阱及电荷包向右转移了一个位置。

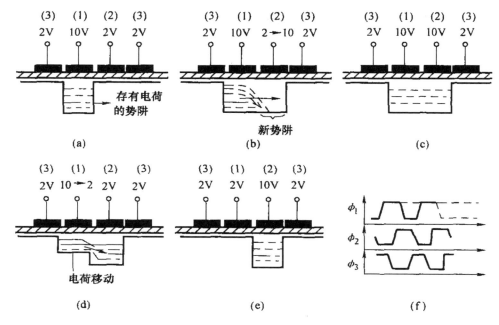

图6-3　三相CCD中电荷的转移过程

（4）光电荷的输出。

如图6-4所示，当信号电荷在转移脉冲的驱动下向右转移到末电极的势阱中后，Φ_2电极电压由高变低。由U_D、电阻R、衬底P和N$^+$区构成的方向偏置二极管相当于一个深势阱，进入到反向偏置二极管中的电荷将产生输出电流I_D，I_D的大小与注入到二极管中的信号电荷量Q_S成正比。I_D的存在使得A点的电位发生变化；I_D增大，A点的电位降低，因此可用A点的电位来检测二极管的输出电流I_D。CCD的电流输出模式是用隔直电容将A点的电位变化取出，再通过放大器输出。

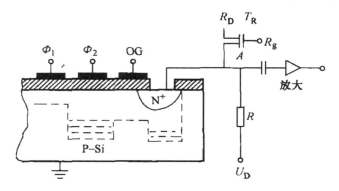

图6-4　CCD电流输出模式结构示意图

6.2.3　CCD图像传感器

6.2.3.1　线阵CCD图像传感器

线阵CCD用于高分辨率的一维成像，它每次只拍摄图像场景中的一条线，与平板扫描仪扫描原理相同。线阵CCD的精度高，但速度慢，无法拍摄移动物体，它有两种基本形式。

（1）单沟道线阵CCD。

图6-5所示是三相单沟道线阵CCD的结构图，光敏元阵列与转移区移位寄存器是分开的，移位寄存器被遮挡，这种器件的光积分（感光）周期里，光栅电极电压为高电平，光敏区在光的作用下产生光电荷，并存于光敏MOS阵列势阱中。

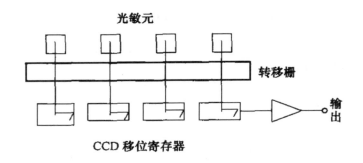

图6-5　单沟道线阵CCD结构

（2）双沟道线阵CCD。

图6-6为双沟道线阵CCD的结构图，其具有两列移位寄存器A和B，分别位于像敏阵列的两边。当转移栅为高电平时，光积分阵列的信号电荷同时按箭头所示方向转移到对应的移位寄存器中，然后在驱动脉冲的作用下分别向右转移，最后以视频信号输出。

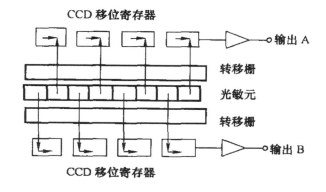

图6-6　双沟道线阵CCD结构

6.2.3.2　面阵CCD图像传感器

面阵CCD是二维图像传感器，按其电荷转移方式可分为3种。

（1）帧转移型面阵CCD。

如图6-7所示，帧转移型面阵CCD电荷耦合器件（FT-CCD）由成像区、存储区和读出寄存器3个基本区域组成，由三相脉冲驱动，又称三相驱动式面阵CCD电荷耦合器件。

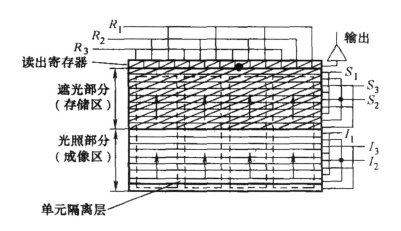

图6-7　FT-CCD的结构

（2）行间转移型面阵CCD。

电荷耦合器件如图6-8所示，行间转移型面阵CCD电荷耦合器件（IT-CDD）的感光行与垂直位移寄存器相间排列，由转移栅控制电荷的转移和输出。

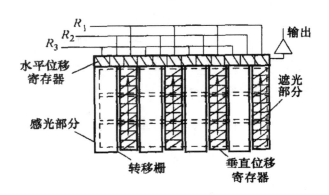

图6-8　1T-CCD 的结构

（3）帧-行转移型面阵CCD电荷耦合器件。

帧-行转移型面阵CCD电荷耦合器件（FIT-CCD）是在行间转移型的基础上加上场存储区而构成的，其结构如图6-9所示。

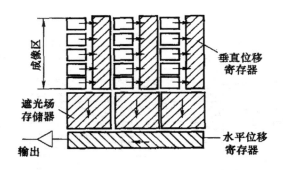

图6-9　FIT-CCD的结构

6.2.4　CMOS图像传感器

早期CMOS图像传感器分辨率低、噪声大、光照灵敏度弱、图像质量差，没有得到充分的重视和发展。随着集成电路设计技术和工艺水平的提高，CMOS图像传感器过去存在的缺点，现在都正在被有效地克服，并获得迅速发展。

6.2.4.1　无源像素结构

无源像素传感器的像元由一个反向偏置的光敏二极管（MOS管或PN结二极管）和一个行选择开关管TX构成（图6-10）。开始摄像周期时，开关管TX处于关断状态，直至光敏单元完成光电积分过程，TX转入导通状态；光敏二极管与垂直的列线连通，光敏二极管中存储的信号电荷被读出时，再由控制电路往列线加上一定的复位电压使光敏单元恢复初态，随即再将TX关断以备进入下一摄像周期。

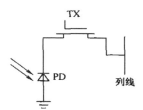

图6-10　光敏二极管型无源像素结构

6.2.4.2　有源像素结构

有源像素传感器具有信号放大和缓冲作用，在像元内设置放大元件，改善了像元结构的噪声性能。每个放大器仅在读出期间被激发，因此CMOS有源像素传感器的功耗比CCD小。APS像元结构复杂，其填充系数较小，设计典型值为20%~30%，与行间转移型CCD接近，因而需要一个较大的单元尺寸。

（1）光敏二极管型有源像素结构。

光敏二极管型有源像素结构如图6-11所示，每个像元包括三个晶体管和一个光敏二极管，输出信号由源极跟随器予以缓冲，读出功能受与它相串联的行选晶体管RS控制。源极跟随器不具备双向导通能力，需另行配备独立的复位晶体管RST。

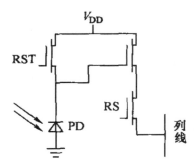

图6-11　光敏二极管型有源像素结构

（2）光栅型有源像素结构。

光栅型有源像素传感器结构如图6-12所示，每个像元采用了五个晶体管。设置TX管是为了采用单层多晶硅工艺，光生电荷积分在光栅（PG）下，TX开启前（即输出前），对浮置扩散结点FD、复位电压为VDD；TX开启，改变光栅脉冲，使收集在光栅下的光生电荷转移到扩散结点；由源跟随器将光生电荷转变为电压信号，复位电平与信号电平之差就是传感器的输出信号。

与CCD图像传感器相比，CMOS图像传感器在功耗、制造工艺、速度、集成度方面等有显著优势。对于功耗和兼容性，CCD需要外部控制信号和时钟信号来获得满意的电荷转移效率，还需要多个电源和电压调节器，因此功耗较大。由上述比较可以看出，CMOS的研究必然会成为今后的热点。

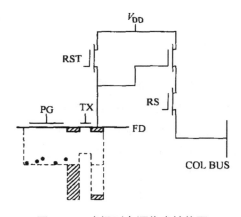

图6-12　光栅型有源像素结构图

6.3　3D视觉传感技术

6.3.1　3D视觉传感原理

单个摄像机的成像过程是3D测量空间到2D图像平面的透视变换过程，丢失了一维信息，仅依靠一个摄像机无法实现3D空间测量。结构光方法和立体视觉方法是两种最直接的基于三角法的3D视觉测量方法。以结构光方法和立体视觉方法为基础，还衍生出很多其他方法，如多目视觉、移动视觉等。在解决实际测量问题时，有时测量空间较大，相对测量精度要求高，此时采用单元结构光方法或立体视觉方法不能满足要求，需要将多个测量单元组合在一起，构成一个3D视觉测量系统。

3D视觉传感是一个定量测量过程，为保证测量精度和量值的统一，需要建立精确的测量模型，研究相应的参数标定方法。一般来说，3D视觉测量模型包括三个层次：摄像机成像模型、3D传感器测量模型、3D测量系统模型，与此对应，标定问题也分为三个层次。

6.3.2　摄像机模型及结构参数标定技术

在视觉测量系统中，摄像机是作为一个基本的传感元件（探测图像）使用的，摄像机模型的复杂性及精度直接决定着测量结果的精度。一般来说，描述像机模型有两类方法：一类是基于像机成像过程和自身物理参数的成像模型；另一类是一种抽象的，基于投影变换关系的模型，在视觉测量技术的研究中，前者有明确的物理基础，便于误差校正和补偿，是主要的模型形式。

针孔成像模型（Pinhole）是用一理想的小孔成像来简化实际的像机成像，模型的数学描述简单，能在一定的精度上很好地描述实际使用的大部分像机的成像过程，如图6-13所示，P为物点，Q为像点，像机针孔模型用数学形式表示

$$q = FMTP \qquad (6-1)$$

式中，$q=(x, y)$ 为像点 Q 在摄像机像平面上的坐标；$P=(x_w, y_w, z_w)$ 为 P 在摄像机坐标系中的三维坐标。

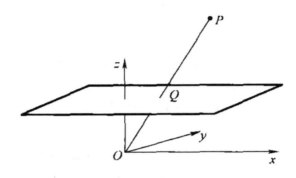

图6-13　像机的成像

F 矩阵和摄像机有效焦距有关，该矩阵描述了三维空间到二维平面的透视变换；M 矩阵与摄像机坐标系和物体坐标系之间的空间相对关系有关，它是两个坐标系之间旋转关系的描述；T 矩阵则是摄像机坐标系与物体坐标系之间空间平移关系的描述。针孔模型是一线性理想模型，模型中各参数的物理意义明确，模型的解算也较简单，适合于精度要求不高、像机成像质量高的应用场合，是其他模型的基础。

在针孔模型中，为简化问题，进行许多假设，使模型理想化。直接线性变换模型 DLT 是对针孔模型的发展，在针孔模型基础上，补充考虑了部分成像因素，使模型接近物理原型，DLT 模型由下式表述

$$q = Ap \qquad (6-2)$$

式中，p、q 与式（6-1）中相同；A 为矩阵，可分解为

$$A = \lambda V^{-1} B^{-1} FMT \qquad (6-3)$$

这里，λ 表示刻度因子，$\lambda \neq 0$；F、M、T 三个矩阵，它们与针孔模型中具

有相同的含义；V、B 两个矩阵是考虑了摄像机成像时，像素坐标系和摄像机坐标系之间的相对位置不确定性及像素坐标系的非正交性引入的补偿矩阵。DLT模型比较准确地反映了成像过程，是一个较通用的模型。和针孔模型相比，DLT 考虑的因素多，精度得到改善，在对精度要求不太高的场合，DLT 模型比较实用。但在精度要求高，像机镜头存在明显的畸变时，DLT 模型可能会引入较大的误差。为此，研究一种扩展的 DLT 模型，以 DLT 模型为基础，充分考虑了像机镜头成像时存在的畸变因素，引入了修正因子，补偿畸变误差。扩展DLT 模型更准确地反映了摄像机成像过程，较全面地考虑了成像过程中误差因素，是一个更一般的模型。

对于高精度的视觉测量，成像器件一般选用高质量的数字成像器件（大尺寸、高填充率、高像素），为充分发挥器件的性能，实现理想的测量精度，需要研究更加精细的成像模型来精确描述成像的物理过程，一般考虑采用摄影测量模型。

在摄影测量模型中，假设 (x_u, y_u) 为空间物点 P 在像平面上理想像点坐标（理想透视，不存在任何畸变），实际成像过程中，考虑到各种畸变因素，实际像点位置为 (x_a, y_a)，则

$$\begin{aligned} x_u &= x_d - C_x + \Delta x \\ y_u &= y_d - C_y + \Delta y \end{aligned} \tag{6-4}$$

其中，C_x、C_y 为像面中心，Δx、Δy 为成像综合畸变（修正因子），可采用下列模型：

$$\begin{cases} \Delta x = \overline{x}r^2 k_1 + \overline{x}r^4 k_2 + \overline{x}r^6 k_3 + \left(2\overline{x}^2 + r^2\right)P_1 + 2P_2\overline{xy} + b_1\overline{x} + b_2\overline{y} \\ \Delta y = \overline{y}r^2 k_1 + \overline{y}r^4 k_2 + \overline{y}r^6 k_3 + 2P_1\overline{xy} + \left(2\overline{y}^2 + r^2\right)P_2 \end{cases} \tag{6-5}$$

式中，$\begin{cases} \overline{x} = x_d - C_x \\ \overline{y} = y_d - C_y \end{cases}$，$r = \sqrt{\overline{x}^2 + \overline{y}^2}$。

成像模型中参数的确定是通过标定过程实现的，通常分为直接标定法和自标定法。直接标定模型参数可以通过建立已知空间点（控制点）三维坐标 $(X_w, Y_w,$

Z_w）及其对应成像点的二维像面坐标(x_d, y_d)之间的对应关系，较大视场的成像可以通过大型CMM（Coordinate Measuring Machine，坐标测量机）构造较大空间的三维控制点，如图6-14所示。以摄影测量模型为例，由成像模型得到：

$$\begin{cases} f_x\left(X_w,Y_w,Z_w,x_d,y_d,C_x,C_y,f,k_1,k_2,k_3,b_1,b_2,P_1,P_2,\alpha,\beta,\theta,t_x,t_y,t_z\right)=0 \\ f_y\left(X_w,Y_w,Z_w,x_d,y_d,C_x,C_y,f,k_1,k_2,k_3,b_1,b_2,P_1,P_2,\alpha,\beta,\theta,t_x,t_y,t_z\right)=0 \end{cases} \tag{6-6}$$

式中，(X_w, Y_w, Z_w)为控制点空间坐标（已知量），(x_d, y_d)为控制点对应像点的像素坐标（已知量），f、C_x、C_y、k_1、k_2、k_3、b_1、b_2、P_1、P_2为模型参数（未知量），α、β、θ、t_x、t_y、t_z为像机坐标系$OXYZ$到世界坐标系$O_wX_wY_wZ_w$之间的变换关系，即像机姿态外参数（未知量），解算上述非线性方程组，可以得到模型参数。

直接标定方法直观，是主要方法，但对于更大的视场空间，设置高精度的三维（二维）控制点非常困难，标定过程繁琐，且标定结果受控制点空间坐标精度的影响，容易产生误差，不能应用于现场环境。直接标定过程需要控制点的三维坐标已知，较好的解决途径是消除标定过程中的这一约束条件，将控制点的空间坐标值作为未知变量代入模型中，在标定过程中，同时解算模型参数和控制点的空间坐标，即采用自标定技术。在空间简单设置标定控制点，控制点的空间坐标未知，像机在不同的姿态（α^n，β^n，θ^n，t_x^n，t_y^n，t_y^n）条件下，获取视场中控制点的图像，处理得到控制点的像面坐标，如图6-15所示。

（a）CMM 虚拟控制点

（b）共面控制点

（c）非共面控制点

图6-14　标定控制点

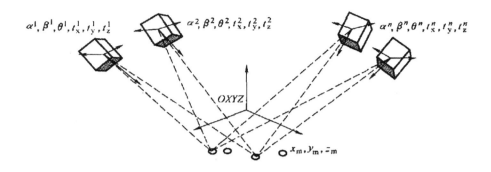

图6-15　光束定向交汇自标定原理

6.3.3　结构光视觉传感器

结构光传感器测量原理如图6-16所示，传感器由光平面投射器和CCD摄像机组成。设摄像机坐标系为ΔXYZ，光平面和被测物体相交形成光条l，记光条上一特征点P在ΔXYZ中的坐标为（X，Y，Z），光平面在$OXYZ$中的方程已知，特征点P在摄像机像素坐标系中的坐标为（x_m，y_m），由摄像机数学模型知

$$\begin{cases} x_m = f_x\left(x,y,z\right) \\ y_m = f_y\left(x,y,z\right) \end{cases} \tag{6-7}$$

又，P点在光平面内

$$f_p\left(x,y,z\right) = 0 \tag{6-8}$$

其中，f_x、f_y是摄像机的模型函数，可以通过前述的精确摄像机标定过程得到；f_p为光平面在$OXYZ$坐标系中的方程，在标定传感器时精确求得。联立式（6-7）及式（6-8）可解出被测物体上特征点P在坐标系$OXYZ$中的三维坐标。

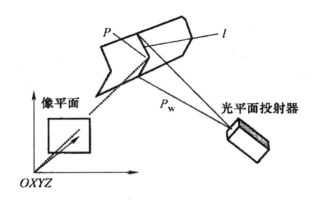

图6-16 结构光传感器测量原理

传感器标定借助一个细丝靶标进行，如图6-17所示，细丝靶标上固定 n 个（相互近似平行）细直钢丝 $l_1, \cdots, l_n$。

光平面入射到靶标细丝上时产生 n 个散射亮点 $P_i (i = 1, \cdots, n)$，P_i 对应像点的像素坐标由计算机处理得到。相应地，P_i 的空间三维坐标 (x_w, y_w, z_w) 可用另外的空间坐标测量设备测量（如经纬仪坐标测量设备）。设 P_i 在 $OX_wY_wZ_w$ 坐标系中的坐标为 (x_{wi}, y_{mi}, z_{wi})，P_i 对应像点的像素坐标为 (x_{di}, y_{di})。

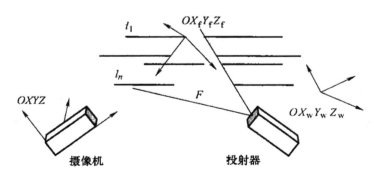

图6-17 结构光传感器标定原理

在光平面 F 内，取 P_0 点为原点，P_0P_1 为 X 方向，光平面法线方向为 Z 方向，由 X、Z 方向按右手法则，在 F 上建立坐标系 $OX_fY_fZ_f$。由空间坐标转换关系，容易将 P_i 在 $OX_wY_wZ_w$ 坐标系中的三维坐标转换到坐标系 $OXYZ$ 中，设经转换后

P_i在$OX_qY_qZ_q$坐标系中的坐标为(x_{fi}, y_{fi}, z_{fi})，因为P_i在$OX_fY_fZ_f$的xy平面内，所以$z_{fi}=0$。

假设坐标系$\Delta X_fY_fZ_f$到摄像机坐标系$OXYZ$的旋转矩阵为$\boldsymbol{R}$，平移矩阵为$\boldsymbol{T}$，则

$$\rho\begin{pmatrix} x_{ci} \\ y_{ci} \\ 1 \end{pmatrix} = \begin{pmatrix} f & 0 & 0 & 0 \\ 0 & f & 0 & 0 \\ 0 & 0 & 1 & 0 \end{pmatrix} \begin{pmatrix} \boldsymbol{R}_t & \boldsymbol{T} \\ 0 & 1 \end{pmatrix} \begin{pmatrix} x_{fi} \\ y_{fi} \\ z_{fi} \\ 1 \end{pmatrix} \tag{6-9}$$

采用摄像机一阶径向畸变模型，有

$$\begin{aligned} x_{ci} &= (x_{di} - c_x)(1+kq_i)/s_x \\ y_{ci} &= (y_{di} - c_y)(1+kq_i) \\ q_i &= \sqrt{(x_{di}-c_x)^2 + (y_{di}-c_y)^2} \end{aligned} \tag{6-10}$$

展开式（6-9），利用矩阵元素之间的对应关系，得到

$$\begin{cases} (x_{fi}r_7 + y_{fi}r_8 + t_z)x_{ci} = fr_1x_{fi} + fr_2y_{fi} + ft_x \\ (x_{fi}r_7 + y_{fi}r_8 + t_z)y_{ci} = fr_4x_{fi} + fr_5y_{fi} + ft_y \end{cases} \tag{6-11}$$

式中，$r_1, \cdots, r_9$为$\boldsymbol{R}_t$矩阵中的元素；t_x、t_y、t_z为$\boldsymbol{T}$矩阵中的元素。

$\boldsymbol{R}$为旋转矩阵，满足正交约束

$$\begin{aligned} r_1^2 + r_4^2 + r_7^2 &= 1 \\ r_2^2 + r_5^2 + r_8^2 &= 1 \\ r_1r_2 + r_4r_5 + r_7r_8 &= 0 \end{aligned} \tag{6-12}$$

由式（6-9）~式（6-12），采用一般的非线性方程组解法，可以解出$\boldsymbol{R}$矩阵中的元素$r_1, \cdots, r_9$，$\boldsymbol{T}$矩阵中的元素t_x、t_y、t_z。

光平面F在摄像机坐标系中的位姿可理解为：经过$OX_fY_fZ_f$坐标系原点，平面法线矢量为$OX_fY_fZ_f$的Z轴方向。令$F_0=(t_x,\ t_y,\ t_z)$；$n_0=(r_1,\ r_4,\ r_7)\times(r_2,\ r_5,$

r_8），于是，光平面 F 在 $OXYZ$ 坐标系中的点法式平面方程为

$$n_0 \left(X - F_0 \right) = 0 \qquad\qquad （6\text{–}13）$$

式中，$X = \left(x, y, z \right)$ 为光平面 F 上的点在 $OXYZ$ 坐标系中的坐标。式（6–13）表明了光平面在摄像机坐标系中的位姿，是光条结构光传感器的结构参数。

上述方法的精度很大程度上受到 P_i 空间位置精度和对应像点质量的影响，为提高标定精度，已经有很多研究工作试图消除这种影响，并取得了很好的效果。

6.3.4　双目立体视觉传感器

双目立体视觉测量原理如图6–18所示。传感器由两台摄像机组成（分别称为左、右摄像机），记左摄像机坐标系为 $OX_1Y_1Z_1$，右摄像机坐标系为 $OX_2Y_2Z_2$，空间被测点 P 在左、右摄像机坐标系中的坐标分别为 $\left(x_1, y_1, z_1 \right)$，$\left(x_2, y_2, z_2 \right)$，$P$ 点在左、右摄像机像素坐标系中的像素坐标分别为 $\left(x_{1m}, y_{1m} \right)$，$\left(x_{2m}, y_{2m} \right)$，由摄像机模型知

$$\begin{cases} x_{1m} = f_{1x} \left(x_1, y_1, z_1 \right) \\ y_{1m} = f_{1y} \left(x_1, y_1, z_1 \right) \end{cases} \qquad\qquad （6\text{–}14）$$

$$\begin{cases} x_{2m} = f_{2x} \left(x_2, y_2, z_2 \right) \\ y_{2m} = f_{2y} \left(x_2, y_2, z_2 \right) \end{cases} \qquad\qquad （6\text{–}15）$$

式中，f_{1x}，f_{1y} 和 f_{2x}，f_{2y} 分别为左、右摄像机的模型函数，通过标定摄像机准确得到。设左、右摄像机坐标系 $OX_1Y_1Z_1$，$OX_2Y_2Z_2$ 之间的关系可表示为

$$X_2 = \boldsymbol{R} X_1 + \boldsymbol{T}$$

$$X_1 = \left(x_1, y_1, z_1 \right)' \qquad X_2 = \left(x_2, y_2, z_2 \right)' \qquad\qquad （6\text{–}16）$$

式中，R 为 3×3 阶坐标系间旋转变换矩阵；T 为 3×1 阶坐标系间平移变换矩阵。R，T 是立体视觉传感器的结构参数，可通过传感器标定求出。由式（6-14）~ 式（6-16）解出被测空间点P在左摄像机坐标系$OX_1Y_1Z_1$中的三维坐标。

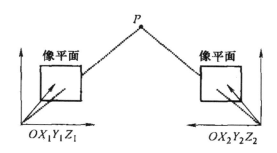

图6-18 双目立体视觉测量原理

传感器的结构参数是指两个摄像机之间的相互关系，标定原理如图6-19所示。图中，左摄像机坐标系为 $OX_1Y_1Z_1$，右摄像机坐标系为 $OX_2Y_2Z_2$，靶标坐标系为 $OXYZ$。设 $OXYZ$ 到 $OX_1Y_1Z_1$ 的旋转矩阵为 R_1，平移矩阵为 T_1，$OXYZ$ 到 $OX_2Y_2Z_2$ 的旋转矩阵为 R_2，平移矩阵为 T_2，有

$$X_1 = R_1 X + T_1 \qquad\qquad (6-17)$$

$$X_2 = R_2 X_1 + T_2 \qquad\qquad (6-18)$$

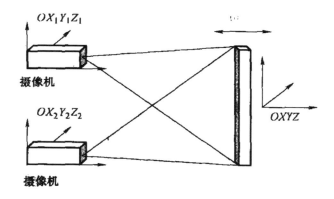

图6-19 双目立体视觉的标定

式中，$X_1=(x_1, y_1, z_1)$，为点在$OX_1Y_1Z_1$坐标系中的坐标；$X_2=(x_2, y_2, z_2)$，为点在$OX_2Y_2Z_2$坐标系中的坐标；$X=(x, y, z)$，为点在$OXYZ$坐标系中的坐标。由式（6-17）及式（6-18）得

$$X_1 = R_1R_2^{-1}X_2 + T_2 - R_1R_2^{-1}T \qquad (6-19)$$

即$OX_2Y_2Z_2$坐标系到$OX_1Y_1Z_1$坐标系之间的旋转矩阵，平移矩阵分别为

$$R = R_1R_2^{-1} \qquad (6-20)$$

$$T = T_1 - R_1R_2^{-1}T_2 \qquad (6-21)$$

式（6-20）和式（6-21）即是双目立体传感器的结构参数，其中R_1，R_2，T_1，T_2矩阵分别为采用同一靶标标定传感器中两个摄像机同时得到的摄像机外部参数。由以上分析知道：双目立体视觉中两个摄像机的标定，以及摄像机之间关系的结构参数标定可以同时进行。

如图6-20所示，在双摄像机的重合视场中任意设置控制点（点的空间坐标无须已知）P_i，控制点在两个摄像机中的成像光束必定在空间交汇，以此为约束可以精确求解摄像机之间的空间变换关系。

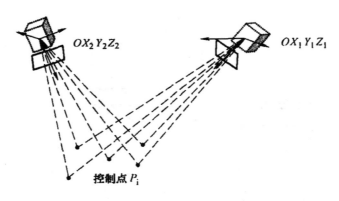

图6-20　光束定向交汇标定

6.3.5　组合视觉测量系统

双摄像机位姿视觉测量的应用非常灵活。通常单个测量单元（视觉传感器）因为摄像机视场及分辨率的限制，只能在保证精度的条件下，满足实现较小测量空间内的测量，多个传感器组成的视觉测量系统（组合测量系统）可实现较大空间范围内的测量任务，如图6-21所示。

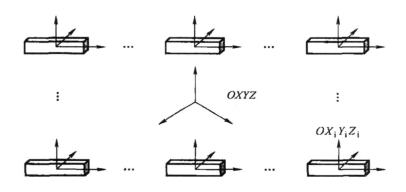

图6-21　多视觉传感器组成的视觉检测系统

系统标定是将系统中多个测量传感器坐标系统一到一个测量坐标系下，在大型视觉测量系统中，一般包含数十甚至上百个传感器，且分布空间范围大，姿态任意，系统标定复杂，精度保证困难。一般地，系统标定可以借助一个外部三维坐标测量装置和精密靶标实现，标定原理如图6-22所示。

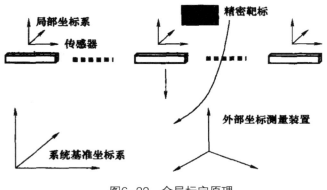

图6-22　全局标定原理

令传感器（测头）坐标系为$OX_SY_SZ_S$，外部测量坐标系为$OX_oY_oZ_o$，靶标坐标系为$OX_TY_TZ_T$，系统测量坐标系为$OX_bY_bZ_b$，标定时，首先测头和外部测量装置同时测量靶标，分别建立测头坐标系$OX_SY_SZ_S$和靶标坐标系$OX_TY_TZ_T$，靶标坐标系$OX_TY_TZ_T$和外部测量坐标系$OX_oY_oZ_o$之间的关系，此外，用外部测量装置测量系统坐标系（基准点位置），建立外部测量坐标系$OX_oY_oZ_o$和系统坐标系$OX_bY_bZ_b$之间的关系，经过坐标变换链$OX_SY_SZ_S>OX_TY_TZ_T>OX_oY_oZ_o>OX_bY_bZ_b$可以得到每一个测量坐标系到系统测量坐标系的变换关系，即系统标定。外部测量装置可以选用基于电子经纬仪的工业坐标测量系统或者激光跟踪坐标测量系统。

6.4　视觉传感技术应用

6.4.1　汽车车身视觉检测系统

在汽车车身制造过程中，分总成或总成上许多关键点（工艺质量控制点）的三维坐标尺寸需要检测，传统的坐标测量机（Coordinate Measuring Machine，CMM）检测方法只能实现离线定期抽样检测，效率低，不能满足现代汽车制造在线检测需求。视觉测量技术很好地解决了这个问题，典型的汽车车身视觉检测系统如图6-23所示。

6.4.2　钢管直线度、截面尺寸在线视觉测量系统

无缝钢管是一类重要的工业产品，在无缝钢管质量参数中，钢管直线度及截面尺寸是主要的几何参数，是控制无缝钢管制造质量的关键。视觉测量技术的非接触、测量范围大的特点非常适合于无缝钢管直线度及截面尺寸的测量，测量原理如图6-24所示。

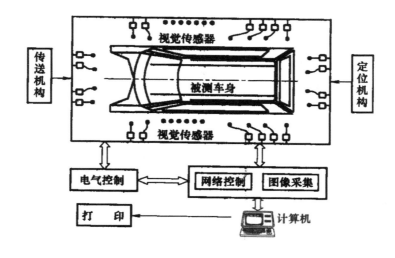

图6-23　汽车车身视觉检测系统组成原理

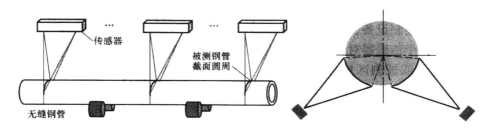

图6-24　无缝钢管直线度、截面尺寸视觉测量

　　系统中每一个传感器实现一个截面上部分圆弧的测量，通过适当的数学方法，由圆弧拟合得到截面尺寸和截面圆心的空间位置，由截面圆心分布的空间包络，得到直线度参数。测量系统在计算机的控制下，可在数秒内完成测量，满足实时性要求。

6.4.3　三维形貌视觉测量

　　三维形貌数字化测量技术是逆向工程和产品数字化设计、管理及制造的基础支撑技术。将视觉非接触、快速测量和最新的高分辨力数字成像技术相结合，是当前实现三维形貌数字化测量的最有效手段。三维形貌测量通常分为局部三维形貌信息获取（测量）和整体拼接两部分，先通过视觉扫描传感器（测头），对被测形貌的各个局部区域进行测量，再采用整体拼接技术，对局部形貌拼接，得到完整形貌。

视觉扫描测头采用基于双目立体视觉测量原理设计，运用激光扫描实现被测特征的光学标记，兼有立体视觉和主动结构光法两者的优点，分辨力约为0.01mm，测量精度在300mm×200mm的范围内优于0.1mm，足以满足大部分的工业产品检测要求。

形貌整体拼接的实质就是将分块局部形貌测量数据统一到公共坐标系下，完成对被测形貌的整体描述。为控制整体精度，避免误差累积，采用全局控制点（分为编码控制点和非编码控制点两种）拼接方法。在测量空间内设置全局控制点，采用高分辨率数码相机从空间不同位置，以不同姿态对全局控制点成像，运用光束定向交汇平差原理，得到控制点的空间坐标并建立全局坐标系。借助全局控制点将扫描测头在每一个测量位置对应的局部测量坐标系和全局坐标系关联，由此实现局部形貌测量数据到全局（公共）坐标系的转换，完成数据拼接。拼接测量原理见图6-25。

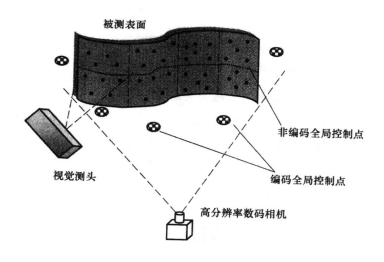

图6-25　拼接测量原理示意图

6.4.4　光学数码三维坐标测量

制造领域内三维坐标的精密测量主要由坐标测量机（CMM）完成，CMM是一种通用、标准的精密测量设备，是保证制造精度，控制产品质量的必备测量手段。传统的CMM测量是通过导轨机械运动实现的，测量机的主体是三个相互正交的精密导轨，其特点是测量精度高、功能强、通用性好，但因为存在机械运动，使得结构复杂、造价高、测量效率低，尤其是对工作环境有很高要求，一般只能安置在专用的测量工作间内使用，不能工作于制造现场环境中。光学数码柔性坐标测量是一种先进的基于视觉测量原理的现场坐标精密测量技术，它采用先进高精度的数码成像器件作为角度传感器，两台传感器构成空间三角交汇测量配置（立体视觉配置），在LED（Light Emitting Diode，发光二极管）光学测量靶标的配合下，组成工作范围大、通用的空间坐标测量系统，原理如图6-26所示。已经研制的基于高分辨率数字成像的光学数码三维坐标测量系统，采用LED光学控制点技术结合高精度处理算法，可以稳定地实现约0.01像素的图像细分精度，并且采用残差修正方法将成像精度提高到0.02~0.03像素，使得测量精度达到10×10^{-6}水平。

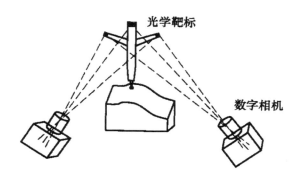

图6-26　光学数码坐标测量原理

6.5 智能视觉传感技术

所谓智能视觉传感技术，是指一种高度集成化、智能化的嵌入式视觉传感技术。它将视觉传感器和数字处理器、通信模块及其他外围设备集成在一起，替代传统的基于PC平台（PC–Based）的视觉系统，成为能够独立完成图像采集、分析处理、信息传输的一体化智能视觉传感器。随着嵌入式处理技术和CCD、CMOS技术的发展，智能视觉传感器在图像质量、分辨率、测量精度以及处理速度、通信速度方面具有巨大的提升潜力，其发展将逐步接近甚至超越基于PC平台的视觉系统。

智能视觉传感器（Intelligent Vision Sensor）是近年来视觉检测领域新兴的一项传感技术，结构如图6-27所示。其中，图像处理单元通常由数字处理器组成，主要完成图像信息的分析处理工作，对采集到的图像进行预处理、压缩和选择性的存储，结合针对具体检测任务的图像处理软件对图像进行处理和分析。图像处理软件是智能视觉传感器的重要组成部分，一般需要完成三个层次的任务：图像的预处理、图像特征的提取和针对特定检测任务的分析处理。显示单元主要负责显示智能视觉传感器的相关信息，包括传感器的状态信息、检测结果及分析处理的中间状态信息。用户可以通过显示单元查看传感器的状态，进行参数设置，干预指导图像处理过程，读取检测结构等。

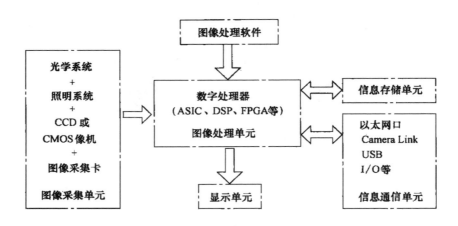

图6-27 智能视觉传感器结构图

第7章　生物传感技术

生物传感器（biosensor）是在生物学、医学、电化学、光学、热学及电子技术等多种学科相互渗透中成长起来的一门新学科。一般有两个主要组成部分，其一是识别元件（感受器），是具有识别待测物能力的生物活性物质；其二是信号转换器（换能器）。当待测物与识别元件特异性结合后，所产生的复合物（或光、热等）通过信号转换器变为可以输出的电信号、光信号等，从而达到分析检测的目的（图7-1）。

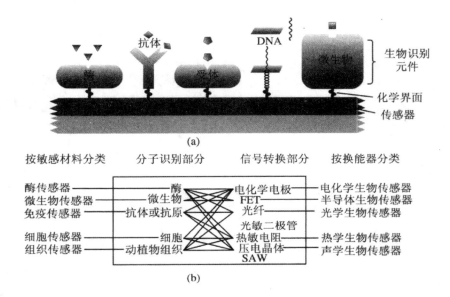

图7-1 生物传感器的构成

7.1 生物传感器概述

生物传感器（biosensor）是生物活性材料与相应的换能器的结合体，能测定特定的化学物质（主要是生物物质）的装置。近几十年来，由于生物医学工程的迅速发展出现了检测生物体内化学成分的各种生物传感器。20世纪60年代出现利用酶的催化过程和催化的专一性构成具有灵敏度高、选择性强的酶传感器，随后又出现了免疫传感器、微生物传感器、细胞传感器和组织切片传感器。70年代末至80年代又出现了酶热敏电阻型和生物化学发光式生物传感器。这些传感器将改变现行消耗试剂、破坏试样的传统生化检验方法，而是直接分析，并能反复使用，操作简单，可得到电信号输出，便于自动测量，这些特点将有力地促进医学基础研究、临床诊断和环境医学的发展。

7.1.1　生物传感器发展趋势

生物传感器涉及的学科领域和技术方法非常多，故难以对其发展趋势有一个清晰的概括。生物体本身就是各种精巧生物传感器的汇集体。从各种感官传感器（如眼、鼻、舌、耳、皮肤等）、昆虫的触角、蝙蝠的超声波、豚类的声呐等到单个细胞，都具有天然的传感执行机制，其结构的精密程度和完善的功能都是迄今任何人工传感器所不能比拟的。如Rechnitz领导的Hawaii生物传感器实验室证明，浓度为10^{-15} mol/L的农药能够使海蟹的触角产生响应电信号。美国OakBridge国家实验室提出感知化学和生物试剂的生物报告（bioreporter）技术。其基本原理是：将能够产生光学信号或其他信号的报告基因与启动子（promoter）顺序克隆，当细胞环境中有被分析物存在时，细胞启动子受激启动报告基因的转录，然后利用细胞的整套翻译机制译成报告蛋白质，并产生可以检测的信号（图7-2）。生物报告可能有各种形式，以荧光素报告的形式比较直观。如何借鉴生物体或细胞传感机制，值得深入探索。

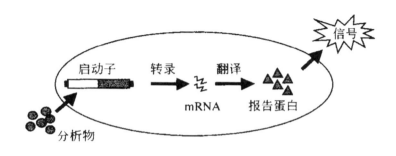

图7-2　完整细胞或生物体传感过程模式图解

当生物体与特异的分析物接触时，启动子/报告基因复合物被转录成信使RNA（mRNA），然后翻译成报告蛋白质，最终形成响应信号。在评价生物传感器研究领域中成绩的同时，我们必须清楚地认识到生物传感技术远非完美无缺。与各种化学传感器和物理传感器相比，在多数情况下，生物传感器的稳定性仍然很差，常常需要精心地护理和频繁地标定，制备的成本比较高。这些缺陷均归于生物传感器研究者们是在与"活"的物质打交道，不确定性因素非常多，因此更具有挑战性。

7.1.2 信号转换器

生物传感器中的信号转换器，与传统的转换器并没有本质的区别。例如，可以利用电化学电极、场效应管、热敏电阻、压电晶体、光纤和SPR等器件作为生物传感器中的信号转换器。

7.1.2.1 电化学电极

电化学电极及相关的电化学测试技术具有性能稳定、适用范围广、易微型化特点，已在酶传感器、微生物传感器免疫传感器、DNA传感器中得到应用。目前，微电极技术也已应用于探讨细胞膜结构与功能、脑神经系统的在体研究（如多巴胺、去甲肾上腺素在体测量）等生物医学领域。

7.1.2.2 场效应管

场效应管可作为酶（水解酶）、微生物传感器中的信号转换器。

FET有以下几个特点：①构造简单、体积小、便于批量制作、成本低；②属于固态传感器，机械性能好、耐振动、寿命长；③输出阻抗低，与检测器的连接线甚至不用屏蔽，不受外来电场干扰，测试电路简化；④可在同一硅片上集成多种传感器，对样品中不同成分同时进行测量分析。

7.1.2.3 热敏电阻

因为对于许多生物体反应都可观察到放热或吸热反应的热量变化（焓变化），所以热敏电阻生物传感器测量对象范围广泛，适用的识别元件包括酶、抗原抗体、细胞器、微生物、动物细胞、植物细胞、组织等。在检测时，由于识别元件的催化作用或因构造和物性变化引起焓变化，可借助热敏电阻把其变换为电信号输出。现已在医疗、发酵、食品、环境、分析测量等很多方面得到应用，如在发酵生化生产过程中，广泛用于测定青霉素、头孢菌素、酒精、糖类和苦杏仁等。

热敏电阻具有如下几个特点：①灵敏度高，温度系数为-4.5ppm/℃，灵敏度约为金属的10倍；②因体积很小，故热容量小，响应速度快；③稳定性好，使用方便价格便宜。

7.1.2.4 压电晶体

压电生物传感器分为质量响应型和非质量响应型，它们在免疫学、微生物学、基因检测、血液流变、药理研究以及环境等科学领域具有重要应用价值和开发前景。

对于质量响应型，当压电晶体表面附着层的质量改变时，其频率随之改变，通常可用Sauerbrey方程来描述，即

$$\Delta F = KF^2 \frac{\Delta m}{A}$$

式中，ΔF是晶体吸附外来物质后振动频率（Hz）的变化，K为常数，A为被吸附物所覆盖的面积，F为压电晶体的基础频率（MHz），Δm为附着层物质的质量变化。

通常可检测低至10^{-10} g/cm^{2}量级的痕量物质。

对于非质量响应型，利用电导率或黏度等变化引起的频率改变来进行检测，有用此类压电传感器检测凝血酶原时间和血沉的报道。

压电晶体传感器的特点如下：①仪器装置简单，成本低廉；②灵敏度高，易自动化，使用范围广；③可发展一类非标记的亲和型生物传感检测方法。

7.2　生物识别机理及膜固定技术

生物传感器的分子识别元件又称敏感元件，主要来源于生物体的生物活性物质，包括酶、抗原、抗体和各种功能蛋白质、核酸、微生物细胞、细胞器、动植物组织等。当它们用作生物传感器的敏感元件时，具有对靶分子（待检测对象）特异的识别功能。分子识别常常是生物体进行各种简单反应或复杂反应的基础。它实际上包括了生理生化、遗传变异和新陈代谢等一切形式的生命活动，生物传感器研究者的任务是如何将生物反应与传感技术有机地结合起来。

本节将简要介绍几种典型生物反应：酶反应、微生物反应、免疫学反应、核酸反应、催化抗体、催化核酸以及生物反应中伴随发生的物理量变化。

7.2.1　酶反应

酶是催化剂，生物传感器主要是利用其具有选择的催化功能识别被测物质。新陈代谢是由无数的复杂的化学反应组成，而这些反应大都是在酶的催化下进行的。

诱导契合假说（induced fit hypothesis）：当酶分子与底物分子接近时，酶蛋白受底物分子的诱导，其构象发生有利于底物结合的变化，酶与底物在此基础上互补契合，它说明了酶作用的专一性。这种结合特性被人们用来设计以质量变化为指标的生物传感器。专一性的微观现象是当酶分子与底物分子接近时，酶蛋白受底物分子的诱导，其构象发生有利于底物结合的变化，酶与底物在此基础上互补契合，这种现象被称为诱导契合，进行反应如图7-3所示。

酶遇到其专一性底物时，由于底物的诱导，酶的构象发生了可逆变化。实际上当酶构象发生变化的同时，底物分子也往往受酶作用而变化。由于酶分子中某些基团或离子可以使底物分子内敏感键中的某些基团电子云密度增加或降低，产生"电子张力"，使敏感键的一端更加敏感，更易发生反应；有时甚至使底物分子发生形变[图7-4（a）]，使酶和底物复合物更易形成；而且往往是酶构象发生的同时，底物分子也发生形变[图7-4（b）]，从而酶与底物更加互相契合。早在1894年，德国生物化学家E. Fischer就提出"锁–钥假说"（lock and– key hypothesis），即酶与其特异性底物在空间结构上互为锁–钥关系。

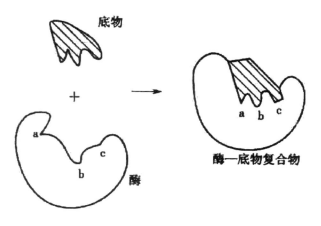

图7-3 酶与底物的"诱导契合"

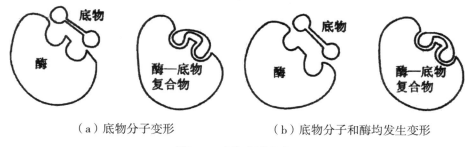

（a）底物分子变形　　　　　　（b）底物分子和酶均发生变形

图7-4 底物变形示意图

7.2.2 微生物反应及检测

微生物反应由数以千计的基本酶促反应组成，可以从以下不同角度对微生物反应类型进行认识。

（1）同化与异化。根据微生物代谢流向可以分为同化作用和异化作用。在微生物反应过程中，细胞同环境不断地进行物质和能量的交换，其方向和速度受各种因素的调节，以适应体内外环境的变化。细胞将底物摄入并通过一系列生化反应转变成自身的组成物质，并贮存能量则称为同化作用或组成代谢（assimilation）。反之，细胞将自身的组成物质分解以释放能量或排出体外，称为异化作用或分解代谢（disassimilation）。代谢是由酶催化的，具有复杂的中间过程。

（2）自养与异养。根据微生物对营养的要求，微生物反应又可分为自养性（autotrophic）与异养性（hetero trophic）。自养微生物的CO_2作为主要碳源，无机氮化物作为氮源，通过细菌的光合作用或合成作用获得能量。

光合细菌（如红硫细菌等）有发达的光合膜系统，以细菌叶绿素捕捉光能并作为光反应中心，其他色素（如类胡萝卜素）起捕捉光能的辅助作用，光合作用中心产生高能化合物ATP（三磷酸腺苷）和辅酶$NADPH_2$（烟酰胺腺嘌呤二核苷酸磷酸），用于CO_2同化，使CO_2转化为贮存能量的有机物，这是一种光能至化学能转化的反应。

化学能自养菌从无机物的氧化中得到能量，同化CO_2。根据能量的来源不同可以分为不同类型，主要有硫化菌、硝化菌、氢化菌和铁细菌等。

异养微生物以有机物作为碳源，无机物或有机物作氮源，通过氧化有机物获得能量。绝大多数微生物种类均属于异养型。

（3）好气性与厌气性。根据微生物反应对氧的要求与否可以分为好氧（aerobic）反应与厌氧（anaerobic）反应。在有空气的环境中才易生长和繁殖的微生物称为好气性微生物，如枯草杆菌、节细菌、假单胞菌等大量的微生物。这些微生物的能力是多方面的，它们能够利用大量不同的有机物作为生长的碳源和能源，在反应过程中以分子氧作为电子或质子的受体，受到氧化的物质转变为细胞的组分，如CO_2、H_2O等。

必须在无分子氧的环境中生长繁殖的微生物称为厌气性微生物，一般生活在土壤深处和生物体内，如丙酮丁醇梭菌、巴氏菌、破伤风菌等。它们在氧化底物时利用某种有机物代替分子氧作为氧化剂，其反应产物是不完全的氧化产物。

许多既能好气生长，也能厌气生长的微生物称为兼性微生物，如固氮菌、大肠杆菌、链球菌、葡萄球菌等。一个典型的底物反应是葡萄糖的代谢，葡萄糖进入细胞内首先经糖酵解途径（EMP途径）发生一系列反应生成丙酮酸，在缺氧时，丙酮酸生成乳酸或乙醇，在供氧充足时，丙酮酸经氧化脱羧生成乙酰辅酶A，继而进入三羧酸循环（Krebs循环）进一步氧化成H_2O和CO_2，并产生大量能。

（4）分析微生物学。分析微生物学（analytical microbiology）是利用微生物完成定量分析任务的学科。在有些情况下，微生物测定法比化学方法更专一和灵敏，效率亦更高。有几种测定的形式，如细胞的增殖，酸、碱类等代谢产物的生成，呼吸强度，细胞内部亚系统的反应（如盐类从细胞中渗漏出来）以及物理性态的变化等，其中以细胞增殖和呼吸法最为常用。

细胞增殖法的原理是某些微生物必须依赖一些氨基酸、维生素、嘌呤和嘧啶等物质生长。当培养液中缺少某一种必需营养时，限制菌体生长。因此，菌体增殖与必需营养物质的浓度成正相关。另一方面，抗生素能抑制菌体生长，根据菌体增殖速度可以测定抗生素类的浓度。菌体增殖采用平板生长计数法和菌悬液浑浊度法，测定周期为一天至数天，灵敏度为$\mu g/mL$级。呼吸法是根据菌体在同化底物或被抑制生长时的CO_2释放或CO_2的消耗进行测定，通常采用瓦勃测压法，反应时间为数十分钟至数小时。如制霉菌素能降低酵母菌的CO_2排出量，大肠杆菌能对谷氨酸脱羧并释放足够可检的CO_2等。

在被分析底物能促进微生物代谢的情况下，关键是要获得对底物的专一性反应。实验菌株常常是一些经过变异的菌株，它们或成为对某些营养的依赖性称为营养缺陷型，或能在体内高浓度地积累某种酶，由此实现专一性的测定。

7.2.3 免疫学反应

7.2.3.1 抗原

抗原（antigen，Ag）有两种性能：刺激机体产生免疫应答反应；与相应免疫反应产物发生特异性结合反应。前一种性能称为免疫原性（immunogenicity），后一种性能称为反应原性（reactionogenicity）。具有免疫原性的抗原是完全抗原（completeantigen）。那些只有反应原性，不刺激免疫应答反应的称为半抗原（hapten）。

按抗原物质的来源可分为如下三类：天然抗原（来源于微生物或动植物，包括细菌、病毒、血细胞、花粉、可溶性抗原毒素、类毒素、血清蛋白、蛋白质、糖蛋白、脂蛋白等）、人工抗原（经化学或其他方法变性的天然抗原，如碘化蛋白、偶氮蛋白和半抗原结合蛋白）、合成抗原（为化学合成的多肽分子）。

7.2.3.2　抗体

抗体（antibody）是由抗原刺激机体产生的具有特异性免疫功能的球蛋白，又称免疫球蛋白（immunoglobulin，Ig）。免疫球蛋白是由一至几个单体组成，每一单位有两条相同的分子量较大的重链（heavy chain，H链）和两条相同分子量的较小的轻链（light chain，L链）组成，链与链之间通过二硫链（—S—S—）及非共价键相连接（图7-5）。

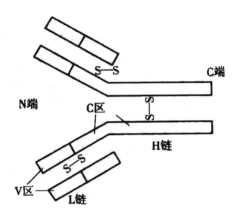

图7-5　免疫球蛋白（Ig）结构模式图

7.2.3.3　抗原-抗体反应

抗原-抗体结合时将发生凝聚、沉淀、溶解反应和促进吞噬抗原颗粒的作用。抗体与抗原的特异性结合点位于FabL链及H链的高变区，又称抗体活性中心，其构型取决于抗原决定簇的空间位置，两者可形成互补性构型。抗原与抗体结合尽管是稳固的，但也是可逆的。调节溶液的pH或离子浓度，可以促进可逆反应。某些酶能促使逆反应，抗原-抗体复合物解离时，均保持自己本来的特性。如用生理盐水把毒素-抗毒素的中性混合物稀释100倍时，所得到的液体仍有毒性，该复合物能在体内解离而导致中毒。

7.2.3.4　免疫学分析

（1）沉淀法。可溶性抗体与其相应的抗原在液相中相互接触，可形成不溶性抗原–抗体复合物而发生沉淀，包括扩散实验和电泳试验，此为经典的免疫学实验，灵敏度水平为μg/mL级。

（2）放射免疫测定法（Radiation Immuno Assay，RIA），即利用放射性同位素示踪技术和免疫化学技术结合起来的方法，具有灵敏度高、特异性强、准确度佳、重复性好等特点，可检出10^{-12}~10^{-9}g痕量物质。经典的RIA用已知浓度的标记（^{14}C，^{32}P，$^{35}S^{3}H$等）抗原和样品抗原竞争限量的抗体，曾经广泛应用，缺点是要使用同位素，对操作者和环境有一定的危害性。

（3）免疫荧光测定法。将抗体（或抗原）标记上荧光素与相应的抗原（或抗体）结合后，在荧光显微镜下呈现特异性荧光，称为免疫荧光法（Immuno Fluorescence Assay，IFA）。最常用的荧光染料为异硫氰酸荧光素（FITC）。FITC有两种异构体，均能与蛋白质良好地结合，其最大吸收光谱为490~495nm，最大发射光谱为520~530nm，呈现明亮的黄绿色荧光。

（4）酶联免疫吸附剂测定法（Enzyme Linked Immuno Sorbent Assay，ELISA），是用酶促反应的放大作用显示初级免疫学反应。为此，需要制备酶标抗体或酶标抗原，通称酶结合物（enzyme conjugation）。该结合物保留原先的免疫学活性和酶学活性。当采用竞争结合（如酶标抗原与样品中抗原同时竞争有限的抗体）时，色度与样品抗原浓度成反比。

7.2.4　其他类型的生物学反应

7.2.4.1　核酸与核酸反应

（1）核酸组成与结构。

核酸是所有生命体的遗传信息分子，DNA链含有脱氧核糖和A、T、C、G四种碱基，RNA含有核糖和A、U、C、G四种碱基。T与U的唯一区别是T的环中含有甲基，而U没有。完整的核酸分子中通常含有一些被化学修饰过的碱基。

DNA的一级结构指脱氧核苷酸在长链上的排列顺序。二级结构为双螺旋链，由两条反向平行的脱氧多核苷酸链围绕同一中心轴构成。每圈螺旋含10个核苷酸残基，螺距为3.4nm，直径为2nm。碱基配对规则为：A与T、C与G，构成互补双链。

RNA在细胞中主要以单链形式存在，但RNA片段也可能暂时形成双螺旋，或自折叠成双螺旋区域。这种自折叠结构常常比RNA的核苷酸序列具有更为重要的功能，尤其是非编码RNA，如核糖体RNA。

（2）DNA变性。DNA会发生变性（denature）。在低温，自由能为正，DNA分子中的变性组分少。当温度升高时，氢键和其他分子间力被搅乱，自由能下降，直到两条链分离和松散，称为解链（melting）（图7-6）。解链过程中，由于DNA分子中的嘌呤和嘧啶的芳香基团暴露，DNA分子溶液在260nm处的吸收增加。在该波长处光吸收的增加称为增色效应（hyperchromic effect）。当温度升到50~60℃时，大多数DNA分子均会发生变性或解链。

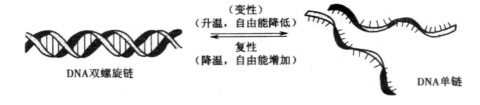

图7-6　DNA变性和复性

（3）核酸分子杂交。分子杂交（molecular hybridization）是利用分子之间互补性（complementarity）对靶分子（target molecule）进行鉴别的方法。互补性具有序列特异性或形态特异性，它使两个分子彼此间结合，其形式包括DNA-DNA、DNA-RNA、RNA-RNA和蛋白质蛋白质（抗体）。其中，DNA-DNA是应用最多的一种核酸杂交形式。

DNA杂交具有广泛的用途，如可以测定一个限制性DNA片段的分子量、不同样品中相对含量、杂交测序、复杂基质中靶DNA的定位等。在生物传感器和生物芯片中也经常采用。

7.2.4.2　催化抗体（抗体酶）

抗体具有与抗原的特异性结合部位。这类催化抗体称为抗体酶（abzymes），

是抗体（antibody）和酶（enzyme）的复合词，或称催化抗体（catalyic antibody），是具有催化活性的单克隆抗体。它通常是人工合成物（已有100多种），但也存在于正常人体内和病患者体内，如自身免疫疾病系统性红斑狼疮患者体内的抗体酶能结合和水解DNA。1989年，Paul等发现了体内存在的第一个天然催化性IgG，能特异性地水解肠血管活性肽。此后又相继发现了多种天然抗体酶。为了区分天然的抗体酶和抗过渡态类似物的抗体酶，通常将前者称为抗体酶，后者称为合成抗体酶。

7.2.4.3　催化性核酸

酶不仅仅是蛋白质，或者说生物催化剂不仅是蛋白质属性的酶，同样有意义的是它们在生命过程中执行重要的功能。催化性DNA（catalytie DNA）也有脱氧核酶（deoxyri bozyme）和DNA酶（DNA enzyme 或DNAzyme），这里统称催化性DNA。

7.2.4.4　生物学反应中的物理量变化

任何生物学反应过程都伴随着热力学变化，如分子结构转换（相转换，phase transition）、分子间相互作用、生物催化反应等无一不发生内部或外部的热变化。

（1）分子相转换中的热力学。生物分子（包括蛋白质、核酸、糖类和脂类等）是构成生物系统的主要组分。它们均具有特殊有序的三维结构，生物分子的三维结构不与生物分子的功能密切相关。维护这些三维结构的力主要是弱相互作用力（氢键、电解相互作用、van der Waals相互作用、疏水相互作用）。以蛋白质为例，它们在形成过程中自动折叠成有功能的天然三维结构，也是在所处的环境中最稳定的结构。可以通过热力学方法测定蛋白质结构的稳定性。微量测热法在阐明蛋白质结构方面已经成为公认的方法。核酸（如DNA）的单链与双链结构也是典型的热平衡现象。其他生化分子（如糖类和脂类分子）内的弱相互作用都与热有关。测量分子结构转变过程或前后的热信息，需要采用稀释溶液，以排除溶液内部分子之间的作用。此外，样品量要少于1mg。目前量热仪（calorimetry）对蛋白质和核酸样品量的需求为1mL，浓度<0.1%。可以直接测得热熔和热容变化，并通过函数计算得出自由能和熵的改变。日本学者已经建立了蛋白质和突变

体的热力学数据库（ProTherm）。

（2）分子间相互作用的热力学。分子结合有多种形式，以蛋白质为例，其结合形式包括蛋白质–DNA、蛋白质–配体、抗原–抗体、酶–底物、酶–抑制剂等。如前所述，分子结合力属于弱相互作用力，但这类识别具有高度的特异性。可以在恒温下通过等温线确定（isothermal titration）或流通式方法测定，并且可以在一次实验中测得一个分子上的多个结合位点。热焓的温度依赖性提供了结合位点的热容变化。这些基本的热力学定量数据不仅可以用来阐述特异性结合的特征和机制，还可以预测所检测的分子在不同条件下结合的特征。根据熵和热容的变化可以讨论蛋白质与其结合的配体的构象（conformation）和水合作用的改变。而热熔变化则直接与结合组分的相互作用有关，并关联结构信息。基于结构信息的热力学分析方法对药物设计、功能蛋白的设计和阐述结合机制有重要意义，也已经建立了蛋白质与核酸相互作用数据库（ProNIT）。

（3）颜色反应和光吸收。生物反应中的颜色变化包括生物体内产生色素和生物体或酶与底物作用后产生颜色物质两个方面。

自然界最常见的色素是叶绿素，此外还有类胡萝卜素和其他杂色素。各种色素是由不同的生物合成途径产生的，每一种途径都包含若干生物化学反应，每一种反应都是由特殊的酶催化的。

底物的颜色反应范围十分广泛，如辣根过氧化物酶（horseradish peroxidase，HRP）能够氧化多种多元酚或芳香族胺，形成有颜色的产物，如邻甲氧基苯酚被氧化生成橙色的沉淀、联苯二胺则被氧化成黄褐色的产物等。在微生物培养中，美蓝能作为氢的受体，被微生物还原的无色形式。三苯基四唑作为氧受体时，氧化型是无色，还原型为红色等。颜色是因为分子中存在发色基团，这些基团对一定波长的光有吸收作用。一些重要的生物分子尽管不显示颜色，却有其特征吸收峰，如蛋白质的吸收峰为280nm，核酸的吸收峰为260nm。多数生物分子在可见光区的消光系数微不足道，但一旦与某些别的试剂定量地反应而生成有色产物，便能在可见光区获得特征吸收峰。

（4）抗阻变化。微生物反应可使培养基中的电惰性物质（如碳水化合物、类脂和蛋白质等）代谢为电活性产物（如乳酸盐、乙酸盐、碳酸盐和氨等代谢物）。当微生物生长和代谢旺盛时，培养基中生成的电活性分子和离子增多，使培养液的导电性增大，阻抗降低；反之，则阻抗升高。早在20世纪70年代，就有人用这种方法检测土壤溶液中微生物代谢动力学变化，并提出用这种方法探测地球外部的生命物质。

7.2.5　膜及其固定技术

上述的各种基础反应，均在一种称之为膜的表面或中间进行的，没有生物功能膜就不称其为生物传感器。反应过程即识别过程。

近年来固定化技术发展很快。通常固定化方法分为如下7种。

（1）夹心法（sandwich）。

将生物活性材料封闭在双层滤膜之间，形象地称为夹心法，如图7-7（a）所示。依生物材料的不同而选择各种孔径的滤膜（见表7-1）。

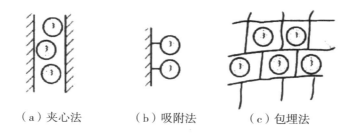

（a）夹心法　　（b）吸附法　　（c）包埋法

（d）共价连接法　　（e）交联法　　（f）微胶囊法

图7-7　酶的固定化技术

表7-1　滤膜的选择

生物组分	膜孔径	膜类型
酶	0.001～0.3μm	超滤膜、透析膜
组织	0.5～10μm	微滤膜
微生物	0.05～10μm	微滤膜

这种方法的特点是操作简单，不需要任何化学处理，固定生物量大，响应速度较快，重现较好，尤其适用于微生物和组织膜制作。商品BOD传感器的膜就是用这种方法制作的。但是用于酶膜制作时稳定性较差。

（2）吸附法（adsorption）。

吸附法是用非水溶性载体物理吸附或离子结合，使蛋白质分子固定化的方法，如图7-7（b）所示。载体种类繁多，如活性炭、高岭土、羟基石灰石、铝粉、硅胶、玻璃、胶原、磷酸钙凝胶、纤维素和离子交换体（如DEAE纤维素，DEAE葡聚糖以及各种树脂）等。

蛋白质分子与载体的结合是靠氢键、盐键、范德华力、离子键等。吸附的牢固程度与溶液的pH、离子强度、温度、溶剂性质和种类以及酶浓度有关，所以，为了得到最好的吸附并保持最高的活性，控制实验条件十分重要。近年来发现塑料薄膜亦是一种良好的吸附载体，利用聚氯乙烯膜（PVC）可以吸附可观的蛋白质量（表7-2），PVC酶膜已经用于肝功能的测定。

表7-2　"湿" PVC膜吸附的蛋白质

蛋白质分子	相对分子质量	溶剂	pH	吸附量/（$\mu g/cm^2$）
白蛋白	450 00	水	7.0	64.5
血红蛋白	680 00	水	7.0	101
γ-球蛋白	156 000	水	7.0	122
血纤维蛋白质	400 000	水	7.0	198
尿酸酶	120 000	硼酸	8.5	75.7
脲酶	480 000	磷酸盐	7.0	88.6
葡萄糖氧化酶	186 000	磷酸盐	5.6	69.9

（3）包埋法（entrapping method）。

将酶分子或细胞包埋并固定在高分子聚合物三维空间网状结构基质中，即为包埋法，如图7-7（c）所示。

（4）共价结合法（covalent binding）。

使生物活性分子通过共价键与不溶性载体结合而固定的方法，称共价结合法或称载体结合法，如图7-7（d）所示。

蛋白质分子中能与载体形成共价键的基团有游离氨基，按基、疏基、酚基和羟基等。载体包括无机载体和有机载体。有机载体如纤维素及其衍生物、葡聚糖、琼脂粉、骨胶原等，无机载体使用较少，主要有多孔玻璃、石墨等。

根据酶与载体之间的结合形式可以有重氮法、肽键法、烧化法等，以重氟法较为多用。共价连接法的特点是结合牢固，蛋白质分子不易脱落，载体不易被生物降解，使用寿命长；缺点是操作步骤较麻烦，酶活性可能因为发生化学修饰而降低，制备具有高活性的固定化酶比较困难。

（5）交联法（cross linking）。

此法借助双功能试剂（bifunctionalagents）使蛋白质结合到惰性载体或蛋白质分子彼此交联成网状结构，如图7-7（e）所示。在交联反应中，酶分子将会部分失活。

（6）微胶囊法（micro encapsulation）。

微胶囊法主要采用脂质体（liposome）包埋生物活性材料或指示分子。脂质体是由脂质双分子层组成的内部为水相的闭合囊泡，如图7-7（f）所示。

（7）L-B膜技术。

生物传感器的响应速度和响应活性是一对相互影响的因素。以酶传感器为例，随固定的酶量增大，响应活性相应增高，但酶量大时必使膜的厚度增加，从而造成响应速度减慢。

操作时对液相的纯度、pH和温度有很高的要求。液相通常是纯水，操作压力通过计算机反馈系统调整。一旦制备好单分子膜，可以将膜转移到预备好的基片上去。转移过程通过步进电机微米螺旋系统进行操作，基片在单分子膜与界面作起落运动，当基片第一次插入并抽出时便有一层单分子膜沉积在基片表面。

若要沉积三层单分子膜，就需作第二次起落运动（图7-8），部分单分子膜被移出膜槽所引起的槽内压强变化由压力传感器和反馈装置进行自动压力补偿。

利用L-B膜技术制作酶膜主要有两个优点：一是酶膜可以制得很薄（数纳米厚），厚度和层数可以精确控制；二是可以获得高密度酶分子膜。由此可能协调响应速度和响应活性间的矛盾。

需要解决的特殊问题是酶分子多为水溶性，难以在水相中成膜，可能要设计更复杂的膜结构。如先将双功能试剂与酶分子轻度交联，使其能在水面悬浮展开，再施加压力形成单分子膜或者凭借脂质分子的双极性在脂质单分子层上嵌入酶蛋白分子膜制备L-B酶膜。

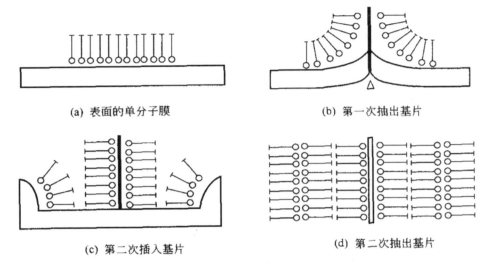

(a) 表面的单分子膜　　　　　　　　(b) 第一次抽出基片

(c) 第二次插入基片　　　　　　　　(d) 第二次抽出基片

图7-8　典型L-B膜的沉积过程

7.3　生物传感器的基本原理

生物传感器的基本原理是通过被测定分子与固定在生物接受器上的敏感材料（称为生物敏感膜）发生特异性结合，并发生生物化学反应，产生热焓变化、离子强度变化、pH变化、颜色变化或质量变化等信号，且反应产生的信号的强弱在一定条件下与特异性结合的被测定分子的量存在一定的数学关系，这些信号经换能器转变成电信号后被放大测定，从而间接测定被测定分子的量，如图7-9所示。

生物传感器的分子识别部分的作用是识别被测物质，是生物传感器的关键部分。其结构是把能识别被测物的功能物质如酶E、抗体A、酶免疫分析EIA、原核生物细胞PK、真核生物细胞EK、细胞类脂O等用固定化技术固定在一种膜上，从而形成可识别被测物质的功能性膜。例如，酶是一种高效生物催化剂，比一般催化剂高$10^6 \sim 10^{10}$倍，且一般都可在常温下进行，利用酶只对特定物质进行选择

性催化的这种专一性，测定被测物质。酶催化反应可表示为

$$酶 + 底物 \rightleftharpoons 酶·底物中间复合物 \longrightarrow 产物 + 酶$$

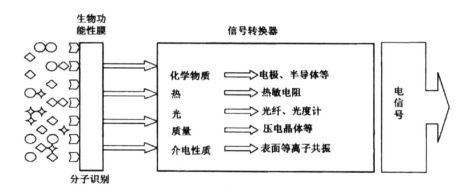

图7-9 生物传感器原理图

在有些情况下，被测定分子发生生化反应产生的信号太弱，使换能器无法有效工作时，需要将反应信号通过生物放大原理处理。所以，生物传感器的主要组成包括生物分子的特异性识别、生物放大及信号转换。

形成中间复合物是其专一性与高效率的原因所在。由于酶分子具有一定的空间结构，只有当作用物的结构与酶的一定部位上的结构相互吻合时，才能与酶结合并受酶的催化，其中的作用物即被测物质。所以，酶的空间结构是其进行分子识别功能的基础。图7-10和图7-11表示酶的分子识别功能及其反应过程的示意图。

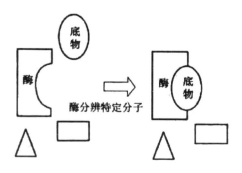

图7-10 酶对特定分子的识别

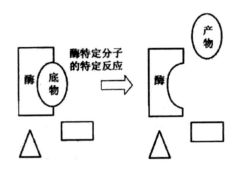

图7-11 酶对特定分子的融酶

依所选择或测量的物质不同，使用的功能膜也不尽相同。可以有酶膜、全细胞膜、组织膜、免疫膜、细胞器膜、杂合膜等，但这种膜多是人工膜。表7-3为各种膜及其组成材料表。

表7-3 生物传感器分子识别膜及材料

分子识别元件	生物活性材料	分子识别元件	生物活性材料
酶膜	各种酶类	免疫功能膜	抗体、抗原、酶标抗原等
全细胞膜	细菌、真菌、动植物	具有生物亲和能力的物质	配体、受体
组织膜	细胞动植物切片组织	核酸	寡聚核苷酸
细胞器膜	线粒体、叶绿体	模拟酶	高分子聚合物

按照受体学说，细胞的识别作用是由于嵌合于细胞膜表面的受体与外界的配位体发生了共价结合，通过细胞膜通透性的改变，诱发了一系列的电化学过程。膜反应所产生的变化再分别通过电极、半导体器件、热敏电阻、光电二极管或声波检测器等变换成电信号。这种变换得以把生物功能物质的分子识别转换为电信号，形成生物传感器。

在膜上进行的生物学反应过程以及所产生的信息是多种多样的，微电子学和传感技术的发展，有多种手段可以定量地反映在膜上所进行的生物学反应。表7-4给出了生物学反应和各种变换器间搭配的可能性。设计的成功与否则取决于搭配的可行性、科学性和经济性。

表7-4 生物学反应信息和变换器的选择

生物学反应信息	变换器的选择	生物学反应信息	变换器的选择
离子变化	离子选择电极	热焓变化	热敏元件
电阻、电导变化	阻抗计、电导仪	光学变化	光纤、光敏管、荧光计
电荷密度变化	阻抗计、导纳、场效应晶体管	颜色变化	光纤、光敏管
质子变化	场效应晶体管	质量变化	压电晶体
气体分压的变化	气敏电极	溶液密度变化	表面等离子体共振

生物传感器是以生物活性单元（酶、抗体、核酸和细胞等）作为敏感基元（分子识别元件）、以化学电极等作为传感器且对被测信号具有高度选择性的一类传感器，它通过物理的或化学的传感方式捕捉目标物和敏感基元之间的反应，并将反应的程度用离散或连续的电信号表达出来，敏感基元即分子识别元件是生物传感器的核心，是传感器进行选择性检测的基础，它直接决定传感器的功能与质量，按所选材料不同，有酶膜、全细胞膜、组织膜、细胞器膜、免疫功能膜等，如表7-5所示。

表7-5 生物传感器的分子识别元件

分子识别元件	生物活性单元
酶膜	各种酶类
全细胞膜	细菌、真菌、动植物细胞
组织膜	动植物组织切片
细胞器膜	线粒体、叶绿体
免疫功能膜	抗体、抗原、酶标抗原等

生物传感器的分子识别元件首先通过干燥等技术制成生物敏感膜，再通过化学或物理手段束缚在换能器的表面上。现行的固定化方法有吸附法，包括物理吸附法和化学吸附法；共价法，包括重氮法、叠氮法、缩合法、溴化氰法和烷化法等；交联法，包括酶交联法、辅助蛋白交联法、吸附交联法和载体交联法；包埋法，包括基质包埋法和微胶囊包埋法等。

7.4　典型生物传感器

本节重点介绍酶传感器、组织传感器、微生物传感器、免疫传感器、DNA传感器、SPR传感器和生物芯片。

7.4.1　酶传感器

酶是生物体内产生的、具有催化活性的一类蛋白质。分子量从1万到几十万，甚至数百万以上。根据化学组成，酶可分为两大类：纯蛋白酶与结合蛋白酶。前者除蛋白质以外不含其他成分，后者是由蛋白质和非蛋白质两部分组成的。

酶传感器是成熟度很高，应用较早的一类生物传感器。酶生物传感器是将酶作为生物敏感基元，利用酶的催化作用，在常温常压下将糖类、醇类、有机酸、氨基酸等生物分子氧化或分解，然后通过各种物理、化学信号换能器，捕捉目标物与敏感基元之间反应所产生的，与目标物浓度成比例关系的可测信号，实现对目标物定量测定的分析仪器。酶传感器是间接型传感器，不是直接测定待测物质，而是通过对反应后产生的有关物质的浓度测定来推断底物的浓度。

7.4.1.1　酶催化的特性

由于酶是生物催化剂，与一般催化剂相比，具有以下特殊性。

（1）高度专一性（specification）。

酶不仅具有一般催化剂加快反应速率的作用，而且具有高度的专一性（特异的选择性），即一种酶只能作用于一种或一类物质，产生一定的产物。酶传感器是由酶电极发展而来的。最早的酶电极是由克拉克等在1962年提出的，他利用葡萄糖氧化酶（GOD）催化葡萄糖氧化反应：

$$CH_2OH(CHOH)_4CHO+O_2+H_2O \xrightarrow{GOD} CH_2OH(CHOH)_4COOH+H_2O_2$$

经极谱式氧电极检测氧量的变化，从而制成了第一支酶电极。1967年Updike等采用当时最新的方法，将GOD固定在氧电极表面，研制成酶传感器。对酶电极的研究，经过20世纪70年代的飞跃后，现已进入实用阶段。酶电极的结构如图7-12所示。

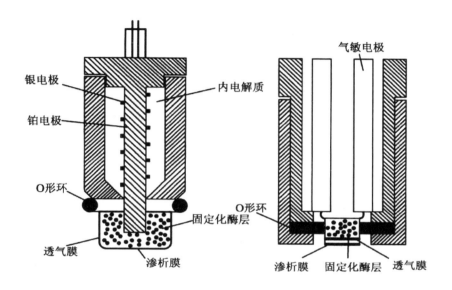

图7-12　酶电极的结构示意图

根据酶对底物专一性程度的不同，可分为：①专一性较低的酶，能作用于结构类似的一系列底物，可分为族专一性和键专一性两种。族专一性酶对底物的化学键及其一端有绝对要求，对键的另一端只有相对要求。键专一性酶对底物分子的化学键有绝对要求，而对键的两端只有相对要求；②立体专一性的酶，这类酶不仅要求底物有一定的化学结构，而且要有一定的立体结构。

（2）高效催化性。

酶是一类有催化活性的蛋白质，在生命活动中起着极为重要的作用，参与所有新陈代谢过程中的生化反应，使得生命赖以生存的许多复杂化学反应在常温下能发生，并以极高的速度和明显的方向性维持生命的代谢活动，可以说生命活动离不开酶。

（3）酶催化一般在温和条件下进行。

因为酶是蛋白质，或者以蛋白质为主要成分，所以遇高温、酸碱容易失活。

（4）部分酶需要辅助因子才能表现出催化活性。

辅助因子包括金属离子和有机化合物。它们构成酶的辅酶（coenzyme）或辅基（prosthetic group），与酶蛋白共同组成全酶（holoenzyme）。脱去辅基的酶蛋白不含有催化活性，称为脱辅基酶蛋白（apoenzyme），又可称为酶原（proenzyme，zymogen）。如脱氢酶，需要辅酶或辅基，若除去辅助成分，则酶不表现催化活性。

7.4.1.2 酶的分类与命名

根据换能器的不同，酶传感器主要有酶电极、离子敏场效应晶体管、热敏电阻和光纤等几种类型。根据酶促反应溶剂体系的不同，酶传感器可分为有机相酶传感器和非有机相酶传感器两种。根据输出信号的不同，酶传感器又可分为两种形式，即电流型酶传感器与电位型酶传感器。电流型酶传感器，将酶催化反应产生的物质发生电极反应所得到的电流响应作为测量信号，来确定反应物的浓度。通常选用O_2电极、H_2O_2电极；电位型酶传感器，通过电化学传感器件测量敏感膜电位来确定与催化反应有关的各种物质浓度。电位型一般用NH_4^+电极、CO_2电极、H^-电极等。

EC规定了酶分类的标准，按照酶的催化反应类型，将酶分为六大类。

（1）氧化还原酶类（oxidoreductases）。

催化氧化还原反应代表反应式为：

$$A·2H+B \rightleftharpoons A+B·2H$$

式中，$A·2H$为氢的给体；B为氢的受体。这类酶包括氧化酶、过氧化物酶、脱氢酶等。

（2）转移酶类（transferases）。

催化某一化学基团从某一分子到另一分子，代表反应式为：

$$A·B+C \rightleftharpoons A+B·C$$

式中，B为被转移的基团，如磷酸基、氨基、酰胺基等。这类酶包括转氨酶、转甲基酶等。

（3）水解酶类（hydrolases）。

催化各种水解反应，在底物特定的键上引入水的羟基和氢，一般反应式为：

$$A \bullet B + H_2O \Longleftrightarrow AOH + BH$$

这类酶包括肽酶（即蛋白酶、水解肽键）、酯酶[水解酯键、糖苷酶（水解糖苷键）等。

（4）裂合酶类（lyases）。

催化C—C，C—O，C—N或C≡S键裂解或缩合，代表反应式为：

$$AB \Longleftrightarrow A + B$$

这类酶包括脱羧酶、碳酸酐酶等。

（5）异构酶类（isomerases）。

催化异构化反应，使底物分子内发生重排，一般反应式为：

$$A \Longleftrightarrow A'$$

这类酶包括消旋酶（如L氨基酸转变成D–氨基酸）、变位酶（如葡萄糖–6–磷酸转变为葡萄糖–1–磷酸）等。

（6）合成酶类（ligases）。

或称为连接酶类，催化两个分子的连接并与腺苷三磷酸（ATP）的裂解偶联，同时产生腺苷单磷酸（AMP）和焦磷酸（PP），一般反应式为：

$$A + B + ATP \longrightarrow AB + AMP + PPi$$

这类酶包括氨基酸激活酶类。

在酶的每一大类中都包含有若干亚类，每个亚类可再分成若干亚–亚类。每个亚–亚类包括若干种具体的酶。

每一种酶在国际系统分类中的位置，用特定的四个数字组成编号表示，即酶学编号（ECnumber）由4个数字构成：六大类酶用EC加1、2、3、4、5、6编号表示，然后是对应此酶大类下的亚类编号和亚–亚类编号。如脂肪酶（甘油酯水解酶）的系列编号为"EC3.1.1.3"表示第三大酶类：水解酶；第一亚类：水解发生在酯键；第一亚–亚类：羟基酯水解。酶的名称由两部分组成，开头部分是底物，后面部分表示催化反应类型，再用–ase结尾。如催化丙酮酸羟基化生成草酰乙酸反应的酶称为丙酮酸羧化酶（pyrurate carboxylase）。由于许多酶的名称较长，也常常使用简化或习惯名称，如淀粉葡萄糖苷酶简称作糖化酶。

7.4.1.3 酶传感器工作原理

酶传感器基本结构单元由酶敏感膜（固定化酶膜）和换能器（基体电极）构成。当酶膜上发生酶促反应时，产生的电活性物质由基体电极进行响应。基体电极的作用是使化学信号转变为电信号，然后进行检测。基体电极可采用碳质电极（石墨电极、玻碳电极。碳糊电极）、Pt电极等。

酶的催化反应可用下式表示：

$$S\frac{E}{T} \rightarrow \sum_{i=1}^{n} P_i$$

式中，S为待测物质；E为酶；T为反应温度（C）；P_i为第i个产物。

酶的催化作用是在一定的条件下使底物分解，所以酶的催化作用实质上是加速底物的分解速度。

一种将酶与电化学传感器相连结的用来测量底物浓度的电极叫作酶电极（或称酶传感器）。按所用检测元件，它又可以分为离子选择性电极测电位和以克拉克型氧电极测电流两种方式。很多酶电极曾经用酶膜和离子选择性电极相结合构成。当底物与酶膜发生作用时，所产生的单价阳离子H^+、NH_4^+等即为离子选择性电极所测得。这种测量电位型传感器消耗待测物较少，但在生物溶液中存在着其他离子时很容易被干扰。其电位值E可由Nikolsky– Eisenmen方程给出：

$$E=K - \frac{2.303RT}{F}\lg\left(C_i + K_{ij}C_j\right)$$

式中，K常数；T绝对温度；F电荷法拉第常数；R气体常数；C_i被测离子浓度；C_j干扰离子浓度；K_{ij}选择性系数。

由上式可见，电极电位与待测物离子浓度的对数成线性关系。由此可定量地检测待测物的含量。迄今使用的电位计式酶电极主要以H^+、NH_4^+电极为基础。

另一种酶电极采用测量电流的方式，如克拉克型氧电极、过氧化氢电极等。当工作电极相对于参考电极维持在一恒定的极化电压时测量输出电流。工作电极通常是惰性金属，但也有采用碳的。浸透性甘汞电极（SCE）或Ag/AgCl电极为

参考电极。当工作电极表面上电活性物质还原或氧化时，产生一个电流，该电流在一定的条件下可由下式给出

$$i = nFAf$$

式中，n分子量；F电荷法拉第常数；A电极面积；f电活性物质到电极的流通量。

在合适的极化电压下，电极能产生一个高而平稳的电流-极限电流。

酶传感器的基本构成如图7-13所示。

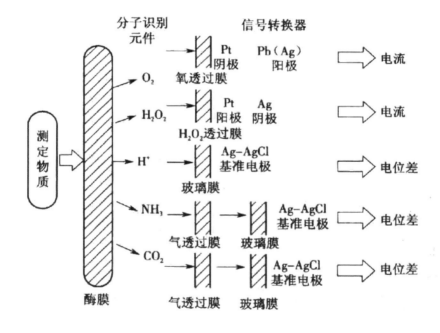

图7-13 酶传感器的基本构成

7.4.1.4 酶传感器的应用

（1）葡萄糖酶传感器。

葡萄糖氧化酶是研究最早、最成熟的酶电极。它是由葡萄糖氧化酶（GOD）膜和电化学电极组成的。当葡萄糖（$C_6H_{12}O_6$）溶液与氧化酶接触时，葡萄糖发

生氧化反应，消耗氧而生成葡萄糖酸内酯（$C_6H_{10}O_6$）和过氧化氢（H_2O_2）。其反应过程可用下式表示：

$$C_6H_{12}O_6 + O_2 \xrightarrow{\text{GOD}} C_6H_{10}O_6 + H_2O_2$$

依据反应中消耗的氧、生成的葡萄糖酸内酯及过氧化氢的量，可以用氧电极、pH电极，及H_2O_2电极来测定，从而测得葡萄糖浓度。

酶电极的结构如图7-14所示。其敏感膜为葡萄糖氧化酶，它固定在聚乙烯酰胺凝胶上；转换电极为Clark氧电极（铂电极），其阴极上覆盖一层透氧聚四氟乙烯膜。反应过程中消耗氧气。具体是在氧电极附近的氧气量由于酶促反应而减少，氧分子在铂阴极上得电子，被还原。反应如下：

$$O_2 + 2H_2O + 4e \longrightarrow 4OH^-$$

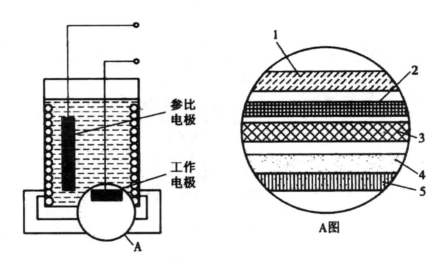

图7-14　一种葡萄糖酶电极结构

1—铂阴极；2—聚四氟乙烯膜；3—固定化酶膜；4—非对称半透膜多孔层；5—半透膜致密层

在施加一定电位情况下，氧电极的还原电流减小，通过测量电流值变化即可确定葡萄糖浓度。

（2）乳酸酶传感器。

乳酸酶传感器也是一种使用的酶传感器，已经有成熟的商品仪器。其酶促反

应如下：

$$CH_3CHOHCOO^- (乳酸根) + O_2 \xrightarrow{\quad 乳酸单氧化酶 \quad} CH_3COO^- (醋酸根) + CO_2 + H_2O_2$$

$$CH_3CHOHCOO^- (乳酸根) + O_2 \xrightarrow{\quad 乳酸氧化酶 \quad} CH_3COO^- (醋酸根) + H_2O_2$$

因此，通过测量氧的消耗、CO_2 或者 H_2O_2 生成量即可测量乳酸盐含量。乳酸酶电极将已预活化的免疫亲和膜与乳酸氧化酶（LOD）直接结合，然后固定在铂阳极上。Ag–AgCl电极为参比电极，在0.6V工作电压下，测量电流变化，并以黄素腺嘌呤二核苷酸二钠盐为辅酶，将$MgCl_2$作为激活剂。乳酸盐的检测范围为 $2.5 \times 10^{-7} \sim 2.5 \times 10^{-4} \text{mol/L}$，响应时间小于2min，常规测量中变异系数为1%~3%。

（3）尿素酶传感器。

在医学临床检查中，分析患者的血清和体液中的尿素在肾功能的诊断中很重要。对于慢性肾功能衰竭的患者进行人工透析，在确定的透析时间后，需要进行尿素的定量分析。

尿素酶对尿素的水解催化作用按下式进行：

$$(NH_2)_2 CO + 2H_2O + H^+ \xrightarrow{\quad 尿素酶 \quad} 2NH_4^+ + HCO_3^-$$

利用这种反应已制成多种尿素传感器。例如，用一阶阳离子电极直接测定尿素–尿素酶反应生成的氨离子。因为生成的氨离子加入氢氧化钠使pH≥11时形成氨气，所以有的用氨气电极进行测量，也有的用空气隙型氨气电极进行测量。尿素–尿素酶反应时消耗溶液中的 H^+，故可用通过玻璃电极检测反应前后的pH变化进行测量。还有的用检测氨气的Pd–MOSFET和尿素酶组成的器件进行测量。

近年来出现一种尿素场效应晶体管，其原理是用离子敏感性场效应晶体管（ISFET）检测尿素酶反应时溶液pH发生的变化。一种用交流电导转换器的尿素生物传感器，其工作原理如下：

$$H_2NCONH_2 + 3H_2O \xrightarrow{\quad 尿素酶 \quad} 2NH_4^+ + HCO_3^- + OH^-$$

经过尿素酶（脲酶）催化反应后生成了较多的离子，导致溶液电导增加，然后用铂电极作电导转换器，把制成的尿素酶固定在电极表面。在每组电极间施加一个等幅振荡正弦电压（1kHz，10mV）信号，引导产生交变电流，经整流滤波得到的直流信号与溶液的电导成正比，由此可知尿素的含量。

7.4.2　微生物传感器

酶现在主要从微生物中提取精制而成。虽然已经介绍了它的良好的催化作用，但它的缺点是不稳定，在提取阶段容易丧失活性，而且精制成本也很高。但是微生物具有巧妙利用其本体酶反应的复杂化学反应系统，所以，可以考虑将微生物固定在膜上，并将它与电化学器件相结合构成微生物传感器。微生物传感器是由固定化的微生物细胞与电化学装置结合形成。细菌细胞中一般含有多种酶。微生物传感器适用于需要多种酶的反应。微生物反应过程是利用微生物进行生物化学反应的过程，是将微生物作为生物催化剂进行的反应。酶在微生物反应中起最基本的催化作用。

像前面所述的酶，因为是催化单一的反应，用它作传感器的分子识别元件时，其反应的分析也是单一的，可制成对被检测物质的选择性非常好的传感器。但微生物菌体中有多种酶参与生命活动的反应，其反应分析是极其复杂的。它用作分子识别元件时，为了提高传感器的选择性，可以直接利用细胞内的复合酶系、辅酶系和产生能量的系统等。微生物传感器是由微生物固定化膜和电化学器件所组成的。为了使微生物元件化，需把微生物吸附在或包埋在高分子凝胶膜中使之固定。微生物多是在活的状态中作传感器元件，所以其固定方式一般利用混合的方法。从原理上可分为微生物呼吸活性为指标的微生物传感器（呼吸活性测定型）和以微生物代谢的电极活性物质（在电极上响应或反应的物质）为指标的微生物传感器（电极活性物质测定型）两种。

呼吸活性测定型微生物传感器是由微生物固定化膜和氧电极或二氧化碳电极所构成。由于微生物呼吸量与有机物资化前后不同，这可通过测定氧电极转变为扩散电流值，从而间接测定有机物的浓度（图7-15）。当将该传感器插入含有饱和溶解氧的试液中时，试液中的有机物受到细菌细胞的同化作用，细菌细胞呼吸加强，致使扩散到电极表面上氧的量减少，产生的电流量也随之减小。

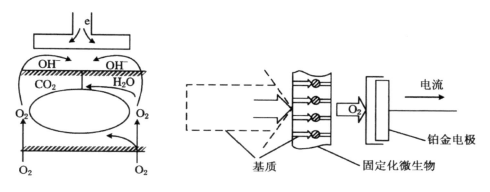

图7-15 呼吸机能型传感器的原理

此外，当微生物同化有机物后要生成各种代谢产物，其中含有电极容易反应或敏感的物质（电极活性物质）。所以把固定化微生物和燃料电池型电极离子选择性电极或气体电极组合在一起，就可以构成电极活性物质测定型微生物传感器，如图7-16所示。将同化糖类或蛋白质等能够产生氢的"生氢菌"固定在高分子凝胶中，再把它装在燃料电池型电极的阳极上即可。燃料电池型电极是指以铂金为阳极，过氧化银（Ag_2O_2）为阴极，其间充有磷酸缓冲液（pH=7.0）所构成的，氢等电极活性物质在阳极上发生反应，则可得到电流的一种燃料电池。把这种微生物传感器浸入含有有机化合物的溶液中，有机化合物扩散到凝胶膜中的生氢菌处被同化而产生氢。产生氢的电极向凝胶膜密接的电极的阳极扩散，在阳极被氧化。所以测得电流值和扩散的量成比例，因为氢生成量和试样溶液中的有机化合物浓度成比例，所以待测对象的有机化合物浓度即可用电流值来测量。

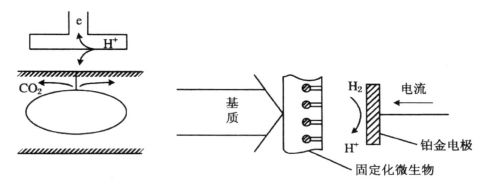

图7-16 电极活性物型微生物传感器

从分子识别元件的微生物膜所得到的信息变换成电信号的方式，可分为电流法和电位法两种。如用氧化极和燃料电池型电极等化学器件，测得的结果是电流值，这就是电流测量法；如用阳离子电极式一氧化碳电极测得结果是电位法，即属于电位测量法。图7-17表示出了这两类传感器的结构。

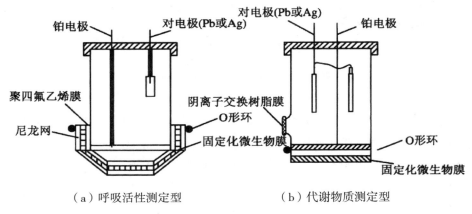

图7-17　微生物传感器结构意图

图7-17（a）中，将好氧性微生物固定化膜装在Clark氧电极上就构成呼吸活性测定型微生物电极。把该电极插入含有可被同化的有机化合物样品溶液中，有机化合物向微生物固定化膜扩散而被微生物摄取（即同化）。这样扩散到氧探头上的氧量相应减少，氧电极电流下降，故可间接求得被微生物同化的有机物浓度。

图7-17（b）所示为固定化微生物膜和燃料电池型电极构成。把H_2产生菌固定在寒天凝胶膜上，并将膜安装在燃料电池型的Pt阳极上，以Ag_2O_2作为阴极，磷酸缓冲液为电解液。当传感器插入含被测有机物的试液中时，有机物被H_2产生菌同化生成H_2，生成的H_2向阳极扩散，在阳极上被氧化，由此得到的电流值与电极反应产生的H_2量成正比。

细胞传感器（Cell-Based Biosensors，CBBs）是微生物传感器的一个重要分支，包括动物细胞传感器及植物细胞传感器。细胞传感器是由固定或未固定的活细胞与电极或其他转换元件组合而成。细胞器传感器是将细胞器从细胞中分离出来后，再进行固定化处理而得到的。

7.4.3 免疫传感器

免疫分析是最重要的生物化学分析方法之一，可用于测定各种抗体、抗原、半抗原以及能进行免疫反应的多种生物活性物质（例如，激素蛋白质、药物、毒物等）。

抗原有以下三种类型：①天然抗原。来源于微生物或动物、植物，包括细菌、病毒、血细胞、花粉、可溶性抗原毒素、类毒素、血清蛋白、蛋白质、糖蛋白等。②人工抗原。经化学或其他方法变性的天然抗原，如碘化蛋白、偶氮蛋白和半抗原结合蛋白。③合成抗原。如化学合成的多肽分子。

免疫传感器（immunesensor）是利用抗体能识别抗原，并与抗原结合的功能而制成的生物传感器。它除了具有生物传感器的普遍特点外，还具有高特异性、高选择性、高准确度、重复性好、反应迅速等优点，适用于大量样品分析和筛选。免疫传感器是生物传感器领域中发展较快的分支，是一种新兴的生物传感器。

免疫指机体对病原生物感染的抵抗能力。免疫传感器就是基于抗原–抗体反应的高亲和性和分子识别的特点而制备的传感器，可选择性地检出蛋白质或肽等高分子物质。抗体被固定在膜上或固定在电极表面上，固定化的抗体识别和其对应的抗原形成稳定的复合体，同样会在膜上或电极表面形成抗原–抗体复合体。例如抗原在乙酰纤维素膜上进行固定化，由于蛋白质为双极性电解质（正负电极极性随pH而变），因此抗原固定化膜具有表面电荷，其膜电位随膜电荷变化。所以，根据抗体膜电位的变化，可测知抗体的附量。

7.4.3.1 免疫学反应

"免疫"是指生物体的一种生理功能。依靠这种功能，机体对病原生物感染具有抵抗能力，以维持生物体的健康。抗原和抗体结合发生免疫反应，其特异性很高，即具有极高的选择性和灵敏度。机体免疫包括自然免疫和获得性免疫两种类型。自然免疫是非特异性的，能抵抗多种病原微生物的损害；获得性免疫是特异性的，在微生物等抗原物质刺激后才形成，如免疫球蛋白等，并能与该抗原起特异性反应。抗体是球蛋白，大多数抗原也是蛋白质，它们溶解在水中皆为胶体溶液，不会发生自然沉淀。

（1）抗原。

所谓抗原（antigen），就是能够刺激动物体产生免疫反应的物质。从广义的生物学观点看，凡是引起免疫反应的物质，都可称为抗原。抗原具有两种功能：免疫原性和反应原性。免疫原性是刺激机体产生免疫应答反应；反应原性是与相应免疫反应产物发生异性结合反应。

根据来源的不同，抗原可以分为三种类型：①天然抗原。来源于微生物和动植物，包括细菌、病毒、血细胞、花粉、可溶性抗原毒素、类毒素、血清蛋白、蛋白质、糖蛋白、脂蛋白等。②人工抗原。经化学或其他方法变性的天然抗原，如碘化蛋白、偶氮蛋白和半抗原结合蛋白。③合成抗原。合成抗原是化学合成的多肽分子。

（2）抗体。

所谓抗体（antibody），就是由抗原刺激机体产生的特异性免疫功能的球蛋白，又称为免疫球蛋白。免疫球蛋白都是由一至几个单体组成，每个单体由两条相同的分子量较大的重链和两条相同分子量较小的轻链组成，链与链之间通过非共价链连接。

（3）抗原-抗体反应。

抗原抗体的相互作用是所有免疫化学技术的基础。

抗原-抗体反应具有三方面特点：①特异性。抗原抗体的结合实质上是抗原表位与抗体超变区中抗原结合点之间的结合。由于两者在化学结构和空间构型上呈互补关系，所以抗原与抗体的结合具有高度的特异性（灵敏度）。②比例性。在抗原抗体特异性反应时，生成结合物的量与反应物的浓度有关。③可逆性。抗原与抗体结合比较稳固，但是可逆的。某些酶能促使逆反应，抗原抗体复合物解离时，都保持自己本来的特性。

影响抗原抗体反应的主要因素是电解质、酸碱度和温度。

7.4.3.2　免疫传感器的结构和类型

免疫传感器具有三元复合物的结构，即分子识别元件（感受器）、信号转换器（换能器）和电子放大器。在感受单元中抗体与抗原选择性结合产生的信号敏感地传送给分子识别元件，抗体与被分析物的亲和性具有高度的特异性。免疫传感器的优劣取决于抗体与待测物结合的选择性亲和力。

例如，用心肌磷质胆固醇及磷质抗原固定在醋酸纤维膜上，可以对梅毒患者

血清中的梅毒抗体产生有选择性反应，其结果使膜电位发生变化。图7-18为这种免疫传感器的结构原理。图中，2、3两室间有固定化抗原膜，而1、3两室之间没有固定化抗原膜。在1、2两室注入0.9%（质量分数）的生理盐水，当在3室内倒入生理盐水时，1、2室内电极间无相位差，若3室内注入含有抗体的生理盐水时，由于抗体和固定化抗原膜上的抗原相结合，使膜表面吸附特异抗体，而抗体是具有电荷的蛋白质，从而使抗原固定化膜带电状态发生变化，于是1、2室的电极之间产生电位差。

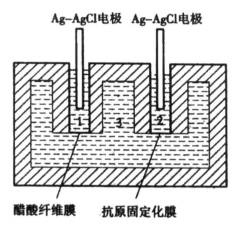

图7-18 免疫传感器的结构原理

由检测抗体结合反应的两种基本方法，免疫传感器可分为非标记免疫传感器和标记免疫传感器两类，两者的组成分别如图7-19所示。

（1）电化学免疫传感器。

电化学免疫传感器根据具体检测电参量的不同，又分为电位测量式、电流测量式和导电率测量式三种类型。

①电位测量式免疫传感器。测量原理：先通过聚氯乙烯膜把抗体固定在金属电极上，然后用相应的抗原与之结合，抗体膜中的离子迁移率随之发生变化，从而使电极上的膜电位也相应发生变化。

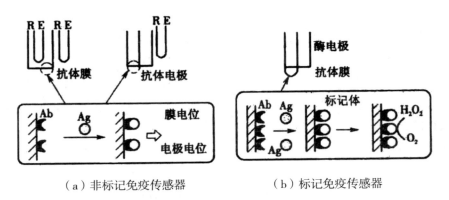

（a）非标记免疫传感器　　　　　　（b）标记免疫传感器

图7-19　免疫传感器的组成

②电流测量式免疫传感器。测量原理：提供恒定电压，待测物通过氧化还原反应在传感电极上产生的电流与电极表面的待测物浓度呈正比。

近年来，一些新的具有电化学活性的化合物，如对氨基酚及其衍生物、聚苯胺和金属离子也被用作电流式免疫传感器的标记物。

③导电率测量式免疫传感器。导电率测量式免疫传感器被广泛应用于化学系统中，因为许多化学反应都产生或消耗多种离子体，从而改变溶液的总导电率。

导电率测量式免疫传感器发展比较缓慢。主要是由于非特异性和待测样品中的离子强度及缓冲液电容的变化会对导电率造成影响。

（2）质量检测免疫传感器。

质量检测免疫传感器是通过压电晶体和声波技术测量质量的变化。具体分为下面两种类型。

①压电免疫传感器。测量原理：在晶体表面包被一种抗体或抗原，样品中若有相应的抗原或抗体，则与之发生特异性结合，从而增加了晶体的质量并改变振荡电子电路的振荡频率。频率的变化与待测抗原或抗体浓度成正比。

图7-20是一种质量改变型压电免疫传感器检测系统结构示意图。该类型传感器采用石英晶体微量天平（quartz crystal microbalance）技术，简称QCM。是一种利用石英晶体谐振器的压电特性，将石英晶振电极表面质量的变化，转化为石英晶体振荡电路输出的电信号频率的变化。具有敏感度高、操作方便等优点。测量精度可达纳克级，可以测量许多参数，如薄膜厚度、湿度、混合气体的成分、压力、温度、微量杂质浓度、耐腐蚀性、耐氧化性、溶解度、蒸汽压强、物质的各种物理化学多数等，可以从绝对零度到500℃之间的很宽的温度范围内工作。

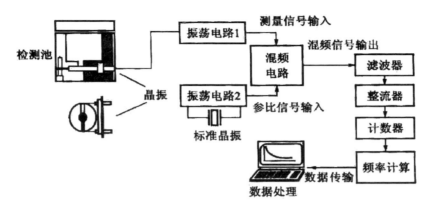

图7-20 质量改变型压电免疫传感器检测系统结构示意图

②声波免疫传感器。测量原理：样品中的抗体或抗原与叉指型换能器（IDT）上相应的抗体或抗原结合后，就会减慢声波的速度，速度变化与待测物中抗原或抗体的浓度成正比。声波免疫传感器在使用过程中，容易受到除质量之外的其他一些因素的影响，如温度、压力、表面导电性等，由此引起的非特异性问题是声波免疫传感器发展应用的限制因素。

（3）光学免疫传感器。

光学免疫传感器使用光敏器件作为信息转换器，利用光学原理工作。根据有无标记，光学免疫传感器可以分为无标记和有标记两种类型。无标记的光学免疫传感器不用任何标记物，一般利用光学技术直接检测传感器表面的光线吸收、荧光、光纤散射或折射率的微小变化。对应具体类型有表面等离子体共振（SPR）免疫传感器、光栅生物传感器、法布里波罗脱生物传感器等。有标记的光学免疫传感器使用的标记有放射性同位素、酶、荧光物质等。常见类型有夹层光纤传感器、位移光纤传感器等。无标记的光学免疫传感器比有标记的光学免疫传感器需要的测试仪器简单，并且没有毒副作用，适合做动物的体内测试。

7.4.3.3 标记免疫传感器与非标记免疫传感器

（1）标记免疫传感器。

标记免疫传感器（也称间接免疫传感器）以酶、红细胞、核糖体、放射性同位素、稳定的游离基、金属、脂质体及噬菌体等为标记物。同时为了增大免疫传感器的灵敏度，使用标记酶对其进行化学放大。此类传感器的选择性依据抗体的识别功能，其灵敏度依赖于酶的放大作用，一个酶分子每半分钟就可以使 $10^3 \sim 10^6$ 个底物分子转变为产物，因此，标记免疫传感器的灵敏度高。常利用的标记酶有过氧化氢酶或葡萄糖氧化酶。按其工作原理可以分为竞争法和夹心法两种，如图7-21所示。竞争法用标记的抗原与样品中的抗原竞争结合传感界面的抗体，如图7-21（a）所示。

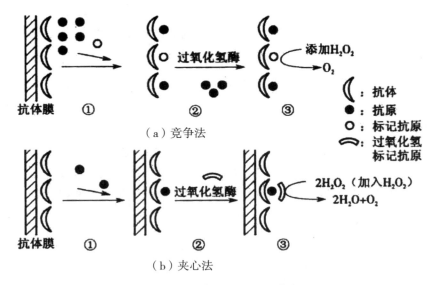

（a）竞争法

（b）夹心法

图7-21 标记免疫传感器 工作原理

在含有被测量对象的非标记抗原试液中，加入一定量的过氧化氢酶标记抗原（酶共价结合在抗原上）。标记抗原和非标记抗原在抗体膜表面上竞争并形成抗原-抗体复合体。然后洗涤抗体膜，除去未形成复合体的游离抗原，将洗涤后的传感器浸入过氧化氢溶液中，结合在抗体膜表面上的过氧化氢酶将催化过氧化氢分解

$$H_2O_2 \xrightarrow{\text{过氧化氢酶}} H_2O + \frac{1}{2}O_2$$

生成的 O_2 向抗体膜的透氧膜扩散，在铂阴极上被还原，通过氧电极求得 O_2 量，进而可求得结合在膜上的标记酶量，若使标记酶抗原量一定，当非标记抗原量（被测对象）增加时，则结合在抗体膜上的酶标记抗原量将减少，O_2 的还原电

流也减小。利用这种传感器可以测量人的血清白蛋白。

夹心法是样品在抗原传感界面与抗体结合后，加上标记的抗体与样品中的抗原结合便形成夹心结构，如图7-16（b）所示。将样品中的抗原（被测量）与已固定在载体上的第一抗体结合，洗去未结合的抗原后再加入标记抗体，使其与已结合在第一抗体上的抗原结合，这样抗原被夹在第一抗体与第二抗体之间，洗去未结合的标记抗体，测定已结合的标记抗体的酶活性即可求出待测抗原量。

（2）非标记免疫传感器。

非标记免疫传感器（也称直接免疫传感器）不用任何标记物，在抗体与其相应抗原识别结合时，会产生若干电化学或电学变化，从而导致相关参数如介电常数、电导率、膜电位、离子通透性、离子浓度等的变化，检测其中一种参数变化便可测得免疫反应的发生以及被测量（抗原）的多少。

非标记免疫传感器按测量方法分两种：一种是把抗体或抗原固定在膜表面成为受体，测量免疫反应前后的膜电位变化，如图7-22（a）所示；另一种是把抗体抗原固定在金属电极表面成为受体，然后测量伴随反应引起的电极电位变化，测定膜电位的电极与膜是分开的，如图7-22（b）所示。

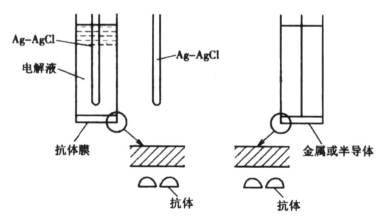

（a）固定抗体于膜表面测定方法　（b）固定抗体于金属电极表面测定方法

图7-22　非标记免疫传感器测量方法

非标记免疫传感器的特点是不需额外试剂，仪器要求简单，操作容易，响应快。不足的是灵敏度较低，样品需求量较大，非特异性吸附会造成假阳性结果。非标记免疫传感器主要分为光学免疫传感器、压电免疫传感器和电化学免疫传感器。近年来开发的有表面等离子共振型免疫传感器、石英晶体微天平型免疫传感器以及电容型免疫传感器。

7.4.4 分子传感器

从传感器技术的最新进展可以发现，一方面传感器是沿着尺度逐渐变小，由常规传感器向微传感器，乃至纳米传感器的方向逐步深入。另一方面，则是沿着利用生物、仿生方向发展，将自然界经过千万年进化而来的传感方式引入到传感器的研究之中。同时，科学技术已进入分子时代，出现了诸如分子电子学、分子生物学等的分子科学。分子传感器与一般传感器的组成、结构和功能是相似的，见图7-23。

图7-23　分子传感器的结构与组成

单分子传感器：这里指一个分子本身即具有传感器的结构和功能。它在一个分子内实现分子识别、信号产生（换能）和信号输出的功能。

由于迄今为止用光、电、磁、声等方法研究一个分子还难以做到，而且单个分子本身具有量子化的特性，无论从理论还是技术的角度，实现单分子传感器所面临的困难都是巨大的，有待于理论与实验技术的突破。

多分子传感器：这里指多个分子的集合体具有传感器的结构与功能。可以表现为多种分子组合和单种分子组合等。这种分子传感器具有以下两个特征：①尺寸达到分子水平，即达到纳米级，$1\sim10^3$nm范围内。这种情况下原子数达到$10^3\sim10^9$个，分子量达到$10^4\sim10^{10}$道尔顿，此时可认为是热力学的最小体系；②结构亦是由分子识别、信号产生、信号输出等组成，能够实现传感的功能。现在讨论的分子传感器主要是多分子传感器。

7.4.4.1 分子信号产生

与其他分子器件不同，分子传感器不仅要求具有良好的分子识别功能，而且要求这种选择性的结果能够产生可检测的信号，从而测定某一特定底物的浓度。与一般的传感器不同，分子传感器的信号产生是在分子水平上产生的，只有彻底认识生物化学传感器信号产生的分子过程，才能实现分子传感器的信号产生。

某一特定底物浓度的化学信号被传感器前端的敏感膜转化为一种中介信号。分子传感器的信号产生有三个层次：分子本身产生信号；分子集合体本身产生信号，多分子传感器是多个分子的集合体，因而也可以由这些分子集合体产生信号；分子传感器由于外界作用，如光照、加电压等而产生变化，荧光剂产生信号，反射光谱改变产生信号等。对于分子传感器这种纳米器件，上述三种信号产生方式都是可行的。从不同层次及不同方式研究分子传感器信号产生的方式，与宏观的信号产生有着巨大的差异，这也是分子传感器研究的关键。

7.4.4.2 分子组装

生物体内许多分子是以高度有序的方式组合的，只有分子的集合体才能具有一定的器件功能。分子的功能是由分子结构所决定，由分子的聚集态实现的。例如生物体内的细胞膜，其新陈代谢、信号转换和传输等多种功能不仅是由组成它的各类分子（脂类、膜蛋白等）的结构所决定，而且是由各类分子的特定方式组成特定的聚集态（此处为膜）才能实现。如果破坏这种集合体，则这些功能均无法实现。分子传感器与其他分子器件亦面临着类似的问题。由于纳米结构不易直接操作，如何把分子组装成特定的凝聚态集合体以实现特殊功能，就成为分子组装研究的主要任务。

所谓分子组装，是指在一定的条件下，一种或几种分子集合在一起，产生一种特定结构和功能的分子集合体的过程。从广义的角度说，分子组装包括把分子按一定规律组合在一起的过程，如膜组装、共价修饰膜、化学气相沉积（Chemical Vapor Deposition，CVD）膜等，无论它们之间是通过什么样的方式进行组合的。分子组装的重要意义在于不同形式的分子组装，即不同的聚集态中，分子具有不同的性质和功能。离开特定的分子组装体、分子的性质和功能将会改变。以膜受体为例，它在细胞膜上可以具有离子通道开启，信号转换和传输等多种功能。而一旦离开细胞膜被分离出来后，受体就仅仅具有单一的分子识别功能而已，其他功能均丧失掉。这充分说明分子的功能只有在特定的聚集态下才能实现。

根据分子组装形式不同，可以分为线性分子组装、平面分子组装和立体分子组装。线性分子组装是在一维的结构上的组装，分子按线性形式相互连接，形成纤维状的分子集合体。平面分子组装主要是指二维的膜组装。立体分子组装主要指分子在三维空间内进行分子组装，常见的形式包括螺旋、折叠、柱状、管状、球形或其他不规则的分子组装。这种分子组装在生物体内有许多表现形式，如管纤维蛋白等，而人工系统的三维分子组装则不多见。

7.4.4.3 实现分子组装的技术手段

实现分子组装的方法实际上要考虑两个问题：将分子组装成何种集合体，以及如何将分子组装成特定集合体。前者是目的，特定集合体有特定的功能；而后者则是分子组装的技术手段。

实现分子组装的技术手段分为物理手段和化学手段两种，其中物理手段包括扫描隧道显微镜、化学气相沉积、分子束外延技术、晶体生长技术及旋转真空喷涂等。化学手段包括分子自组装、分子印迹技术、电聚合与光聚合及共价固定等。

分子传感器的概念与对分子敏感的"分子"传感器（如对离子敏感的离子传感器）不同。它不仅对分子或离子敏感，更重要的是传感器的尺寸也能达到分子水平（纳米级）。同时，分子传感器与一般意义上的"传感分子"或"分子探针"有所不同。一般意义上的传感分子或分子探针往往是某一种化合物，直接加入到被测体系中，没有形成本身相对独立的器件。而分子传感器则是一个独立的器件，它的各部分分子组成是按一定规则排列组装在一起的有序体，传感器的分子与被测分子之间存在着界面，相互之间不是一种均相或类均相的情况。

此外，分子传感器与纳米基体传感器虽然有着密切联系，但两者之间也存在着明显的差异。严格来说，分子传感器的信号应当直接作用于分子水平的处理器和执行器，而实现其传感功能，正如生物体内分子传感器功效一样。目前虽然分子传感器已具有分子识别、信号产生、信号输出等功能，但它仍然需要通过纳米级基体传感器与外界联系。纳米级基体传感器（如纳米级碳纤维电极）仅仅是实现分子传感器与外界大尺度器件连接的桥梁而已，其本身并不是分子传感器。

7.4.5　仿生传感器

7.4.5.1　仿生传感器原理

生物体感知世界，本身存在各种各样的传感器，生物借助于这些传感器不断与外界环境交流信息，以维护正常的生命活动。例如细菌的趋化性与趋光性、植物的向阳性、动物的器官（如人的视觉、听觉、味觉、嗅觉、触觉等）以及某些动物的特异功能（如蝙蝠的超声波定位、信鸽与候鸟的方向识别、犬类敏锐的嗅觉等）都是生物传感器功能的典型例子。制造各种人工模拟生物传感器（即仿生传感器）是传感器发展的重要课题。一些感知是大脑参与多传感器共同测量而得到的（图7-24）。

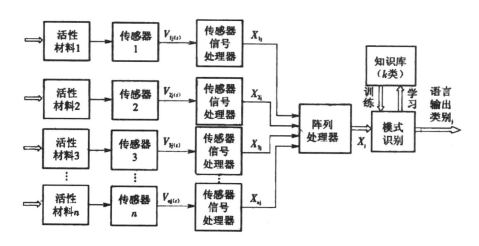

图7-24　传感器阵列的一般构造

7.4.5.2　传感器阵列的制备技术

（1）微电极阵列，人们利用厚膜丝网印刷技术使电极小型化。

一种更小的金属薄膜微型电极结构如图7-25所示。中心圆为参比电极，直径仅5μm。工作电极为直径50μm的圆环，对电极圆环的外径也只有200μm。

工作电极可采用Pt、Pd和Rh等材料，对电极则用Pt。工作电极用共价键合的方法固定葡萄糖氧化酶后可制成微葡萄糖传感器。

图7-25　微型三电极结构

电极的微型化为其集成化、智能化创造了条件。将Pt、葡萄糖、温度传感器与接口CMOS电路集成在0.75mm×5mm的一块芯片上，制成整体的Smart传感器，已成功地应用于在体血中氧分压和葡萄糖浓度的测定。

具有大量敏感活性单元及纳米间隙的传感器、薄膜系统和超微阵列是未来发展的重点。聚乙炔、聚吡咯、聚噻吩和聚苯胺能够产生具有圆柱形纳米间隙的导电薄膜，这些导电聚合物可作为生物传感器的活性物载体，用以发展超微电极阵列。Hermes等发展了1024个单一可寻址单元构成电流的微传感器阵列，用于对多维浓度进行测定。基于硅隔膜或玻璃，也可以生产出平面阵列电极，用于气敏生物传感器、电化学生物传感器和脂类双层生物传感器。

目前材料科学技术的发展，极大地促进了新型聚合物、聚合物基质和聚合物组合体的发展，使生物传感器得以优化。

（2）光纤阵列。

早期Ferguson等人将合成的氰尿酰氯活化的寡核苷酸探针固定在直径200μm光纤的末端，形成传感器敏感膜，再将固定有不同探针的光纤合成一束，形成一个微阵列的传感装置。检测时将光纤末端浸入荧光标记的靶分子溶液中与靶分子杂交，通过光纤传导光子荧光显微镜的激光（490nm），激发荧光标记物产生荧光，仍用光纤传导荧光信号返回到荧光显微镜，由CCD相机接收。可快速（10min）、灵敏（10nmol/L）地同时监测多重DNA序列的杂交。

采用聚赖氨酸处理光纤（直径为300μm），成功制成了光纤DNA传感器及其阵列。实验所用的靶DNA浓度分别为1~10μmol/L（P53）、14.5nmol/L（N-ras）和

3.2nmol/L（Rb1）。该阵列经633nm的氦氖激光激发，CCD成像，检测灵敏度在
1~10μmol/L（P53，Rbl，人类抑癌基因；N-ras为人类原癌基因的一种）。

光纤传感器阵列可制成中低密度的光纤DNA传感器阵列（10000以下探针），
并具有检测方法多样性的优点，可采用CCD成像系统或扫描系统直接检测，不需
要昂贵的检测设备；另一个优点是制备方法简单，而且质量稳定可靠，便于自动
化大量制备。

7.4.6 新型生物传感器

7.4.6.1 生物芯片检测技术

生物芯片（biochips）是随着20世纪90年代兴起的人类基因组计划发展起来
的，它是一种微型化的生化分析仪器。通过计算机软件分析，综合成可读的IC总
信息，生物芯片分析过程如图7-26所示。

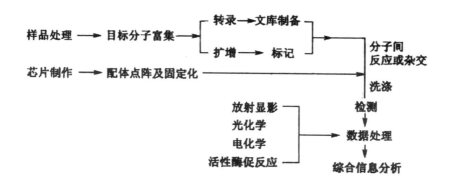

图7-26 生物芯片分析步骤

生物芯片是由活性生物靶向物（如基因、蛋白质等）构成的微阵列
（microarrays）。其概念来源于计算机芯片。生物芯片种类很多，有基因芯片、蛋
白质芯片、芯片实验室、细胞芯片、组织芯片等。目前，基因芯片（或DNA芯
片）和芯片实验室作为生物芯片的代表，已经走出实验室，开始产业化了。

7.4.6.2 压电仿生传感器

由于气味或香味物质在仿生膜上的结合过程伴随着质量变化，因此借助于压电传感器的高质量响应，便可发展一类压电仿生传感器，例如压电嗅觉传感器或称压电嗅敏传感器。压电嗅敏传感器制作的关键是选择合适的晶体表面涂层材料。嗅敏涂层材料通常具有以下特点。

（1）为磷脂或固醇等类物质，或源自生物组织，或为人工合成。它们均兼有亲水性和疏水性的双层结构，具有类脂等类物质的双分子层膜功能，例如卵磷脂、胆固醇、磷脂酰胆碱、磷脂酰乙醇胺及其衍生物，双十四烷（二肉豆蔻）酰乙醇胺，以及人工合成的聚苯乙烯磺酸双十八烷基双甲基铵等。

（2）分子含有足够长的烷基链，能形成良好的二烷基双分子层结构，可与疏水性气味或香味物质作用（但类脂基体中的亲水性部分并不是决定性的关键）。

（3）除对气味或香味物质有响应之外，对苦味物质也可能有响应，但对甜味并无显著的响应。这表明后种味觉感官的作用机制与嗅觉（或苦味）感官不同（前者需用味觉细胞膜中感受专用的蛋白质分子进行识别）。

（4）如果涂层材料分子中只含亲脂性或者亲水性基因，则其涂层晶体定会失去嗅敏（或对苦味物敏感）功能。例如聚苯乙烯及其他疏水性高分子膜，聚乙烯醇及其他亲水性高分子膜，牛血清蛋白、角蛋白等。无机盐涂层晶体对气体、苦味物也无频率响应或吸附。

各种类脂涂层对气味或香味物显示不同的响应性能，因此使用不同涂层材料，用以修饰一组性能相似的压电石英晶体，构成压电传感器阵列，并结合应用多通道频率计数装置和化学计量学方法（如神经网络、模式识别等），可鉴别和同时测定不同的气味或香味物质。考虑到涂层量和气味物浓度可能对响应产生影响，需将压电传感晶体的频移响应值进行相应的归一化处理。将压电传感器阵列微型化处理，则可组装成具有与人鼻相似功能的仿生鼻或称人工鼻。

按照类似的原理，可制成苦味测定仪或人工舌，用于苦味物质的鉴别和测定。人或其他动物的感官除了具备嗅觉和味觉功能之外，还有对异物侵入眼等黏膜的脂质体时产生的刺激状感觉。压电仿生传感器也可模拟此功能。例如，表面活性剂（氯化十六烷基吡啶等）分子在压电晶体的类脂质中的分配系数愈大，吸收愈多，渗入愈深，则由此引起的黏膜刺激状感觉程度也愈强烈。

7.4.6.3 DNA传感器

DNA是由磷酸、脱氧核糖和碱基组成的高分子核酸，特别是碱基的排列是最重要的遗传信息。有四种碱基（腺嘌呤=A，胸腺嘧啶=T，鸟嘌呤=G，胞嘧啶=C），为了理解方便，可以想成是带着四种模样的砖头。它们以一一对应的关系结合，腺嘌呤和胸腺嘧啶配对，鸟嘌呤和胞嘧啶配对。DNA传感器主要由两部分组成，即分子识别器和换能器。

根据传感器DNA识别模型的不同，DNA传感器分为：

（1）单链DNA（ssDNA）传感器。

利用固定化单链DNA探针，在碱基配对原则基础上进行分子识别的检测系统，通过DNA分子杂交反应、直接或间接产生的信号变化检测目的基因。

（2）双链DNA（dsDNA）传感器。

即固定化双链DNA，利用DNA与其他分子或离子间的相互作用产生的信号进行测定。

7.4.6.4 SPR生物传感器

SPR型生物传感信号转换器主要包括光波导器件、金属薄膜、生物分子膜三个组成部分。SPR生物传感器通常将一种具有特异识别属性的分子即配体固定于金属膜表面，监控溶液中的被分析物与该配体的结合过程。在复合物形成或解离过程中，金属膜表面溶液的折射率发生变化，随即被检测出来。激励SPR的主要方式有棱镜耦合ATR结构、光栅耦合结构和波导耦合结构等，如图7-27所示。

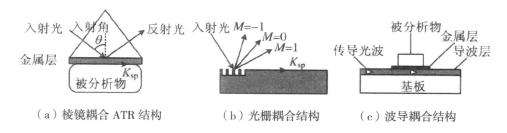

（a）棱镜耦合 ATR 结构　　（b）光栅耦合结构　　（c）波导耦合结构

图7-27　激励SPR的主要方式

第8章　智能传感技术

智能传感技术作为工业化、信息化技术的关键技术，成为了诸多高新技术的发展瓶颈，是各方在技术领域争夺的制高点。本章主要介绍了智能传感器的概念、功能、特点及发展趋势、组成与实现、数据处理及软件实现、智能网络传感器以及智能传感器的典型应用。

8.1　智能传感器概述

8.1.1　智能传感器的概念

智能传感器的概念最初是由美国宇航局（NASA）于1978年根据宇宙飞船对传感器的综合性需求而提出的。宇宙飞船上需要大量的传感器不断向地面发送温度、位置、速度和姿态等数据信息，用一台大型计算机很难同时处理如此庞大而复杂的数据，于是提出了分散数据处理的思想，即将传感器采集的数据先进行处理再送出少量的有用数据，从而产生了智能传感器的雏形。

智能传感器在测控系统中相当于人的五官，承担着感知被测对象、被控对象的某种属性的任务，测控系统智能化程度的高低是建立在传感器水平高低基础之上的。

英国人将智能传感器称为"Intiligent Sensor"，美国人称之为"Smart Sensor"。智能传感器至今未有被广泛认可的严格定义，但有一些基本共识。通常，相对传统的传感器多停留在将要感知的量转换成电、光等易于处理的信号，智能传感器会相应地增加数据转换、处理、自我检测等传统传感器需由后端处理电路、软件来完成的功能。因此，智能传感器往往也是集成有微处理器的传感器，具备信息处理和信息检测功能。

8.1.2　智能传感器的功能

8.1.2.1　数据处理功能

传统传感器在使用时需要经过后端的电路、微处理器、程序等完成数据的调理、滤波和模数转换等数据处理后才能交由显示、存储、控制等模块使用。显然，数据处理是传感器后端必备的过程，是传感器测量或控制系统的基本任务，智能传感器相对传统传感器的首要不同之处就是具备了数据处理的功能。

具体来说，智能传感器的数据处理功能通常会在最初的被测量感知的基础上增添信号的放大、滤波、信号的数字化、温度补偿、数字调零、系统校准、量程自动选择、标度变换乃至根据已知测量结果求出未知参数等多个功能中的一个或多个。智能传感器的数据处理功能大大简化、减轻了测控系统中计算机的运算量和系统设计的工作量，同时由于数据处理的前移，也使一些数据处理的精度更高，由于加入了微处理器，也使智能传感器的自我检测、诊断与校正、通信等功能成为可能。

8.1.2.2　自我检测、诊断与校正的功能

传统传感器大多需要定期校准和标定，以保证传感器随时间或环境因素等引起的误差在可控的范围内。校准和标定时，通常需要人工采用更精准的仪器在现场或者拆卸下来带回实验室进行，需要手工调节硬件电路或修改、设置运行程序，耗时且会影响设备的运行。利用智能传感器内置的校准功能程序，操作者只需进行参数修改，通常无须涉及硬件电路的调整，某些智能程度很高的传感器只需在相应的通道接入标准的信号量就可以自动完成校准功能。此外，由于智能传感器中大量运用了半导体、微机电系统等技术，稳定性好，使得一些传感器甚至在整个使用期内无须进行校准。

自我诊断功能是通过智能传感器内置的软件或逻辑判断电路，根据预置的判断规则对传感器的运行状态等进行自我判断、故障分析和修正。

8.1.2.3　存储功能

智能传感器通常具备一定的存储功能，主要存储两类数据：一是与传感器工作相关的校准信息，配置信息，历史信息（如传感器工作时间、故障记录等）等；二是一定时间内的测量数据，这在传感器网络分时通信中应用较多。具体存储何种数据、存储量的大小，通常根据用途、工作方式、成本等综合确定和配置。

8.1.2.4　可配置和组态的功能

智能传感器通常可由用户根据需求进行重新设定和配置在不同的工作状态。利用智能传感器的组态功能，可使同一类型的传感器在一定的范围内具有较广的适应性，可在不同的场合或者当用户需求有所改变时能非常方便地满足相应的要求，减少了传感器更换和研制所需的工作量。

8.1.3　智能传感器的特点和发展趋势

8.1.3.1　多功能融合

能进行多参数、多功能测量是智能传感器的一个特色和发展方向。多敏感功能将原来分散的、各自独立的单敏传感器集成为具有多敏感功能的传感器，能同时测量多种物理量和化学量，全面反映被测量的综合信息。例如，霍尼韦尔的HCS01传感器包括1个三轴加速度传感器、1个气压传感器、2个磁阻传感器以及内置专用集成电路数字补偿芯片和EEPROM存储器，全数字量输出，使得在一些应用中1个传感芯片能满足相关的多参量感知需要。

8.1.3.2　自适应

当智能传感器的外部条件和工作环境发生变化时，智能传感器通过相应的判断、分析去调整自身的工作状态以适应相应的变化，称之为自适应。通过自适应技术，可以补偿老化部件引起的参数漂移、降低传感器的功耗、自动适应不同的环境条件等，从而延长传感器的使用寿命、优化智能传感器的工作状态、提高测量精度等。

8.1.3.3 低功耗

降低功耗对智能传感器具有重要意义，不仅可简化传感器的电源设计及降低对散热条件的要求，延长传感器的使用寿命，而且为提高智能传感器的集成度和安装创造了有利条件。智能传感器多采用大规模或超大规模集成电路，智能传感器的感知部分也更多采用微机电系统技术（MEMS），这大幅降低了智能传感器的综合功耗，从而使传感器采用电池供电不再困难，为当前的无线传感器网络、物联网等技术的发展提供了便利。

8.1.3.4 微型化、集成化

智能传感器的微型化是以集成化为基础的。随着微电子技术、MEMS的发展，智能传感器正朝着短、小、轻、薄的方向发展，以满足航空航天、物联网等领域和技术发展的需要，并且为测量仪表的便携化创造了有利条件。如前文提到的HCS01传感器，其封装尺寸仅为6.5mm×6.5mm×1.2mm，核心面积更小。

8.1.3.5 高可靠性与稳定性

智能传感器能够根据工作条件的变化进行自适应性调整。例如，能根据温度变化对由此产生的零点漂移进行调整，能进行自我诊断，尤其是采用集成工艺使器件具有了更好的一致性和稳定性，因此，智能传感器总体上具有比传统传感器更高的可靠性和稳定性。

8.1.3.6 网络化

由于智能传感器通常具有数字通信接口，功耗也较低，体积也越来越小，有利于传感器的分布式布置和组网，所以智能传感器可以非常方便地组合成传感器网络。目前，方兴未艾的物联网、无线传感器网络等就是建立在智能传感器基础之上的。

8.2 智能传感器的组成与实现

8.2.1 智能传感器的组成

智能传感器的结构框图如图8-1所示。

智能传感器由传感单元、微处理器和信号处理电路等封装在一起组成，输出方式多采用串行通信方式，从早期的RS-232、RS-422到现在的I^2C、CAN等总线协议。智能传感器类似一个基于微处理器（或微控制器）的典型小系统，具有传感器、调理电路、A-D转换、微处理器、串行通信接口等。传感器将被测量转换为电信号，信号调理电路对传感器输出的电信号进行调理后再进行A/D转换，由微处理器处理后发送至串行接口与系统中央控制器或其他单元进行数据和控制命令的通信。

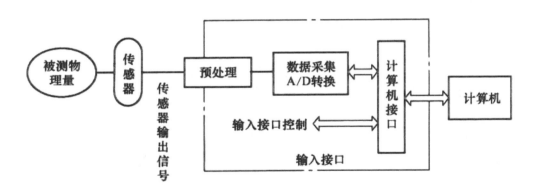

图8-1 智能传感器的结构框图

智能传感器除了硬件外，还需要强大的软件支持来保证测量结果的准确性和智能传感器的可配置性，智能传感器的程序通常已由生产厂家固化在传感器之中。

8.2.2 智能传感器的实现

随着智能传感器制造工艺的发展，考虑应用场合、成本等原因，智能传感器以三种形式实现。

8.2.2.1 非集成化形式

非集成化智能传感器是将传统传感器、信号调理电路、微处理器、通信接口等组合作为一个整体生产和销售的传感模块，其构成如图8-2所示。这是一种实现智能传感器最快的途径与形式，对制造工艺等并无太高要求，但相对传统的非智能传感器，在自动校准、自动补偿、接口便利性等方面具有明显的优势。

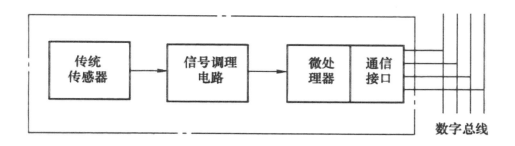

图8-2 非集成化智能传感器构成示意图

8.2.2.2 集成化形式

集成化智能传感器采用微机电系统、集成电路等技术，利用半导体材料来制造敏感元件和电路，在形式上通常以单芯片形式呈现。随着集成度越来越高，集成化智能传感器相比非集成化智能传感器而言，体积越来越小、功耗越来越低、集成的传感单元越来越多，可方便地实现多个参量传感功能于一体，智能化的程度也越来越高，但对制造工艺等方面的要求也较高。智能传感器相对传统传感器不是简单地做小、做成一体，而是在材料科学、微加工技术以及相关理论支撑下的一种革新，是未来传感器的发展方向之一。

8.2.2.3 混合形式

根据需要和已经具备的条件,将智能传感器的各个环节集成化,如根据工艺的不同将敏感单元、模拟信号调理、数据处理与通信接口电路分别做成一块芯片,然后将它们封装在一起构成一个混合形式的智能传感器,称之为混合式智能传感器。混合式智能传感器介于非集成化和集成化之间,有利于研发时在已有产品的基础之上,更快地研制出新品推向市场。

8.3 数据处理及软件实现

实现传感器智能化功能以及建立智能传感器系统,是传感器克服自身不足,获得高稳定性、高可靠性、高精度、高分辨率与高自适能力的必然趋势。不论非集成化实现方式还是集成化实现方式,或是混合实现方式,传感器与微处理器/微计算机赋予智能的结合所实现的智能传感器系统,均是在最少硬件条件基础上采用强大的软件优势来"赋予"智能化功能的。这里仅介绍实现部分基本的智能化功能常采用的智能化技术。

8.3.1 非线性校正

实际应用中的传感器绝大部分是非线性的,即传感器的输出信号与被测物理量之间的关系呈非线性。造成非线性的原因主要有两方面:许多传感器的转换原理是非线性的;采用的转换电路是非线性的。

在以微处理器为基础构成的智能传感器中,可采用各种非线性校正算法(查表法、线性插值法、曲线拟合法等)从传感器数据采集系统输出的与被测量呈非线性关系的数字量中提取与之相对应的被测量,然后由CPU控制显示器接口以数字方式显示被测量。

8.3.1.1　查表法

查表法就是把测量范围内参量变化分成若干等分点，然后由小到大顺序计算或测量出这些等分点相对应的输出数值，这些等分点和对应的输出数据组成一张表格，将这张表格存放在计算机的存储器中。软件处理方法是在程序中编制一段查表程序，当被测参量经采样等转换后，通过查表程序，直接从表中查出其对应的输出量数值。

查表法所获得数据线性度除与A/D（或F/D）转换器的位数有很大关系之外，还与表格数据多少有关。位数多和数据多则线性度好，但转换位数多则价格贵；数据多则要占据相当大的存储容量。因此，工程上常采用插值法代替单纯的查表法，以减少标定点，对标定点之间的数据采用各种插值计算，以减小误差，提高精度。

8.3.1.2　插值法

图8-3是某传感器的输出-输入特性，X 为被测参量，Y 为输出电量，它们是非线性关系，设 $Y = f(X)$。把图中输入 X 分成 n 个均匀的区间，每个区间的端点 X_k，对应一个输出 Y_k，把这些 X_k、Y_k 编制成表格存储起来。实际的测量值 X_i 一定会落在某个区间 (X_k, X_{k+1}) 内，即 $X_k < X_i < X_{k+}$。插值法就是用一段简单的曲线，近似代替这段区间里的实际曲线，然后通过近似曲线公式，计算出输出量 Y_i。使用不同的近似曲线，便形成不同的插值方法。传感器线性化中常用的插值方法有下列几种。

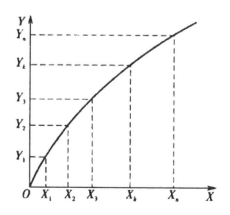

图8-3　某传感器的输出-输入特性

（1）线性插值。

线性插值是在一组 (X_i, Y_i) 中选取两个有代表性的点 (X_0, Y_0)、(X_1, Y_1)，然后根据插值原理，求出插值方程

$$P_1(X) = \frac{X - X_1}{X_0 - X_1} Y_0 + \frac{X - X_0}{X_1 - X_0} Y_1 = \alpha_1 X_1 + \alpha_0$$

式中

$$\alpha_1 = \frac{X - X_1}{X_0 - X_1}, \quad \alpha_0 = Y_0 - \alpha_1 X_0 \qquad (8-1)$$

当 (X_0, Y_0)、(X_1, Y_1) 取在非线性特性曲线 $f(X)$ 或数组两端点 A、B（如图 8-4 所示）时，线性插值即为最常用的直线方程校正法。

设 A、B 两点的数据分别为，则根据式（8-1）就可以求出其校正方程 $P_1(X) = \alpha_1 X_1 + \alpha_0$，式中 $P_1(X)$ 表示对 $f(X)$ 的近似值。当 $X \neq X_0$、X_1 时，$P_1(X)$ 与 $f(X)$ 有拟合误差，其绝对值

$$V_i = |P_1(X_i) - f(X_1)|, i = 1, 2, \cdots, n$$

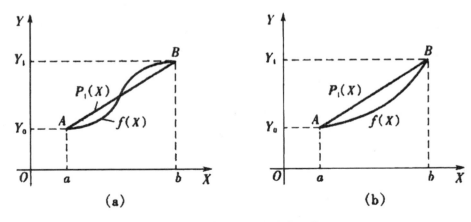

图8-4　非线性特性的直线方程校正

在全部 X 的取值区间 $[a, b]$ 中，若始终有 $V_i < \varepsilon$ 存在，ε 为允许的拟合误差，则直线方程 $P_1(X)$ 即为理想的校正方程。实时测量时，每采样一个值，便用该方

程计算 $P_1(X)$ ， $P_1(X)$ 并把当作被测值的校正值。

（2）抛物线插值。

抛物线插值是在数据中选取三点 (X_0, Y_0) 、 (X_1, Y_1) 、 (X_2, Y_2) ，相应的插值方程为

$$P_2(X) = \frac{(X-X_1)(X-X_2)}{(X_0-X_1)(X_0-X_2)}Y_0 + \frac{(X-X_0)(X-X_2)}{(X_1-X_0)(X_1-X_2)}Y_1 + \frac{(X-X_0)(X-X_1)}{(X_2-X_0)(X_2-X_1)}Y_2$$

多项式插值的关键是决定多项式的次数，需根据经验描点观察数据的分布。在决定多项式的次数 n 后，应选择 $n+1$ 个自变量 X 和函数 Y 值。由于一般给出的离散数组函数关系对的数目均大于 $n+1$ ，故应选择适当的插值节点 X_i 和 Y_i 。插值节点的选择与插值多项式的误差大小有很大关系，在同样的 n 值条件下，选择合适的 (X_i, Y_i) 值可减小误差。实际计算时，多项式的次数一般不宜选择得过高。对一些难以靠提高多项式次数以提高拟合精度的非线性特性，可采用分段插值的方法加以解决。

（3）最小二乘法。

运用 n 次多项式或 n 个直线方程（代数插值法）对非线性特性进行通近，可以保证在 $n+1$ 个节点上校正误差为零，即逼近曲线恰好经过这些节点，但是如果这些数据是实验数据，含有随机误差，则这些校正方程并不一定能反映实际函数关系。即使能够实现，往往会因为次数太高，使用起来不方便。因此对于含有随机误差的实验数据的拟合，通常选用最小二乘法实现直线拟合和曲线拟合。

曲线拟合可以用其他函数如指数函数、对数函数、三角函数等拟合。另外拟合曲线还可以用这些实验数据点作图，从各个数据点的图形分布形状分析，选配适当的函数关系或经验公式进行拟合。当函数类型确定之后，函数关系中的一些待定系数，仍常用最小二乘法确定。

8.3.2　自校零与自校准技术

假设一传感器系统经标定实验得到的静态输出（ Y ）与输入（ X ）特性如下：

$$Y = a_0 + a_1 X$$

式中，a_0 为零位值，即当输入 $X = 0$ 时之输出值；a_1 为灵敏度，又称传感器系统的转换增益。对于一个理想的传感器系统，a_0 和 a_1 应为保持恒定不变的常量。但实际上，由于各种内在和外来因素的影响，a_0 和 a_1 不可能保持恒定不变。譬如，决定放大器增益的外接电阻的阻值会因温度变化而变化，因此引起放大器增益改变，从而使系统总增益改变，即系统总的灵敏度发生变化。设 $a_1 = K + \Delta a_1$，其中 K 为增益的恒定部分，Δa_1 为变化量；又设 $a_0 = A + \Delta a_0$，A 为零位值的恒定部分，Δa_0 为变化量，则

$$Y = \left(A + \Delta a_0 \right) + \left(K + \Delta a_1 \right) X \qquad （8-2）$$

式中，Δa_0 为零位漂移；Δa_1 为灵敏度漂移。

由式（8-2）可见，由零位漂移将引入零位误差，灵敏度漂移会引入测量误差（$\Delta a_1 X$）。

整个传感器系统的精度由标准发生器产生的标准值的精度决定，只要被校系统的各环节，如传感器、放大器、A/D 转换器等，在三步测量所需时间内保持短暂稳定，在三步测量所需时间间隔之前和之后产生的零点、灵敏度时间漂移、温度漂移等均不会引入测量误差。这种实时在线自校准功能，可以采用低精度的传感器、放大器A/D转换器等环节，达到高精度的测量结果。

8.3.3 噪声抑制技术

传感器获取的信号中常常夹杂着噪声及各种干扰信号。作为智能传感器系统不仅具有获取信息的功能而且还具有信息处理功能，以便从噪声中自动准确地提取表征被测对象特征的定量有用信息。如果信号的频谱和噪声的频谱不重合，则可用滤波器消除噪声；当信号和噪声频带重合或噪声的幅值比信号大时就需要采用其他的噪声抑制方法，如相关技术、平均技术等来消除噪声。

当信号和噪声频谱不重合时，采用滤波器可以使信号的频率成分通过，阻止信号频率分量以外的噪声频率分量。滤波器可分为由硬件实现的连续时间系统的

模拟滤波器和由软件实现的离散时间系统的数字滤波器。比较起来，后者实时性较差，但稳定性和重复性好，调整方便灵活，能在模拟滤波器不能实现的频带下进行滤波，故得到越来越广泛的应用。尤其是在智能传感器系统中，数字滤波器是主要的滤波手段。

常用的数字滤波算法有程序判断、中位值滤波、算术平均滤波、递推平均滤波、加权递推平均滤波、一阶惯性滤波和复合滤波等。

8.3.4 自补偿、自检验及自诊断

智能传感器系统通过自补偿技术可以改善其动态特性，在不能进行实时自校准的情况下，可以采用补偿法消除因工作条件、环境参数发生变化后引起系统特性的漂移，如零点漂移、灵敏度漂移等。同时，智能传感器系统能够根据工作条件的变化，自动选择改换量程，定期进行自检验、自寻故障及自行诊断等多项措施保证系统可靠地工作。

8.3.4.1 自补偿

温度是传感器系统最主要的干扰量。在传感器与微处理器/微计算机相结合的智能传感器系统中，可采用监测补偿法，通过对干扰量的监测由软件实现补偿。如压阻式传感器的零点及灵敏度温漂的补偿。

8.3.4.2 自检验

自检验是智能传感器自动开始或人为触发开始执行的自我检验过程。可对系统出现的软硬件故障进行自动检测，并给出相应指示，从而大大提高了系统的可靠性。

自检验通常有三种方式。

（1）开机自检。

每当电源接通或复位之后，要进行一次开机自检，在以后的测控工作中不再进行。这种自检一般用于检查显示装置、ROM、RAM和总线，有时也用于对插

件进行检查。

（2）周期性自检。

若仅在开机时进行一次性的自检，而自检项目又不能包括系统的所有关键部位，就难以保证运行过程中智能传感器始终处于最优工作状态。因此，大部分智能传感器均在运行过程中周期性地插入自检操作，称作周期性自检。在这种自检中，若自检项目较多，一般应把检查程序编号，并设置标志和建立自检程序指针表，以此寻找子程序入口。周期性自检完全是自动的，在测控的间歇期间进行，不干扰传感器的正常工作。除非检查到故障，周期性自检并不为操作者所觉察。

（3）键控自检。

键控自检是需要人工干预的检测手段。对那些不能在正常运行操作中进行的自检项目，可通过操作面板上的"自检按键"，由操作人员干预，启动自检程序。例如，对智能传感器插件板上接口电路工作正常与否的自检，往往通过附加一些辅助电路，并采用键控方式进行。该种自检方式简单方便，人们不难在测控过程中找到一个适当的机会执行自检操作，且不干扰系统的正常工作。

智能传感器内部的微处理器具有强大的逻辑判断能力和运行功能，通过技术人员灵活的编程，可以方便地实现各种自检项目。

8.3.4.3　自诊断

传感器故障诊断的早期主要采用硬件冗余的方法（Hardware Redundancy）。硬件冗余方法是对容易失效的传感器设置一定的备份，然后通过表决器方法进行管理。硬件冗余方法的优点是不需要被测对象的数学模型，而且鲁棒性非常强。其缺点是设备复杂，体积和重量大，而且成本较高。

由于计算机的普及和计算机技术的强大作用，使得建立更加简单、便宜且有效的传感器故障诊断体系成为可能。众所周知，对同一对象测量不同的量时，测量结果之间通常存在着一定的关联。也就是说，各个测量量对被测对象的状态均有影响。这些量是由系统的动态特性所表征的系统固有特性决定的。于是我们可以建立一个适当的数学模型表示系统的动态特性，通过比较模型输出同实际系统输出之间的差异判断是否发生传感器故障。这种方法称为解析冗余方法（Functional or Analytical Redundancy）或模型方法。

8.4 网络传感器

随着计算机技术和网络通信技术的飞速发展，传感器的通信方式从传统的现场模拟信号方式转为现场级全数字通信方式，即传感器现场级的数字化网络方式。基于现场总线、互联网等的传感器网络化技术及应用迅速发展起来，因而在FCS（Fieldbus Control System）中得到了广泛应用，成为FCS中现场级数字化传感器。

8.4.1 网络传感器及其特点

网络传感器是指在现场级就实现了TCP/IP协议（这里，TCP/IP协议是一个相对广泛的概念，还包括UDP、HTTP、SMTP，POP3等协议）的传感器，这种传感器使得现场测控数据可就近登临网络，在网络所能及的范围内实时发布和共享。

具体地说，网络传感器就是采用标准的网络协议，同时采用模块化结构将传感器和网络技术有机地结合在一起的智能传感器。它是测控网中的一个独立节点，其敏感元件输出的模拟信号经A/D转换及数据处理后，可由网络处理装置根据程序的设定和网络协议封装成数据帧，并加上目的地址，通过网络接口传输到网络上。反之，网络处理器又能接收网络上其他节点传给自己的数据和命令，实现对本节点的操作。

网络化智能传感器是以嵌入式微处理器为核心，集成了传感单元、信号处理单元和网络接口单元的新一代传感器。与其他类型传感器相比，该传感器有如下特点。

（1）嵌入式技术和集成电路技术的引入，使传感器的功耗降低、体积小、抗干扰性和可靠性提高，更能满足工程应用的需要。

（2）处理器的引入使传感器成为硬件和软件的结合体，可根据输入信号值进行一定程度的判断和制定决策，实现自校正和自保护功能。非线性补偿、零点漂移和温度补偿等软件技术的应用，则使传感器具有很高的线性度和测量精度。同时，大量信息由传感器进行处理减少了现场设备与主控站之间的信息传输量，使系统的可靠性和实时性提高。

（3）网络接口技术的应用使传感器能方便地接入网络，为系统的扩充和维护提供了极大的方便。同时，传感器可就近接入网络，改变了传统传感器与特定测控设备间的点到点联接方式，从而显著减少了现场布线的复杂程度。

由此可以看出，网络化智能传感器使传感器由单一功能、单一检测向多功能和多点检测发展；从孤立元件向系统化、网络化发展；从就地测量向远距离实时在线测控发展。因此，网络化智能传感器代表了传感器技术的发展方向。

8.4.2 网络传感器的发展形式

在大多数测控环境下，传感器采用有线形式使用，即通过双绞线、电缆、光缆等与网络连接。然而在一些特殊测控环境下使用有线形式传输传感器信息是不方便的。为此，可将IEEE1451.2标准与蓝牙技术结合起来设计无线网络化传感器，以解决有线系统的局限性。

蓝牙技术是指Ericsson、IBM、Intel、Nokia和Toshiba等公司于1998年5月联合推出的一种低功率短距离的无线连接标准，它是实现语音和数据无线传输的开放性规范，其实质是建立通用的无线空中接口及其控制软件的公开标准，使不同厂家生产的设备在没有电线或电缆相互连接的情况下，能近距离（10cm~100m）范围内具有互用、互操作的性能。蓝牙技术具有工作频段全球通用、使用方便、安全加密、抗干扰能力强、兼容性好、尺寸小、功耗低及多路多方向链接等优点。

现场总线控制系统可认为是一个局部测控网络，基于现场总线的智能传感器只实现了某种现场总线通信协议，还未实现真正意义上的网络通信协议。只有让智能传感器实现网络通信协议（IEEE802.3、TCP/IP等），使它能直接与计算机网络进行数据通信，才能实现在网络上任何节点对智能传感器的数据进行远程访问、信息实时发布与共享以及对智能传感器的在线编程与组态，这才是网络传感器的发展目标和价值所在。

若能将TCP/IP协议直接嵌入网络传感器的ROM中，在现场级实现Intranet/Internet功能，则构成测控系统时可将现场传感器直接与网络通信线缆连接，使得现场传感器与普通计算机一样成为网络中的独立节点，此时，信息可跨越网络传输到所能及的任何领域，进行实时动态的在线测量与控制（包括远程）。只要有诸如电话线类的通信线缆存在的地方，即可将这种实现了TCP/IP协议功能的传感器就近接入网络，纳入测控系统，不仅节约大量现场布线，还可即插即用，给系统的扩充和维护提供极大的方便。这是网络传感器发展的最终目标。

8.5　智能传感器的典型应用

8.5.1　智能温度传感器

智能温度传感器内部包含温度传感器、A/D转换电路、数据处理电路、存储器与通信接口电路等。部分传感器的数据处理电路实际就是一个微处理器（或微控制器）。智能温度传感器通常具有温度数据的直接数字化输出、温度的上下限报警等功能，部分内置微控制器的智能温度传感器可以下载用户程序，接上一定的人机接口部件就可以作为一个独立的温度控制器使用。

MAX6626/6625是美信公司生产的智能温度传感器，其内部集成了温度敏感单元、12位A/D转换器（6625为9位ADC）、可编程温度报警器和IPC串行通信接口。其引脚如图8-5所示，SDA为IPC串行总线数据输入/输出端，SCL为时钟输入端，OT为温度报警输出端，GND、V_S为电源引脚，ADD为PC地址设定，ADD与GND、V_S、SDA、SCL并接依次对应I^2C地址为1001000、1001001、1001010、1001011（二进制），因此总线上最多可接4片MAX6626/6625。

MAX6626/6625的具体性能特点如下：

（1）内含温度传感器和A/D转换器，测温范围为–55~125℃。

（2）具备IPC串行通信接口，串行时钟频率可至500kHz。

（3）具备超温报警功能，当超过限值时，OT端会有相应输出。

（4）具有掉电模式，可通过配置进入此模式，此时电流可降至1μA，以降低功耗。

（5）可总线连接，最多可挂4个同类器件。

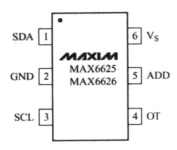

图8-5　MAX6626/6625引脚图

MAX6626/6625的内部工作原理框图如图8-6所示。

传感器产生一个与热力学温度成正比的电压信号U_T，带隙基准电压源提供A-D转换所需的基准电压，然后通过A/D转换器将U_T转换成对应的数字量，存储到温度数据寄存器中去，转换周期约为133ms。温度转换和I^2C串行通信不同时进行，当读取温度数据时停止温度转换。

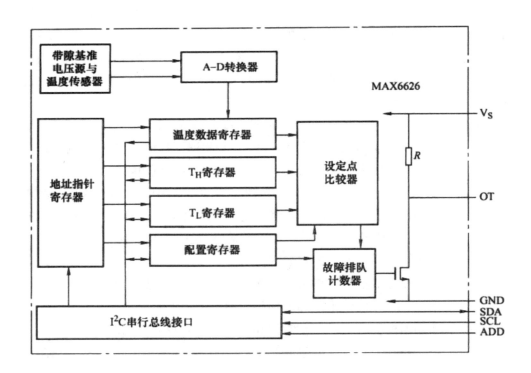

图8-6　MAX6626/6625内部工作原理框图

MAX6626/6625的典型电路如图8-7所示。

SDA、SCL与单片机等处理器相连，OT加上驱动电路可直接驱动继电器等器件。该芯片具有体积小、电路简单等特点，可广泛应用于空调温度控制、计算机散热风扇控制等场合。

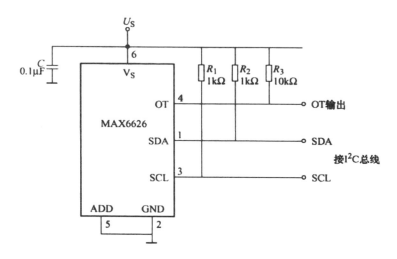

图8-7　MAX6626/6625的典型电路

8.5.2　轮胎压力传感器

汽车轮胎压力监测已成为中高端汽车上必备的功能，通过对汽车行驶时轮胎气压的自动实时检测，对胎压过高、过低、漏气等安全隐患进行报警，以提高行车安全。胎压检测的传感器安装空间小，多采用无线通信方式，因此要求集成度高、功耗低，应将传感单元、处理电路等融为一体。

英飞凌汽车轮胎压力监测系统（Tire Pressure Monitoring System，TPMS）用压力传感器SP30将硅微机械压力传感器和加速度传感器以及温度传感器集成在一起，同时还集成了一个RISC架构的微控制器，用于对传感数据进行信号处理和生成通过外部特高频UHF发射器（如TDK5100或TDK5101）发送的数据协议，此外，还内置了EEPROM、电压监测等功能部件。SP30采用14引脚小型贴片封装，面积仅为104.5mm^2。

利用SP30检测胎压的工作原理：将SP30、低频无线发射模块和电池等集成在一起，固定在轮胎的气门芯、轮毂周围等位置，SP30将检测到的胎压、温度、加速度等数据通过无线发射模块发射出去，接收机接收后通过安装在驾驶室里的显示装置显示出来。

8.5.3 机载智能化结构传感器系统

现代飞机和空间飞行器的结构采用了许多复合材料。在复合材料内埋入分布式或阵列式光纤传感器，像植入人工神经元一样，构成智能化结构件。光纤传感器既是结构件的组成部分，又是结构件的监测部分，实现具有自我监测的功能。把埋入在结构中的分布式光纤传感器和机内设备与信息处理单元联网，便构成智能化传感器系统。它们可以连续地对结构应力、振动、加速度、声、温度和结构的完好性等多种状态实施监测和处理，成为飞机健康监测与诊断系统。该传感器系统具有如下主要功能：

（1）提供飞行前完好性和适航性状态报告。

（2）监视飞行载荷和环境，并能快速做出响应。

（3）飞行过程中结构完好性故障或异常告警。

（4）适时合理地安排飞行后的维护与检修。

8.5.4 嵌入式智能化大气数据传感器系统

传统的大气数据传感器系统以中央处理式为主，即利用机头前的静压、总压受感器和机身两侧的静压、总压受感器，并通过一定的气压管路将这些压力信号引到装在机身某处的高精度静压和总压传感器。同时通过安装在机头左右两侧的迎角传感器、总温传感器测量迎角与大气总温。通过安装在机翼上的角度传感器获取左右机翼的后掠角信号。将这些信号汇总到中央大气数据处理计算机中进行处理，解算出所需要的飞行大气数据，如自由气体的静压、动压、静温、高度、高度偏差、高度变化率、指示空速、真空速、马赫数、马赫数变化率和大气密度等重要参数。这些是飞行自动控制系统和发动机自动控制系统、导航系统、空中交通管理系统，以及用于航行驾驶的仪表显示系统、告警系统等不可缺少的信息。对飞行安全、飞行品质起着重要作用。

随着飞机技术的发展，中央式大气数据传感器系统渐渐显出了其不足，例如，机头前伸出去的空速管影响气动特性不利于隐身；气压测量管路过长，严重影响了压力测量的动态响应品质，这又限制了飞行的机动性。

为此，近年来在飞行器实现了分布式大气数据计算系统，并进一步发展到嵌入式智能化大气数据传感器系统。其设计思想是：取消机身外部气动感压形式，基于智能结构，将多只微机械压力传感器在环线方向和母线方向按一定规律分布，嵌入飞机头部的复合材料蒙皮中，360°全方向感受飞机前方的气流信息，获得综合大气数据。将这些大气数据送入信号处理机中进行处理、分析和解算，获得具有精度高、动态响应优和可靠性高的大气数据。显然嵌入式智能化大气数据传感器系统也大大减少了飞机的雷达发射面，提高了隐身性能。

8.5.5 智能化流量传感器系统

基于科里奥利效应的谐振式直接质量流量传感器是一个典型的智能化流量传感器系统。利用流体流过测量管引起的科里奥利效应，直接测量流体质量流量；利用流体流过测量管引起的谐振频率变化，直接测量流体密度。基于同时直接测得的流体质量流量和密度，实现对流体体积流量的实时解算；基于同时直接测得的流体质量流量和体积流量，对流体质量数与体积数进行累计积算，实现批控罐装。

基于直接测得的流体密度，实现对两组分流体（如油和水）各自质量流量、体积流量的测量；同时也可以实现对两组分流体各自质量与体积的积算，给出两组分流体各自的质量比例和体积比例。这在石油石化生产中具有重要的应用价值。

除了实现上述功能外，在流体的实时性测量要求也越来越高，而传感器自身的工作频率较低，如弯管结构在60~110Hz，直管结构在几百赫兹至1000Hz，因此必须以一定的解算模型对流量测量过程进行在线动态校正，以提高测量过程的实时性。

参考文献

[1]姜敏敏，朱国巍.现代通信技术[M].北京：高等教育出版社，2018.

[2]廉飞宇，朱月秀.现代通信技术[M].第4版.北京：电子工业出版社，2018.

[3]田广东.现代通信技术与原理[M].北京：中国铁道出版社，2018.

[4]纪越峰.现代通信技术[M].北京：北京邮电大学出版社，2020.

[5]陈嘉兴，赵华，张书景.现代通信技术导论[M].第2版.北京：北京邮电大学出版社，2018.

[6]王丽娜.现代通信技术[M].北京：国防工业出版社，2016.

[7]舒娜，白凤山.现代通信技术[M].武汉：武汉大学出版社，2016.

[8]张宝富，张曙光，田华.现代通信技术与网络应用[M].西安：西安电子科技大学出版社，2017.

[9]梅容芳.现代通信技术[M].北京：中国轻工业出版社，2020.

[10]严晓华，包晓蕾.现代通信技术基础[M].北京：清华大学出版社，2019.

[11]王化祥.现代传感技术及应用[M].天津：天津大学出版社，2016.

[12]徐兰英.现代传感与检测技术[M].北京：国防工业出版社，2015.

[13]潘雪涛，温秀兰.现代传感技术与应用[M].北京：机械工业出版社，2019.

[14]陈文仪，王巧兰，吴安岚.现代传感器技术与应用[M].北京：清华大学出版社，2020.

[15]张雪萍，满红.现代传感器技术[M].西安：西北工业大学出版社，2016.

[16]张超敏，任玮.传感与检测技术[M].北京：北京理工大学出版社，2019.

[17]齐晓华，魏冠义.传感器与检测技术[M].成都：西南交通大学出版社，2018.

[18]李东晶.传感器技术及应用[M].北京：北京理工大学出版社，2020.

[19]姜香菊.传感器原理及应用[M].北京：机械工业出版社，2020.

[20]颜鑫，张霞.传感器原理及应用[M].北京：北京邮电大学出版社，2019.

[21]袁丽英，冯越，蔡向东.传感器与检测技术[M].北京：中国铁道出版社，2018.

[22]郑志霞，张琴，陈雪娇.传感器与检测技术[M].厦门：厦门大学出版社，2018.

[23]何兆湘，黄兆祥，王楠.传感器原理与检测技术[M].武汉：华中科技大学出版社，2019.

[24]郝琳，詹跃明，张虹.传感器与应用技术[M].武汉：华中科技大学出版社，2017.

[25]宋宇，梁玉文，杨欣慧.传感器技术及应用[M]. 北京：北京理工大学出版社，2017.

[26]蒋万翔，张亮亮，金洪吉.传感器技术及应用[M]. 哈尔滨：哈尔滨工程大学出版社，2018.

[27]栾桂冬，张金铎，金欢阳.传感器及其应用[M]. 第3版. 西安：西安电子科技大学出版社，2018.

[28]苗晶良，王国强.移动通信的发展历程[J].张江科技评论，2019（5）：72-77.

[29]傅强.5G移动通信技术发展与应用趋势[J].通信电源技术，2019，36（12）：190-191.

[30]何杰斌.关于5G移动通信发展趋势与相关关键技术[J].通讯世界，2019，26（11）：69-70.

[31]谈仲纬，吕超.光纤通信技术发展现状与展望[J].中国工程科学，2020，22（3）：100-107.

[32]王金华.探讨光纤通信传输技术在现代通信中的应用[J].价值工程，2020，39（5）：262-264.

[33]林金梅，潘锋，李茂东，等.光纤传感器研究[J].自动化仪表，2020，41（1）：37-41.

[34]宫海坤，刘军，高宏伟.视觉传感技术在焊缝跟踪中的研究及应用[J].电子

世界，2020（3）：170–171.

[35]徐红斌，叶青.生物传感器研究进展及其在食品检测中的应用[J].食品安全质量检测学报，2018，9（17）：4587–4594.

[36]肖芳斌，刘瑞，占忠旭，等.生物传感器在食源性致病菌检测中应用的研究进展[J].生物工程学报，2019，35（9）：1581–1589.

[37]杨大雷，宋杰峰.智能传感器构成选用和发展方向[J].宝钢技术，2019（6）：21–26.

[38]韩旭.智能传感器技术的研究进展及应用展望[J].信息与电脑（理论版），2018（22）：148–149.